自動車の
運動と制御

車両運動力学の理論形成と応用
［第3版］

安部正人 著

Vehicle Handling
Dynamics

Theory and Applications

TDU 東京電機大学出版局

まえがき

　本書は，大学工学部や高専の機械工学科，あるいは工科系の大学院などで講義されている自動車工学や車両工学の教材的要素もあるが，さらに広く，社会に活躍している技術者が，車両の運動やその制御を問題としなければならないときの入門書，参考書になりうることを意図している。

　いまから 45 年ほど前，空間内あるいは平面内を操縦者の操舵に応じて自由に運動することができる航空機や船舶などと同じように，自動車の運動をひとつの独立した運動力学としてまとめるという意図で，共立出版より，『車両の運動と制御』を出版した。その後，自動車の運動力学とその運動性能に関する研究・開発は着実に進展してきたが，そうした動向をふまえて，著者は約 30 年前，上著を大幅に加筆訂正して，山海堂から新たに車両運動力学の入門書，解説書として『自動車の運動と制御』を出版した。この間の自動車の運動力学や運動性能に関する研究や技術開発はめざましいものがあったが，そのようななかで多くの読者に支えられながら拙著の出版を続けることができたことは幸いなことであった。

　そしてさらに，その第 2 版 3 刷を発行後，それまでのこの分野の研究・開発の動向，前著に対する読者諸賢の貴重なご指摘などを参考にして，2008 年，その一部を加筆訂正したうえで東京電機大学出版局から新たに『自動車の運動と制御』を出版できることになった。そして 2012 年には第 2 章のタイヤデータをできるかぎり新しいものに入れ替えること，各章の例題や問題を大幅に充実させ，MATLAB Simulink による自動車の運動の数値計算例も数多く取り入れること，第 9, 10 章をそれまでの研究成果をふまえてさらに加筆修正することなどを試み，第 2 版を発刊することができた。

　このように拙著は，とりわけこの 20 〜 30 年のわが国の自動車の運動力学や運動性能向上技術の，飛躍的な発展とともに歩んで来たということができる。こうしたなかで近年，自動車の世界はいわゆる「自動運転」と「電気自動車」をキーワードとして大きく変わりつつあり，運動性能分野も例外ではない。依然として大きな課題であるドライバーの制御しやすい車両と運動性能の関連や，自動運転により車両の運動をどのように制御すべきかはますます重要な課題になっている。また，電気自動車はパワープラントのレイアウトが従来の車両と大きく異なるため，運動性能

まえがき　　*i*

設計を基本的なところからやり直す必要があるとさえいわれている。そして近年こうした車両の運動性能は，ロール運動など，車体の微妙な運動に大きく依存していることが指摘されている。

以上のことがらにとくに本書がかかわるのが第6章であるが，その運動方程式の記述が L. Segel によって提案されたものであり，初学者にとって誤解が生じやすく必ずしも理解しやすいものではなかった。そこで，第6章の後半6.4節以降を大幅に改訂し，初学者にも理解しやすいと同時に，上記の運動に関する基本的な理解への要求にも応えうるものにしようというのが今回の改訂の目指す第1点目である。

実は著者自身の旧版もそうであったが，内外を通じてこれまでほとんどの教科書や辞典，ハンドブックなどにおいても，"ロール軸"なる用語が，読者の誤解を招きかねないような使い方がなされている。第6章では，それを正すような新たな記述に改訂されている。これは著者の知るかぎり，すでに約20年も前に指摘され確立された，車両のロール運動に関する正しい理解を教科書で明らかにする初めての試みであり，今回の改訂の大きな理由のひとつでもある。

また，もっぱらフィーリングによる主観的な評価に頼ってきた従来の運動性能評価，つまり「車両の制御しやすさ」の評価を，著者らがこれまで研究を続け提案してきた人の運動制御動作モデルをベースにした，客観的な量による評価で代替可能であることについては，第10章4節で簡単に触れただけであったが，これをさらに拡充追加訂正することによって，車両運動性能設計，とりわけ電気自動車時代のMBD（Model Based Design）化に寄与できるような内容にしようというのが今回の改訂が目指す第2点目である。

当初より，本書は，その基礎知識となる一般力学，機械力学，振動学，制御工学の一部などについての基本的なことがらをひととおり学んだ程度の知識をいちおうの前提として，車両の運動と制御の問題を可能なかぎり理論的に扱い，一般的に整理することに努めている。そしてこの改訂版の執筆の基本方針と内容の基本構成は，旧版と同様である。

したがって，本書は車両自体の基本的な運動力学的性質を知るのであれば，第1章から第4章までを，さらに詳しく車両自体の運動の性質を理解しようとするなら，引き続いて第8章までを，とくに人による制御を受けた車両の運動を主として問題とするのであれば，第1章から第3章に引き続いて，第9章から第10章を読めばよいような構成になっている。

第1章では，まず本書で対象とする車両の運動とは，どのような運動のことかを明らかにしている。

第2章はタイヤの力学である。本書で対象とする車両の運動においては，タイヤに働く横力が最も基本的かつ重要な振舞いをする。この章では，車両の運動を考えていく準備として，このタイヤに働く力の発生のメカニズムとその性質を明らかにする。しかし，もし読み進んでいくうちに，この章が難解に感じたら，読みとばしてもかまわない。それによって以降の車両運動力学の基礎を理解するのに大きなさまたげにはならないはずである。

　第3章は車両運動の基礎である。この章において，本書が対象とする車両自体の運動が具体的にどのようなものであり，どのような基本的な性質を有するかが明らかとなる。この章で得られる知識が，自立した運動を行いうるあらゆる車両の運動を考えるときの基礎となるものである。

　また，第3章は操舵に対して車両がどのような運動をするのかをみているのに対し，第4章では，外乱を受けたときに車両がどのような運動を示すかを問題にしている。この第4章も，車両の運動を考えるときの基礎になるものである。

　さて第5章では，その車両に付いているかじ取り装置の性質が，運動にどのような影響を与えるかを知る。そして，第6章は今回の改訂で大幅に書き換えた章であり，車体のロールが車両の運動に及ぼす影響を明らかにしている。

　また，第7章では駆動や制動を伴う車両の運動を扱い，第8章では運動のアクティブ制御を付加した車両の運動を扱っている。

　このように，第5章から第8章では第3，4章で得た車両運動の基礎知識に加え，さらに詳しく車両自体が持つ運動の性質を明らかにしようとしている。

　ところで，自立した運動を行いうる車両は，車上の運転者などによって制御を受けて初めて意味のある運動を行う。そこで，第9章では，第3，4章で得たような性質を有する車両が，車上の人による制御を受けたときにどのような運動を示すかを知る。また一方，客観的に観測できる運動がどのような性質を有するかということと同時に，人による制御を受ける車両の場合には，どのような運動力学的性質を有する車両が制御しやすいかが重要である。第10章では，第3章で得た基礎的な車両の運動力学的性質と制御しやすさの関係をみるとともに，それを一元化された物理量をとおして理解することができることを示し，車両運動性能の MBD 化につながる可能性を示唆している。

　車両の運動と制御の問題に関しては，すでに多くの人々によるすぐれた研究成果が蓄積されている。本書を執筆するにあたっては，これらの多くの研究成果を利用させていただいた。具体的に引用させていただいたり参考にさせていただいた文献については本文中にその個所を明示し，各章末にその文献を記載した。ここに，こ

まえがき　　*iii*

れらの著者各位に対し，深く謝意を表するものである。

　また，第6章における MATLAB Simulink によるシミュレーションなどについては，現在，本田技研工業株式会社の石尾隼君の協力をいただいた。記して謝意を表するものである。

　さらに，とりわけ第6章の改訂にあたっては，Dynamic Research の皆川正明氏に貴重なご意見をいただいた。また，神奈川工科大学の山門誠氏には貴重なご意見とともにこの期間終始励ましの言葉をいただいた。あわせてここに謝意を表するものである。

　また，本書の出版に際しては，東京電機大学出版局の吉田拓歩氏や坂元真理氏にたいへんお世話になった。厚くお礼を申し上げる次第である。

　最後に，浅学の著者ゆえ，本書全体をとおして思わぬ誤りや考え違い，文献引用の過程での誤解や，内容を正しく伝えていない個所などがあることを恐れるものである。もちろん，これらの責任はもっぱら著者に帰すべきものであるが，将来の改訂のために，読者諸賢のこ叱咤を賜れば幸いである。

2024 年 12 月

安部正人

記　　　号

　本書で用いられる記号は原則として，各章において必要に応じてその場で定義されている。しかし，本書における第3章以降，一貫して共通の対象となる車両自体の運動を記述するための主要な記号は，次のように定義して各章共通に用いている。

m：車両の質量

I：車両のヨーイング慣性モーメント

l：ホイールベース

l_f：車両重心点と前車軸間の距離

l_r：車両重心点と後車軸間の距離

K_f：前輪1輪あたりのタイヤコーナリングパワー

K_r：後輪1輪あたりのタイヤコーナリングパワー

V：車両の走行速度

δ：前輪の実舵角

β：車両重心点の横すべり角

r：車両のヨー角速度

θ：車両のヨー角

y：絶対空間に対する車両の横変位（ただし，yは車両に固定した座標系のy
　　軸を意味することもあるから注意）

t：時　　間

s：ラプラス演算子

　したがって，読者の注意を促すために改めて記号の意味を示す以外は，各章でこれらの記号の意味をいちいち説明せずに用いることがある。

　なお，その他の記号については各章で定義されるが，第3章以降では，読者の混乱を避けるため，章が変わっても，同じ記号を別の意味をさすために用いることはできるだけ避けるようにしている。また，$\ddot{x}$と$\ddot{y}$は通常，xとyの2階の時間微分を表すが，本書では，便宜的にそれぞれ車両の前後および横方向の定常値も含めた加速度の記号として用いている。さらに，一般にたとえば$x(s)$はxがsの関数であることを示すが，ここではこれを，xをラプラス変換したものを意味するために用いている。この表現は本書において時間の関数となるすべての変数に適用される。

記号　　**v**

目　　次

第1章　車両の運動とその制御

1.1　車両の定義 ……………………………………………… 1

1.2　4輪車の抽象的モデル ………………………………… 1

1.3　運動の制御 ……………………………………………… 3

参考文献　4

第2章　タイヤの力学

2.1　はじめに ………………………………………………… 5

2.2　横力を発生するタイヤ ………………………………… 5

　　2.2.1　車輪と横すべり　5

　　2.2.2　横すべりするタイヤの変形と横力　7

　　2.2.3　タイヤの対地キャンバと横力　9

2.3　タイヤのコーナリング特性 …………………………… 9

　　2.3.1　Fiala の理論　9

　　2.3.2　コーナリングフォース　20

　　2.3.3　セルフアライニングトルク　27

　　2.3.4　キャンバスラスト　28

2.4　駆動，制動とタイヤコーナリング特性 ……………… 31

　　2.4.1　力学モデル　31

　　2.4.2　駆動時，制動時のタイヤ横力　32

　　2.4.3　セルフアライニングトルク　38

2.5　タイヤのコーナリング動特性 ………………………… 44

　　2.5.1　コーナリングフォースの動特性　44

　　2.5.2　セルフアライニングトルクの動特性　46

第2章の問題　48

参考文献　49

第3章　車両運動の基礎

3.1	はじめに	50
3.2	車両の運動方程式	50
	3.2.1　車両に固定した座標系による運動方程式	51
	3.2.2　地上に固定した座標系による運動方程式	59
3.3	車両の定常円旋回	64
	3.3.1　定常円旋回の記述	64
	3.3.2　定常円旋回とステア特性	69
	3.3.3　定常円旋回とタイヤ特性の非線形性	82
3.4	車両運動の動的特性	88
	3.4.1　操舵に対する車両の過渡応答	88
	3.4.2　操舵応答の伝達関数	98
	3.4.3　周期的操舵に対する車両の応答	108
	3.4.4　タイヤ特性の非線形性の影響	117
	第3章の問題	122
	参考文献	123

第4章　外乱による車両の運動

4.1	はじめに	124
4.2	重心点に働く横力による運動	124
	4.2.1　ステップ状の横力による運動	124
	4.2.2　パルス状の横力による運動	137
	4.2.3　外乱による運動とステア特性	139
4.3	横風による車両の運動	142
	4.3.1　横風による力	143
	4.3.2　一定風速の横風を受けたときの運動	144
	4.3.3　瞬間的な突風を受けたときの運動	148
4.4	外乱による車両運動のまとめ	153
	第4章の問題	154
	参考文献	155

第5章　操舵系と車両の運動

5.1　はじめに ………………………………………………	156
5.2　操舵系の力学モデルと運動方程式 ………………………	156
5.3　操舵系の特性が車両運動に及ぼす影響 …………………	159
5.3.1　ハンドル角を規定するときの操舵系の特性が	
車両運動に及ぼす影響	159
5.3.2　ハンドル角を規定しないときの操舵系の特性が	
車両運動に及ぼす影響	164
5.3.3　人の手や腕の効果	169
第5章の問題	171
参考文献	171

第6章　車体のロールと車両の運動

6.1　はじめに ………………………………………………	172
6.2　ローリングの幾何学 ……………………………………	172
6.2.1　ロールセンタとロール	173
6.2.2　ロール剛性と荷重移動	177
6.2.3　キャンバ変化とロールステア	179
6.3　車体のロールと車両のステア特性 ………………………	183
6.3.1　荷重移動の影響	183
6.3.2　キャンバ変化の影響	186
6.3.3　ロールステアの影響	186
6.3.4　懸架装置や車体の横剛性とその影響	189
6.4　懸架系の構造原理 ………………………………………	191
6.5　ロールを含む車両の運動の記述 ………………………	192
6.5.1　力学モデル	193
6.5.2　慣性項	195
6.5.3　外力	197
6.5.4　運動方程式	199
6.6　車体のロールが車両運動に及ぼす影響 …………………	201
6.6.1　定常円旋回	201

	6.6.2　操舵に対するロールを伴う車両の応答	202
	6.6.3　特性方程式による運動の解析	204
6.7	円旋回中の横力による車両のロールとピッチ …………	211
6.8	3リンクモデル ………………………………………	214
第6章の問題		217
参考文献		217

第7章　駆動や制動を伴う車両の運動

7.1	はじめに ………………………………………………	219
7.2	前後方向の運動を含む運動方程式 …………………	219
7.3	車両の準定常円旋回 …………………………………	220
	7.3.1　円旋回の記述とスタビリティファクタの拡張	220
	7.3.2　駆動や制動の円旋回に及ぼす影響	226
7.4	車両の操舵過渡応答 …………………………………	227
	7.4.1　運動方程式	227
	7.4.2　操舵に対する過渡応答	229
参考文献		232

第8章　運動のアクティブ制御と車両の運動

8.1	はじめに ………………………………………………	233
8.2	後輪操舵の付加と車両の運動 ………………………	233
	8.2.1　前輪舵角比例操舵	234
	8.2.2　前輪操舵力比例操舵	237
	8.2.3　ヨー角速度比例操舵	239
8.3	横すべり零化後輪操舵制御 …………………………	240
	8.3.1　前輪舵角応動方式	241
	8.3.2　前輪比例＋ヨー角速度比例操舵方式	242
8.4	ヨー角速度モデルフォロイング後輪操舵 …………	243
	8.4.1　フィードフォワード制御	243
	8.4.2　フィードフォワード＋ヨー角速度	
	フィードバック制御	244

目　次　*ix*

8.5	前後輪アクティブ操舵制御	245
8.6	直接ヨーモーメント制御（DYC）	249
	8.6.1 パッシブタイプのヨーモーメントによる車両運動とその制御	249
	8.6.2 横すべり角零化 DYC	254
	8.6.3 ヨー角速度モデルフォロイング DYC	257
	参考文献	260

第9章 人に制御される車両の運動

9.1	はじめに	261
9.2	人の制御動作	262
9.3	制御を受けた車両の運動	264
	9.3.1 人の車両制御動作	264
	9.3.2 コースに沿った車両の運動	265
	9.3.3 運動の安定性	267
9.4	車両特性への人の適応	274
9.5	人のパラメータの同定	281
	第9章の問題	284
	参考文献	285

第10章 制御しやすい車両

10.1	はじめに	286
10.2	車両の制御しやすさ	286
10.3	車両の運動力学的性質と制御しやすさ	289
	10.3.1 ステア特性と制御しやすさ	289
	10.3.2 動的特性と制御しやすさ	291
	10.3.3 応答時間およびゲイン定数と制御しやすさ	297
10.4	人の操舵制御モデルに基づいた制御しやすさの評価	299
	10.4.1 一元化した物理量による車両の制御しやすさの評価と MBD	299
	10.4.2 直接的な車両の操舵応答特性と制御しやすさ	303

| 10.4.3 | 間接的な操舵応答特性と制御しやすさ | 306 |
| 10.4.4 | 操舵制御時の環境的要因の影響 | 309 |

参考文献　309

各章末の問題の略解　311

索 引　321

第1章

車両の運動とその制御

1.1 車両の定義

　地上を走行する車両は，その運動の形態から，大きく次の2つに分けることができる。1つは，あらかじめ地上に設置された軌道に完全に拘束されて走行するものであり，鉄道車両に代表される。ほかの1つは，軌道などに拘束されることなく，地上を車輪の操舵（かじ取り操作）により自由に走行することのできる車両である。

　航空機は，大気中をほかから拘束を受けずに自由に飛行することができる。船舶は，水面上を同じようにかじの操作により自由に航行することができる。このように航空機，船舶，それに地上を車輪の操舵により自由に走行することのできる車両のあいだには，あらかじめ与えられた軌道などに拘束されずに，空間あるいは平面内を自らの意思のもとに自由に運動が可能であるという点で，共通性が認められる。

　運動力学的にみれば，これら三者の運動体はすべて，自らの運動によって初めて生じる力を受け，この力を利用して希望する運動を行うという，かなり本質的なところに共通性があるということができる。具体的にいえば，航空機は，翼と大気との相対運動がもたらす揚力に，船舶は，船体と水との相対運動によって生じる揚力に，そして車両は，車両と地面との相対運動によって車輪に働く横力にそれぞれ依存し，自由な運動を行い，その機能を発揮することになる。

　このように，上記三者の運動体の運動と制御の問題は運動体の本質的な機能にかかわる問題であり，航空機については航空（運動）力学として，船舶については船体運動力学として体系化されている。

　われわれが，これからその運動と制御を問題とする**車両**（vehicle）とは，航空機や船舶と同じように，自らの運動によって自ら作り出す力を利用して，地上を自由に**自立した運動**を行うことのできる車両である。

1.2 4輪車の抽象的モデル

　このような車両の運動と制御の問題を考えるために，ここで，典型的な車両の運

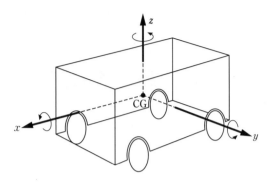

図 1.1 車両の運動力学モデル

動力学的モデルを想定してみよう。このモデルは操舵可能な前方2輪と後方2輪の**車輪**が，剛体とみなせる**車体**に装着されている車両である。車輪を装着し，軌道などに直接拘束されずに自由に走行しうる車両には，一般に最もなじみの深い**乗用自動車**をはじめとする自動車，大型の**トラック**，**バス**などのほかに，**建設用車両**，**産業用車両**のような特殊車両がある。このようにみると，一見，これらの運動を共通して論じることができないようにみえる。しかし，これらの車両の基本的な運動を問題とするのであれば，**図1.1**のように車両を最も一般的で簡素な4輪車に抽象化して考えることによって，多くの基本的な車両運動に関する知識を得ることができるのである。

さて，図1.1の車両の力学モデルにおいて，車輪は重量を持たず，剛体とみなせる車体が車両の重量を代表するものと考える。いま，かりに，この車両の重心点を原点に車両の前後方向を x 軸，左右方向を y 軸，上下方向を z 軸として車両に固定した座標系を想定してみよう。

この座標を規準にすれば車両の**運動の自由度**を，三次元空間内の剛体の運動として次の6種類に分類することができる。

① z 方向の並進運動，上下動（up and down motion）
② y 方向の並進運動，左右動（lateral motion）
③ x 方向の並進運動，前後動（longitudinal motion）
④ x 軸回りの回転運動（rolling motion）
⑤ y 軸回りの回転運動（pitching motion）
⑥ z 軸回りの回転運動（yawing motion）

ところで，上記の6つの運動をさらに詳しくみてみると，大きく次の2つに分けて考えることができる[1]。

1つは，①，③，⑤の運動で，これらは，操舵とはなんらの直接的な関係なしに生じる運動である。①の運動は具体的には，路面の不整などによって生じる上下方向の運動であり，走行中の車両の乗り心地に関連したものである。また，③の運動は，アクセルやブレーキによる車両の駆動や制動などを含む前後方向の直線運動である。⑤の運動は，上下方向の路面の不整や，③の運動に伴って生じる運動であり，これも車両の乗り心地に関連したものになる。

これに対して，②，⑥の運動は基本的には走行中の車両の操舵によって初めて生じる運動である。②の運動は操舵することによる車両の横方向の運動であり，⑥の運動は，操舵することによって車両の向きが変化する運動である。そして，④の運動は，②や⑥の運動に伴って生じる。なお，この運動は，上下方向の路面の不整によっても生じる。

先にも述べたように，われわれが対象としようとする車両は，操舵により，地上を任意の方向に自由に運動することができる車両である。したがって，とくにわれわれが対象とする運動とは，基本的には，操舵によって初めて生じる②，④，⑥の運動ということになる。以下では，一般によばれているように，われわれが対象とする②の運動を車両の**横方向の運動**，⑥の運動を**ヨーイング運動**，④の運動を**ローリング運動**とよぶことにする。

1.3 運動の制御

ところで，通常の車両は，車上の運転者によってその運動が制御される。運転者の操舵により，車両は自らの運動力学的固有性に従い，横方向の運動，鉛直軸回りのヨーイング運動，さらには，これに伴ったローリング運動を行う。このとき運転者はまったく無意味な操舵をするわけではない。運転者は絶えず走行すべき目標コースとしての道路前方のようすが目から与えられたり，あるいは前方に自ら走行すべき目標コースを設定する。そして，現在，自らの車両がその目標コースに対してどのような位置にあり，どのような運動をしているか，将来どのような状態になりうるか，を観察する。このような情報に基づいて運転者はある適切と判断する操舵を行うはずである。こうして車両は，与えられた目標コースあるいは運転者が自ら設定した目標コースに沿った運動を行うことになる[2]。**図1.2**にはこのような，車両の運動と制御の関係をブロックダイアグラムによって示している。

このように，地上に設定された軌道などによる直接的な拘束を受けず，操舵によって平面内を自由に運動することができるという可能性を有する車両は，人あるい

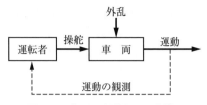

図 1.2 車両の運動とその制御

はその他の方法によって適切な制御を受けて,初めて意味のある運動を行うことができる.

したがって,われわれの興味の中心は,まずわれわれの対象となる車両は,それ自体独自に,どのような運動力学的性質を有するものであるかということになる.これは,とくにある一定の操舵に対する車両の運動をみることによって明らかとなる.さらに,そのような運動力学的性質を有する車両が,人あるいはその他の方法によって制御を受けた場合にはどのような運動を示すか,ということが次の興味の中心となる.そして,人による制御を受ける車両であれば,どのような運動力学的性質を有する車両が制御者にとって制御しやすいのかということが問題となるであろう.

―――――― 参考文献 ――――――

1) 平尾,近藤,亘理,山本:理論自動車工学,自動車工学講座 4,山海堂,1967(II,2 章,2.1)
2) 井口:人間-機械系―人による機械の制御―,情報科学講座 B.9.2,共立出版,1970(1 章,1.6)

第2章

タイヤの力学

2.1 はじめに

　われわれは第1章において，本書で取り扱う車両の運動とは，あらかじめ地上に設置された軌道などに直接拘束されることなく，水平面内を自らの意思のもとに，自由に自立して行う運動であることを述べた。そして，この運動を可能にする力は，車両が地面に対して運動をすることによって，初めて生じるものであることを述べた。

　車両と地面の接点は車輪である。車輪は，その回転面に直角な方向に速度成分を持てば，進行方向に直角な方向の力を受ける。つまり，上記のような車両の運動を可能にする力とは，車両と地面の相対運動によって車輪が地面から受ける力である。これはちょうど，航空機の運動における翼の進行方向に垂直に働く揚力や，旋回中の船体の進行方向に直角に働く揚力（船体に対しては横方向の力になる）に対応するものである。

　このように，われわれが対象として扱う車両に装着された車輪は，単に，車体を支持しつつ転動したり，地面に対して前後方向に駆動や制動のための力を発生する役割を担うのみならず，このような車両の本質的機能である自立した運動を可能にする役割をも担うことになるのである。

　われわれがこれから，車両の運動や制御の問題を扱うためには，前もってその運動や制御を可能ならしめる，車輪に働く力についての知識が不可欠となる。このようなことから，本章では主として，車輪と地面の相対運動によって生じる力の発生メカニズムとその力の性質を明らかにしていくことにする。

2.2 横力を発生するタイヤ

2.2.1 車輪と横すべり

　一般に，車両が直進走行している場合には，その車輪の向いている方向と車輪の進行方向は一致している。つまり，車輪の進行方向は車輪の回転面内に含まれるこ

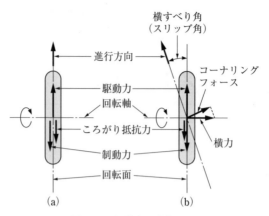

図 2.1　運動する車輪

とになる．ところが，車両が横方向の運動やヨーイング運動を伴っている場合には，車輪の地面に対する進行方向が車輪の回転面内に必ずしも含まれるとはかぎらないことになる．

図 2.1 は，車輪を上から見たところであり，(a) は車輪の進行方向が回転面に含まれる場合，(b) が含まれない場合を示している．(b) のような状態を，**横すべりを伴う車輪**とよばれ，車輪の進行方向と回転面，つまり，車輪の向いている方向のなす角を車輪の**横すべり角**（slip angle）とよんでいる．

いずれの場合にも，車輪には，車両を支える垂直荷重の反力を地面から受けるほかに，進行方向にその車輪が車両を駆動していれば**駆動力**が，制動していれば**制動力**が働き，さらに，**ころがり抵抗力**がつねに働く．そしてもし，(b) のように車輪に横すべりが伴うときには，このほかに，車輪の回転面に直角な力が発生することになる．

この力は，いわば，車輪が横すべりを生じている場合，これを生じさせまいとして働く抗力とみることもできる．そしてこの力が，じつは，われわれが対象としようとしている車両が，本来の自立した運動を行うために依存しなければならない重要な力となるものである．通常，この力は**横力**（lateral force）とよばれ，この力の車輪進行方向に直角な方向の成分を**コーナリングフォース**（cornering force）とよんでいる．そして，横すべり角が小さければ，この 2 つの力は同じものとみてさしつかえない．

なお，この力は，流体力学で説明される揚力，つまり，**図 2.2** に示すような，流体中を相対的に迎え角を伴いながら進む物体に働く力に対応するものである．

一般に，車輪にはいろいろな種類があるが，どのような車輪でも，横すべりを伴いながら転動するときには，車輪の回転面に直角な力が発生する．図2.3は近藤によって示された，空気ゴムタイヤ付き車輪，充実ゴムタイヤ付き車輪，鉄車輪の横すべり角とコーナリングフォースの関係である[1]．

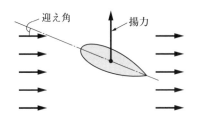

図2.2 流体中の物体に働く揚力

このように，車輪の種類によって発生する力の大きさは，かなり異なることがわかる．とくに，鉄車輪の発生しうる力は，最大でゴムタイヤ付き車輪の約1/3にすぎない．また，充実ゴムタイヤ付き車輪より，空気ゴムタイヤ付き車輪のほうが発生しうる力の最大値が大きくなることがわかる．

ところで，横すべりを伴う車輪に働く力は，いま，われわれが対象にしようとしているような自立した運動を行う車両にとっては，できるだけ大きいことが望ましい．このような理由により，平面内を外からの

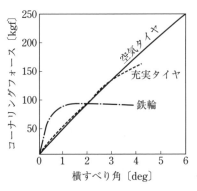

図2.3 各種車輪の横すべり角とコーナリングフォース[1]

拘束がなく自由に走行する車両は，ほとんどの場合，空気ゴムタイヤ付き車輪を装着している．このように，空気ゴムタイヤ付き車輪を装着している理由は単に車両の乗り心地上望ましいだけでなく，車両本来の自由な運動を行うための横方向の力を得るという点からもすぐれているところにある．

以下においては，空気ゴムタイヤ付き車輪を単に**タイヤ**とよぶことにし，横すべりを伴うタイヤに働く力の発生メカニズムと，その性質を明らかにしていくことにする．

2.2.2 横すべりするタイヤの変形と横力

一般に，タイヤと地面とのあいだには，タイヤの接地面を通して力が作用することになる．

ところで，横すべりを伴うタイヤをよく観察してみると，図2.4に示したような，タイヤの接地面およびタイヤ外周の変形が生じていると予想される．(a)はタイヤの前後方向および横方向から見たタイヤの変形を示しており，(b)には，タイヤを

上から見たときの接地面とタイヤ外周の変形のようすが示されている。

タイヤの接地面は，この図に示されているように，まずその前方より，ほぼタイヤの進行方向に平行になるように変形が進んでいる。そのためこの部分は，地面とのあいだに相対的なすべりがまったく生じていないとみることができる。タイヤの横すべり角が小さいときには，接地面全体がこのように，タイヤの進行方向に平行になり，接地面でのすべりはまったくみられない。そして，接地面の後端でのタイヤの横方向の変形がほぼ最大になる。

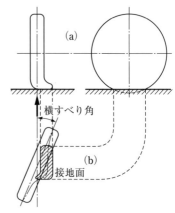

図2.4　横すべりするタイヤの変形

しかし，タイヤの横すべり角が大きくなると，接地面の前方は同じくタイヤの進行方向に平行になるが，接地面の中央にいくに従い，変形の進行がにぶり，あるところで横方向の変形が最大となる。そしてさらに，その後方では，タイヤの接地面は車輪の中心線に向かってすべり出し，横方向の変形はこれ以上大きくなることはない。

横すべり角がさらに大きくなると，この横方向の変形が最大となる点はどんどん前方に移ってくる。そして一般に，タイヤの横すべり角が8～10°程度になると，もはや，接地面の変形にタイヤの進行方向に平行な部分はほとんどみられなくなり，タイヤ接地面は，ほぼ前後対称な形の変形が生じることになる。そして，このときの接地面のほとんどすべての部分が，地面に対して相対的にすべりを生じているとみることができる。

いずれにしても，タイヤにこのような横方向の変形が生じているということは，タイヤの接地面に，この変形に応じた分布の横方向の力が働いているということになる。この力の合力が横すべりを伴うタイヤに働く横力で，通常横すべり角は最大でも10°程度であるから，本書では横すべりによる横力をコーナリングフォースととくに区別しないで用いることがある。また，タイヤの横方向の変形からみて，横方向の合力の着力点は，必ずしもタイヤの接地中心と一致するとはかぎらない。このため，タイヤに働く横力はタイヤの接地中心回りにモーメントを生じる。このモーメントが，**セルフアライニングトルク**（self aligning torque）とよばれるものであり，タイヤの横すべり角を減少させる方向に働くことになる。

2.2.3 タイヤの対地キャンバと横力

図2.5に示すような，タイヤの回転面が鉛直となす角をタイヤの**キャンバ角**（camber angle）という．もし，タイヤがキャンバ角 ϕ を有しながら水平面内を自由に転動すれば，その轍（わだち）は，図2.5に示すような円すいAPOがO点を中心として水平面内を転動したときに，O点を中心にして描かれる円弧BB′となるはずである．

つまり，O点を中心としてタイヤは半径 $R/\sin\phi$ の円を描くことになる．したがって，キャンバ角を有するタイヤに，この円旋回を許さず，直線運動を強制すれば，このタイヤには，図に示すような方向の力が働くことになる．この力はタイヤの対地キャンバによって生じる**キャンバスラスト**（camber thrust）とよばれる．

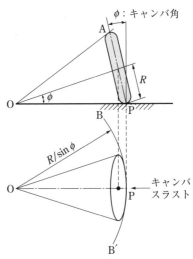

図2.5 キャンバ角を有するタイヤの円旋回とキャンバスラスト

2.3 タイヤのコーナリング特性

2.2節で述べたような横力やモーメントを発生するタイヤの特性を，とくに**コーナリング特性**とよぶ．ここでは，このタイヤのコーナリング特性を詳しくみることにする．

2.3.1 Fialaの理論

2.2.2項で述べたような横すべりを伴うタイヤの変形と横力をよく説明するものとして，一般に広く認められたものに，E. Fialaによって提案された力学モデルによる解析がある[2]．これは普通，タイヤのコーナリング特性に関する**Fialaの理論**とよばれており，タイヤのコーナリング特性の説明のために多くの人々に用いられる基礎的な理論となっている．

ここでは，このFialaの理論に基づいて，タイヤのコーナリング特性を理論的にみてみることにする．ここで扱われるタイヤの構造は図2.6のようにモデル化される．Aは，**リム**に相当するもので剛体とみなす．Bは，上下および横方向の弾性変形が可能な空気入り**チューブ**と，タイヤの**サイドウォール**を等価的に多くのばねで

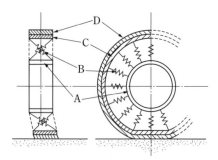

図 2.6 タイヤ構造のモデル化

置き替えたものである．Cは，両サイドウォールを連結する薄肉の**トレッドベース**に相当し，Dは，**トレッドラバー**に相当するものと考える．ただし，トレッドラバーは，環状の連続体ではなく，タイヤの周方向に独立した無数の弾性体であるとみなす．

このような構造のタイヤの接地面に横方向の力が働けば，タイヤには横方向の変形が生じる．リムは剛であり変形はしないから，まず，このリムに多数のばねで取り付けられたトレッドベースが横方向の曲げ変形を生じる．そしてさらに，このトレッドベースについた無数のトレッドラバーがトレッドベースと地面とのあいだでせん断変形するはずである．このようなタイヤの横方向の変形は**図2.7**のように表すことができる．ここでは，接地面の前端および後端におけるトレッドベースの横変形は等しいとみなし，接地面前端と後端におけるトレッドベースの中心位置を結ぶ直線を x 軸，接地面前端で x 軸に直角な方向を y 軸にとっている．したがって，x 軸はタイヤのリム中心線またはトレッドベースの変形前の中心線に平行である．このようにして，x によってタイヤ接地面の前端からの x 軸方向の距離を表し，y はトレッドベースの x 軸からの横変位，y_1 は $0 \leq x \leq l_1$ における接地面中心線の x 軸からの横変位，y_2 は $l_1 < x \leq l$ における接地面中心の x 軸からの横変位を表している．

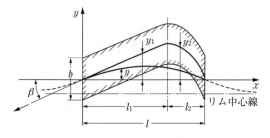

図 2.7 タイヤ変形のモデル化

10 第2章 タイヤの力学

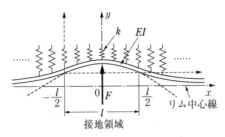

図2.8 トレッドベースの変形

また,$0 \leq x \leq l_1$ は,2.2.2項で述べたタイヤと地面のあいだに相対的なすべりの生じない領域,$l_1 < x \leq l$ は相対的なすべりを生じている領域を示している.さらに,β はタイヤの横すべり角,l は接地面の長さ,b は接地面の幅である.

ここでまず,トレッドベースの横変位 y を考えてみよう.タイヤを周方向に展開して考えれば,トレッドベースは,図2.8 に示すように,B に対応する多くのばねで作られた弾性基礎上の無限に長いはりとみることができる.このはりの変形を考えるに際して,簡単のためにタイヤに働く横力またはコーナリングフォースを F とし,とりあえず,リム中心線を x 軸,タイヤ中心を通り,これに直角な方向を y 軸として,この力が $x = 0$ に集中して y 方向にかかるとすれば,次式が成立する.

$$EI \frac{d^4 y}{dx^4} + ky = w(x) \tag{2.1}$$

ただし,$x \neq 0$ のとき $w(x) = 0$,$x = 0$ のとき $w(x) = F$ であり,E はトレッド材料のヤング率,I はトレッドベースの断面2次モーメント,k は弾性基礎の単位長さあたりのばね定数である.

この式は解析的に解くことができ,横変位 y は一般に次式で与えられる[3].

$$y = \frac{\alpha F}{2k} e^{-\alpha x}[\cos \alpha x + \sin \alpha x] \tag{2.2}$$

ただし

$$\alpha = \frac{1}{\sqrt{2}} \left(\frac{k}{EI} \right)^{\frac{1}{4}} \tag{2.3}$$

さてここでは,接地領域でのトレッドベースの変形,つまり $|\alpha x| \ll 1$ での y を考えればよいから,$e^{-\alpha x} \approx 1 - \alpha x$,$\cos \alpha x \approx 1$,$\sin \alpha x \approx \alpha x$ とすれば,y は次の2次式で近似することができる.

$$y = \frac{\alpha F}{2k}(1 - \alpha^2 x^2) \tag{2.4}$$

2.3 タイヤのコーナリング特性

ここでさらに，$x=0$，$x=l$でyが0となるように原点を移動した座標でトレッドベースの横変位を記述すれば

$$y = \frac{\alpha^3 l^2 F}{2k} \frac{x}{l}\left(1 - \frac{x}{l}\right) \tag{2.5}$$

となる。これが，図2.7におけるトレッドベースの横変位yを与える式である。

次に，接地面中心線の横変位y_1，y_2を考えよう。まず，地面とトレッドラバーのあいだに相対的なすべりがない$0 \leq x \leq l_1$では，接地面はタイヤの進む向きと反対向きに変位が進むから，前後方向に沿った各点での接地面の横変位y_1は，次のように書くことができる。

$$y_1 = \tan \beta \, x \tag{2.6}$$

トレッドベースの横変位が式(2.5)のyで与えられ，トレッドラバーの横変位がy_1で与えられるから，図2.9のようにトレッドラバーは，トレッドベースと地面とのあいだで$(y_1 - y)/d$のせん断ひずみを生じる。したがって，接地面の前後方向各点には，単位長さあたり次のような横方向の力が働いていることになる。

$$f_1 = K_0(y_1 - y) = K_0 \left[\tan \beta \, x - \frac{\alpha^3 l^2 F}{2k} \frac{x}{l}\left(1 - \frac{x}{l}\right) \right] \tag{2.7}$$

ただし

$$K_0 = G \frac{b}{d} = \frac{E}{2(1+\nu)} \frac{b}{d} \tag{2.8}$$

であり，Gはトレッドのせん断弾性係数，νはポアソン比である。

図2.7からもすでにわかるように，接地面の後方にいくに従い$y_1 - y$が大きくなる。したがって，もしf_1の値が地面とトレッドラバーのあいだの摩擦力を超えれば，地面とトレッドラバーのあいだに相対的なすべりが生じる。この範囲が$l_1 < x \leq l$であり，この領域でのトレッドラバーのせん断ひずみは$(y_2 - y)/d$である。このひずみを生じさせる力f_2は，トレッドラバーと地面のあいだの摩擦力である。いま，簡単のためタイヤの垂直荷重をWとし，この荷重による接地面の接地圧pのx方向

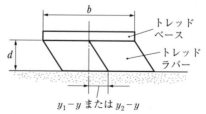

図2.9　トレッドラバーのせん断変形

の分布を，図2.10のように接地面中心に頂点を持つxの2次式で近似すれば

$$p = 4p_m \frac{x}{l}\left(1 - \frac{x}{l}\right) \quad (2.9)$$

ただし，p_mは最大接地圧で

$$p_m = \frac{3W}{2bl} \quad (2.10)$$

であるからf_2は次のようになる。

$$f_2 = K_0(y_2 - y) = \mu p b$$
$$= 4\mu p_m b \frac{x}{l}\left(1 - \frac{x}{l}\right) \quad (2.11)$$

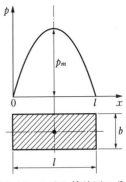

図2.10 タイヤ接地圧の分布

ただし，μは地面とトレッドラバーのあいだの摩擦係数である。

また，l_1は$f_1 = f_2$を満足するxの値であるから

$$K_0\left[\tan\beta\, x - \frac{\alpha^3 l^2 F}{2k}\frac{x}{l}\left(1 - \frac{x}{l}\right)\right] = 4\mu p_m b \frac{x}{l}\left(1 - \frac{x}{l}\right) \quad (2.12)$$

なる式を満足するxの値として，次のようになる。

$$l_1 = l - \frac{K_0 l^2 \tan\beta}{\dfrac{K_0 \alpha^3 l^2}{2k}F + 4\mu p_m b} \quad (2.13)$$

さて，以上より接地面の前後方向各点で，微小長さdxに働く横方向の力は，$0 \leq x \leq l_1$で$f_1 dx$，$l_1 < x \leq l$で$f_2 dx$であるから，接地面全体に働く力の合計，つまり，コーナリングフォースFは，次式で与えられる。

$$F = \int_0^{l_1} f_1 dx + \int_{l_1}^l f_2 dx$$
$$= K_0 \int_0^{l_1}\left[\tan\beta\, x - \frac{\alpha^3 l^2 F}{2k}\frac{x}{l}\left(1 - \frac{x}{l}\right)\right]dx + \int_{l_1}^l 4\mu p_m b \frac{x}{l}\left(1 - \frac{x}{l}\right)dx$$

$$(2.14)$$

式 (2.14) のl_1に式 (2.13) を代入し，式 (2.14) を積分すると，両辺にFを含むかなり複雑な式になるが，Fialaは，これをFについて解いてFは近似的に次のように書くことができるとした。

$$F = \frac{K_1 l^2}{2}\tan\beta - \frac{1}{8}\frac{K_1^2 l^3}{\mu p_m b}\tan^2\beta + \frac{1}{96}\frac{K_1^3 l^4}{\mu^2 p_m^2 b^2}\tan^3\beta \quad (2.15)$$

これが，タイヤの横すべり角とコーナリングフォースの関係を与える基礎式であ

2.3 タイヤのコーナリング特性

る。なお

$$K_1 = \frac{K_0}{1 + \dfrac{\alpha^3 l^3}{12k} K_0} \tag{2.16}$$

である。

次に，図 2.7 からもわかるように，接地面に働く横方向の力は，接地面中心に対して非対称である。したがって，この力は，接地面中心を通る鉛直軸回りにモーメントを発生する。このモーメントがセルフアライニングトルクである。接地面各点の微小長さ dx に働く横力の作る接地面中心回りのモーメントは，$0 \leqq x \leqq l_1$ で $(x - l/2)f_1 dx$，$l_1 < x \leqq l$ で $(x - l/2)f_2 dx$ であるから，セルフアライニングトルク M は次のようになる。

$$\begin{aligned}
M &= \int_0^{l_1} \left(x - \frac{l}{2}\right) f_1 dx + \int_{l_1}^{l} \left(x - \frac{l}{2}\right) f_2 dx \\
&= K_0 \int_0^{l_1} \left(x - \frac{l}{2}\right)\left[\tan \beta\, x - \frac{\alpha^3 l^2 F}{2k} \frac{x}{l}\left(1 - \frac{x}{l}\right)\right] dx \\
&\quad + \int_{l_1}^{l} \left(x - \frac{l}{2}\right) 4\mu p_m b\, \frac{x}{l}\left(1 - \frac{x}{l}\right) dx
\end{aligned} \tag{2.17}$$

この式の l_1 に式 (2.13) を代入して積分すると，やはりかなり複雑になるが，F は近似的に式 (2.15) を用いることによって，Fiala は M を近似的に次のように求めた。

$$\begin{aligned}
M &= \frac{K_1 l^3}{12} \tan \beta - \frac{1}{16} \frac{K_1^2 l^4}{\mu p_m b} \tan^2 \beta + \frac{1}{64} \frac{K_1^3 l^5}{\mu^2 p_m^2 b^2} \tan^3 \beta \\
&\quad - \frac{1}{768} \frac{K_1^4 l^6}{\mu^3 p_m^3 b^3} \tan^4 \beta
\end{aligned} \tag{2.18}$$

これが，タイヤの横すべり角とセルフアライニングトルクの関係を与える基礎式である。

ところで，β が小さいときの単位横すべり角あたりのコーナリングフォース，つまり，**コーナリングパワー**（cornering power）を K とすれば（後述）

$$K = \left(\frac{dF}{d\beta}\right)_{\beta=0} = \frac{K_1 l^2}{2} \tag{2.19}$$

であり，タイヤの最大摩擦力は式 (2.10) より

$$\mu W = \frac{2}{3} \mu p_m bl \tag{2.20}$$

であるから

$$\phi = \frac{K}{\mu W}\tan\beta = \frac{3K_1 l}{4\mu p_m b}\tan\beta \tag{2.21}$$

と置けば，式 (2.15)，(2.18) の両式は，次のように書くことができる。

$$\frac{F}{\mu W} = \phi - \frac{1}{3}\phi^2 + \frac{1}{27}\phi^3 \tag{2.22}$$

$$\frac{M}{l\mu W} = \frac{1}{6}\phi - \frac{1}{6}\phi^2 + \frac{1}{18}\phi^3 - \frac{1}{162}\phi^4 \tag{2.23}$$

式 (2.22)，(2.23) を ϕ で微分して 0 と置くことにより，$F/(\mu W)$ は $\phi=3$ で最大となり，そのときに $F/(\mu W)=1$，$M/(l\mu W)$ は $\phi=3/4$ で最大となり，$M/(l\mu W)=27/512$ となることがわかる。つまり，コーナリングフォース F は

$$\tan\beta = \frac{3\mu W}{K} \tag{2.24}$$

の横すべり角で最大となり，そのときの最大値 $F_{\max}$ は

$$F_{\max} = \mu W \tag{2.25}$$

となる。また，セルフアライニングトルク M は

$$\tan\beta = \frac{3\mu W}{4K} \tag{2.26}$$

のときに最大となり，そのときの最大値 $M_{\max}$ は

$$M_{\max} = \frac{27}{512}l\mu W \tag{2.27}$$

となる。ここで，式 (2.22)，(2.23) を用いて，無次元化されたコーナリングフォース $F/(\mu W)$，セルフアライニングトルク $M/(l\mu W)$ と，横すべり角 $\phi = K\tan\beta/(\mu W)$ との関係を描いてみると図 2.11，2.12 のようになる。

図 2.11 からわかるように，横すべり角 β が小さいときには，コーナリングフォース F はほぼ $\tan\beta$ に比例すると考えてよいが，β がある値以上になるとコーナリングフォースは飽和し，横すべり角が増してもコーナリングフォースは増加しなくなるという基本的な性質がある。また，図 2.12 に示されるように，セルフアライニングトルクも，横すべり角が小さいときにはほぼ $\tan\beta$ に比例すると考えてよいが，β が大きくなると，セルフアライニングトルクは急激に飽和し，横すべり角がある値以上ではむしろ横すべり角の増加に対して，セルフアライニングトルクは減少してしまうという性質があることが理解できる。β が小さければ $\tan\beta \approx \beta$ であるから，コーナリングフォースやセルフアライニングトルクは β に比例すると考えてよい。とくに β が大きいところで，コーナリングフォースが β に比例しなくなる性質を，コ

2.3 タイヤのコーナリング特性　**15**

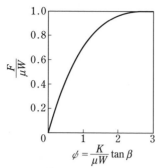
図 2.11 横すべり角とコーナリングフォースの関係

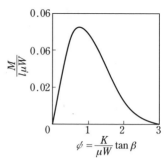
図 2.12 横すべり角とセルフアライニングトルクの関係

ーナリング特性の非線形性という。

いま,横すべり角 β が小さく,$\tan\beta \approx \beta$ とみなせる範囲を考え,β の2次以上の項を無視すれば,横すべり角 β に対するコーナリングフォースおよびセルフアライニングトルクは,式 (2.15),(2.18) より

$$F \approx \frac{K_1 l^2}{2}\beta = K\beta \tag{2.28}$$

$$M \approx \frac{K_1 l^3}{12}\beta = \xi_n K\beta \tag{2.29}$$

と書くことができる。ここに,K は一般にコーナリングパワーとよばれるもので,式 (2.19) で与えられる。式 (2.8),(2.16) を用いれば,このコーナリングパワーは次のように書くことができる。

$$K = \frac{\dfrac{l^2}{2}\dfrac{b}{d}G}{1 + \dfrac{a^3 l^3}{12k}\dfrac{b}{d}G} \tag{2.30}$$

また,ξ_n は

$$\xi_n = \frac{M}{F} \tag{2.31}$$

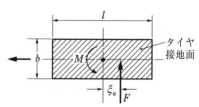
図 2.13 ニューマチックトレール

で定義され,図 2.13 に示すような,コーナリングフォース F の着力点と接地面中心間の距離に対応し,**ニューマチックトレール** (pneumatic trail) とよばれる。β が小さければこの値は,式 (2.28),(2.29) より $l/6$ になる。

16 第2章 タイヤの力学

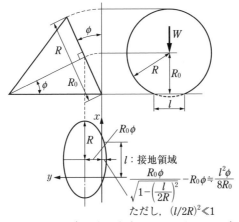

図2.14 キャンバ角のあるときのトレッドベース中心線

ところでこれまでは，横すべり角 β を伴うタイヤに働く力をみてきた。次に，キャンバ角 ϕ を伴いながら直進するタイヤに働く力，つまり，キャンバスラストをみてみよう。Fiala はこのようなキャンバ角を伴うときのタイヤについても解析した。

タイヤのキャンバを考慮すれば，**図2.14** に示すように，横すべり角が生じていなくても，トレッドベースの中心は直線ではなく，だ円の一部になる。

このだ円の一部を，先の図2.7と同じ座標系で放物線で近似すれば，次のようになる。

$$y_C = -\frac{l^2 \phi}{2R_0} \frac{x}{l}\left(1 - \frac{x}{l}\right) \tag{2.32}$$

ここに，R_0 はトレッドベースの有効半径であり，次式で与えられる。

$$R_0 = R - \frac{W}{k_e} \tag{2.33}$$

ただし，R は無荷重時のトレッドベースの半径，k_e はタイヤの上下方向のばね定数である。

このようすを**図2.15**に示す。もしタイヤがキャンバ角 ϕ を伴いながら自由に進行するなら，トレッドラバーの接地面中心も，先の図2.5に示したように，y_C で示される軌跡を描き，タイヤは円旋回をするはずである。しかし，いまタイヤは直進している

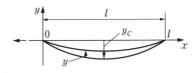

図2.15 キャンバ角を伴うタイヤの変形

2.3 タイヤのコーナリング特性

とすれば，タイヤの接地面中心は，x軸上をたどるはずである。したがって，トレッドベースと地面とのあいだのトレッドラバーには，せん断変形が生じ，この変形に応じた横力が接地面に働いていることになる。

いま，この力の合力つまりキャンバスラストをF_Cとし，この力が簡単のために接地面中心位置に集中的に働いているとすれば，この力によるトレッドベースの変形yは式（2.5）と同じように

$$y = \frac{\alpha^3 l^2 F_C}{2k} \frac{x}{l}\left(1 - \frac{x}{l}\right) \tag{2.34}$$

で与えられる。接地面のx軸からの変位は0であるから，x方向各点でのトレッドラバーのせん断変形は$-(y_C + y)$となる。したがって，タイヤに働くキャンバスラストF_Cは

$$F_C = \int_0^l - K_0(y_C + y)dx = K_0\left[\frac{l^2\phi}{2R_0} - \frac{\alpha^3 l^2 F_C}{2k}\right]\int_0^l \frac{x}{l}\left(1 - \frac{x}{l}\right)dx \tag{2.35}$$

となる。この式を積分してF_Cを求めれば

$$F_C = \left(\frac{K_0}{1 + \dfrac{\alpha^3 l^3}{12k}K_0}\right)\frac{l^3}{12R_0}\phi = \frac{K_1 l^3}{12R_0}\phi \tag{2.36}$$

となる。このように，キャンバスラストは，キャンバ角に比例することになる。この比例定数K_Cを**キャンバスラスト係数**とよび，式（2.8）を用いれば，それは次のように表すことができる。

$$K_C = \frac{K_1 l^3}{12R_0} = \left(\frac{\dfrac{l^2}{2}\dfrac{b}{d}G}{1 + \dfrac{\alpha^3 l^3}{12k}\dfrac{b}{d}G}\right)\frac{l}{6R_0} = \frac{l}{6R_0}K \tag{2.37}$$

以上のような力学モデルを用いた理論的な解析により，タイヤに働く横力やモーメントの性質，つまり，タイヤのコーナリング特性は，E, ν, I, b, d, k, l, μ, そしてWなどの影響を受けることがわかる。

E, νは，トレッドの材質と構造に依存するものであり，I, b, dはタイヤの形状で決まる。また，Wはタイヤの垂直荷重である。kは主としてタイヤの空気圧に依存するものであり，ほぼタイヤ空気圧に比例すると考えてよい。さらに，lは主としてタイヤの形状が決まれば，垂直荷重Wとタイヤの空気圧によって決まると考えてよい。また，μはトレッドの材質と路面の状態に依存する。

したがって，タイヤのコーナリング特性は主として，①タイヤの材質や構造と形

18　第2章　タイヤの力学

状，②タイヤの垂直荷重，③タイヤ空気圧，④路面状態，などに支配されることが理解できる。しかし，ここで示したタイヤの力学モデルを前提として，①〜④が，先に掲げたタイヤの諸パラメータに及ぼす影響を理論的に算出することは，必ずしもすべて簡単に可能であるとはかぎらない。また，これを個々に実験によって測定することも簡単でない。これに対して，横すべり角やキャンバ角を伴うタイヤに働く横力やモーメントを測ることは比較的簡単である。そのため普通，タイヤのコーナリング特性に及ぼす①〜④などの影響は直接実験によって確認されることが多い。

そこで，以下では，タイヤの材質と構造は与えられたものとして，これまで実験によって確認されたコーナリング特性に及ぼす①〜④などの影響を参考にしながら，さらに詳しく，タイヤに働く横力やモーメントの性質をみていくことにする。

例題 2.1　タイヤに働くコーナリングフォースが飽和するときのタイヤの横すべり角を，タイヤ変形のメカニズムから推定し，式（2.24）に一致することを示せ。

解　コーナリングフォースが飽和したときの最大値は，タイヤ垂直荷重 W に摩擦係数 μ を掛けたものであるから μW となる。この力によるトレッドベースの変形は式（2.5）より

$$y = \frac{\alpha^3 l^2 \mu W}{2k} \frac{x}{l}\left(1 - \frac{x}{l}\right)$$

となる。また，コーナリングフォースが飽和して，タイヤ接地面全体がすべりを生じているとすれば，接地面各点に働く横力は，接地面各点の接地圧 p に摩擦係数 μ を掛けたものになる。つまり

$$\mu p = 4\mu p_m \frac{x}{l}\left(1 - \frac{x}{l}\right)$$

となる。ここで図 E2.1 のようにタイヤ接地面各点の横方向の変位を y' とすればトレッドラバーのせん断変形は $(y' - y)$ となるから

$$K_0(y' - y) = \mu p b$$

となるはずである。上の 3 式より y' を求めれば

$$y' = \left(\frac{\alpha^3 l^2 \mu W}{2k} + \frac{4\mu p_m b}{K_0}\right)\frac{x}{l}\left(1 - \frac{x}{l}\right)$$

となる。この y' が，タイヤ接地面各点の，生じうる最大の横方向の変位と

2.3　タイヤのコーナリング特性　**19**

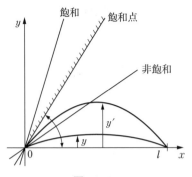

図 E2.1

いうことになる。

したがって,$x=0$ における y' の接線と x 軸のなす角以上の横すべり角が生じても,コーナリングフォースは増さない。この角がタイヤのコーナリングフォースが飽和する横すべり角に相当する。これを β とすれば

$$\tan \beta = \left(\frac{dy'}{dx}\right)_{x=0} = \left(\frac{\alpha^3 l^2 \mu W}{2k} + \frac{4\mu p_m b}{K_0}\right)\frac{1}{l}$$

となる。式 (2.8),(2.10),(2.16),(2.19) を用いてこれを変形すれば

$$\tan \beta = \frac{3\mu W}{K}$$

となり,式 (2.24) に一致する。

2.3.2 コーナリングフォース

(1) 一般的性質

力学モデルを用いた理論的な解析からも予想されたように,横すべり角が小さいときには,コーナリングフォースと横すべり角の関係は直線的であるが,横すべり角がある値を超えると,少しずつコーナリングフォースの増加はにぶり,理論的には $\tan \beta = 3\mu W/K$ なる横すべり角で飽和する。図 2.16 は通常の乗用車用タイヤの横すべり角とコーナリングフォースの関係の典型的な例である。

この例では,横すべり角が約 4°ぐらいまではコーナリングフォースは直線的に増えるが,これを超えるとその増加がにぶり,8〜10°ぐらいになると飽和することがわかる。ところで,普通の車両の横方向の運動は,タイヤの横すべり角とコーナリングフォースの関係が直線的な範囲で行われることが多い。この直線部における傾きが,式 (2.30) で与えられたタイヤのコーナリングパワー,つまり,単位横すべ

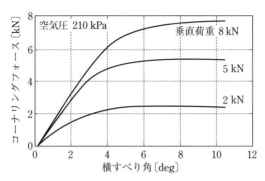

図 2.16 横すべり角とコーナリングフォースの関係

り角あたりのタイヤの発生するコーナリングフォースに対応するものであり，タイヤのコーナリング特性を評価する重要な量になる．

(2) 垂直荷重と路面状態の影響

図 2.16 には，タイヤの垂直荷重が，コーナリングフォースに及ぼす影響も示されている．この図から，タイヤの垂直荷重はそれが十分大なら，横すべり角が小さいときにはコーナリングフォースにあまり影響を与えないが，コーナリングフォースの飽和がみられるほどに横すべり角が大きくなると，支配的な影響を及ぼすことがわかる．小さな横すべり角でそれに比例的なコーナリングフォースも，垂直荷重の影響は受けるが，力学モデルによる理論的な解析からもわかるように，接地面において相対的なすべりを生じる部分が多いとき，つまり，横すべり角の大きいときには，コーナリングフォースは垂直荷重と摩擦係数の積 μW に近づき，垂直荷重の影響が顕著となる．図 2.17 は，このようなコーナリングフォースに及ぼす垂直荷重の影響を詳しくみた例である．

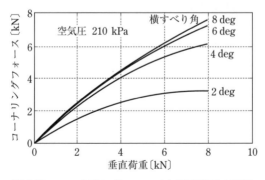

図 2.17 コーナリングフォースと垂直荷重の関係

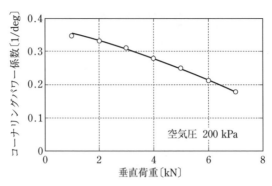

図 2.18 荷重とコーナリングパワー係数

　次に，コーナリングパワーに及ぼす垂直荷重の影響をみよう．図 2.16 から，荷重が小さいときには荷重とともにコーナリングパワーが増大するが，ある程度以上の荷重では増大はみられなくなることがわかる．むしろこれが減少することもある．
　コーナリングパワーを，そのときの荷重で割った量を**コーナリングパワー係数**という．このコーナリングパワー係数は，荷重とともにほぼ直線的に減少する．その例を図 2.18 に示す．したがって，コーナリングパワーの荷重依存性は形式的に

$$K = W(c_0 - c_1 W) \tag{2.38}$$

と書くことができる．ここに，c_0 は荷重が 0 付近のコーナリングパワー係数，c_1 はその荷重依存係数である．
　つまり，荷重に対するタイヤのコーナリングパワーは，原点を通る上に凸の放物線で近似することができ，ある点までは荷重とともにコーナリングパワーは増加するが，それ以上の荷重の増大に対しては，コーナリングパワーは減少することになる．なお，通常は，荷重に対しコーナリングパワーが増大する範囲でタイヤが使用されるのが普通である．
　図 2.19 には，実際のタイヤのコーナリングパワーの荷重依存性が示されている．ほぼ上に凸の放物線で近似できることがわかる．
　われわれは，タイヤの垂直荷重の影響はつねに μW の形で入ってくることを知っている．したがって，路面とトレッドラバーのあいだの摩擦係数 μ も，垂直荷重と類似の影響を与えることが予想される．摩擦係数 μ は路面の状態で変わる．図 2.20 には，種々の路面でのタイヤの横すべり角に対するコーナリングフォースをみた例が示されている[4]．
　この図からも，横すべり角が小さいところでは摩擦係数はコーナリングフォース

22　　第 2 章　タイヤの力学

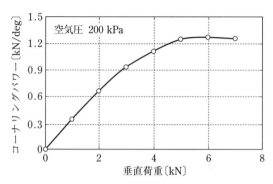

図 2.19　荷重とコーナリングパワー

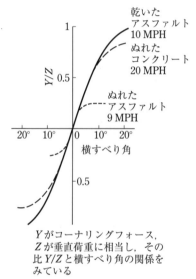

Y がコーナリングフォース，Z が垂直荷重に相当し，その比 Y/Z と横すべり角の関係をみている

図 2.20　路面状態がコーナリングフォースに及ぼす影響[4]

にほとんど影響を与えないが，横すべり角が大きいところでその影響が現れるということがわかる。

(3) タイヤ空気圧の影響

ところで，2.3.1 項の力学モデルを用いた解析から，タイヤのコーナリングフォースは，ある一定の力に対するトレッドベースの変形 y が小さいほど大きくなることがわかる。式 (2.5) より，y は $a^3 l^2 / 2k$ が小さいほどその値が小さくなる。つまり，トレッドベースの変形は，弾性基礎のばね定数に相当する k が大きく，トレッドベース自体の曲げ剛性 EI が大きいほど小となる。ばね定数 k はタイヤの空気圧

に依存し，ほぼそれに比例すると考えてよい．したがって，タイヤの空気圧とともに，そのコーナリングフォースは大きくなると予想される．しかし一方，空気圧の上昇は接地長 l の減少をもたらす．式 (2.15) から接地長 l が減少すれば，コーナリングフォースが減少する．つまり，空気圧の上昇は逆にコーナリングフォースの減少をもたらすとみることもできる．

　図 2.21 は，このようなタイヤの空気圧とコーナリングフォースのあいだの関係を示すよい例である．空気圧の上昇は k の増大をもたらし，コーナリングフォースが大となることが期待される．しかし，空気圧の上昇に伴う l の減少は，コーナリングフォースの減少の原因となる．結果としてこの例では，2つの効果が相殺して，結局空気圧の上昇に対して，コーナリングフォースがほとんど変化しないという結果になっている．

　この点は，図 2.22 に示すコーナリングパワーに及ぼすタイヤ空気圧の影響にも現れている．垂直荷重が比較的小さい場合には，空気圧の上昇に伴う接地長の減少の

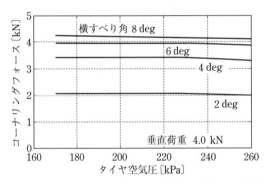

図 2.21　コーナリングフォースとタイヤ空気圧の関係

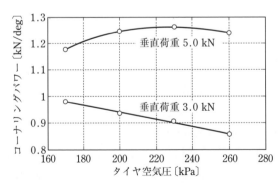

図 2.22　コーナリングパワーとタイヤ空気圧の関係

効果のほうが k の増大よりも著しく,コーナリングパワーは空気圧の上昇とともに減少する.これに対して垂直荷重が比較的大きい場合には,空気圧上昇による k の増大の効果のほうが接地長の減少の効果よりも大きく,空気圧の上昇はコーナリングパワーの増大をもたらす.しかし,空気圧がある値以上になると,接地長の減少が顕著になり,逆にコーナリングパワーがそれ以上の空気圧の上昇とともに減少することになる.このようなことがらは式 (2.30) を通しても理解することができる.

(4) タイヤ形状の影響

一方,トレッドベースの曲げ剛性 EI は,タイヤの材質と構造が与えられれば,その形状によって決まり,トレッドベースの横方向の断面2次モーメント I に支配される.この I は,基本的にはタイヤのサイズが大きいほど大であるが,さらに,同じ半径のタイヤでも,幅 b が大きな扁平タイヤのほうが大である.したがって,大きなコーナリングフォースを得るためには扁平なタイヤが望ましい.

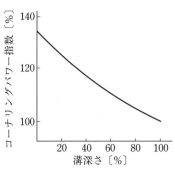

図 2.23 トレッドの溝の深さとコーナリングパワーの関係

また,タイヤのコーナリングパワーは式 (2.30) より,b が大きく,d が小さいほうが大きくなると考えられる.図 2.23 は,このトレッドラバーの厚さに相当するトレッドの溝の深さと,コーナリングパワーの関係をみた例である.この図からも,トレッドが摩耗して,等価的に d が小さくなったと考えられるタイヤのコーナリングパワーのほうが大きくなっていることがわかる.

(5) 駆動力,制動力の影響

これまでは,タイヤの垂直荷重を省いては,タイヤ自体が決まれば,決まるパラメータのコーナリングフォースに及ぼす影響をみてきた.車両に装着されたタイヤは,車両の重量を支えるための垂直荷重を受けるだけでなく,その接地面で,車両の駆動あるいは制動のための前後方向の力も受ける.この力が,タイヤのコーナリングフォースに影響を与える.

古典的なクーロンの摩擦の法則に従えば,図 2.24 に示すように,タイヤに働く横力 F と駆動力 T (または制動力) は,どのような場合にも,次式を満足しなければならない.

$$\sqrt{F^2+T^2} \leq \mu W \tag{2.39}$$

つまり，タイヤと地面のあいだに働く水平面内のあらゆる方面の力の合力は，そのときの垂直荷重に摩擦係数を掛けた値以上になることはできず，合力のベクトルは，半径 μW の円内にとどまる。この円を**摩擦円**とよぶ。

もし，タイヤの前後方向に T の駆動力か制動力が働いているとすれば，大きな横すべり角で達しうる最大の横力 F_{max} は，次のような式になる。

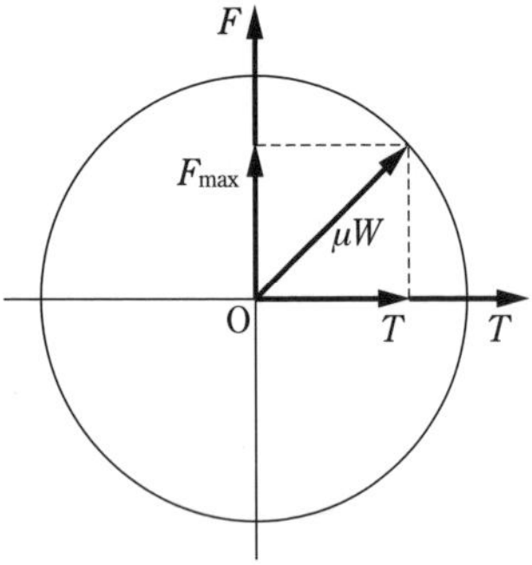

$$F_{max} = \sqrt{\mu^2 W^2 - T^2} \tag{2.40}$$

図 2.24 摩擦円

なお，$T=0$ なら，この式は式 (2.25) に一致する。

いま，駆動力や制動力が 0 のときの横力 F_0 の横すべり角に対する関係が，図 2.25 の曲線 O-A_0 で与えられ，駆動力 T （または制動力）が働いているときの横力 F の横すべり角に対する関係が O-A で与えられるとする。ここで，どのような横すべり角でも，駆動力（または制動力）による横力の低下率は同じであると仮定すれば，次式が成立する。

$$\frac{F}{F_0} = \frac{\sqrt{\mu^2 W^2 - T^2}}{\mu W} \tag{2.41}$$

この式を変形すれば

$$\left(\frac{T}{\mu W}\right)^2 + \left(\frac{F}{F_0}\right)^2 = 1 \tag{2.42}$$

となる。つまり，ある横すべり角が与えられたときの横力 F と駆動力 T （または制動力）の関係はだ円の式になることがわかる。そして，このだ円は，横力が最大となる横すべり角 β_{max} で先に示した摩擦円に一致した円となる。図 2.25 には，この

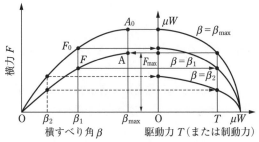

図 2.25 摩擦円の概念による横力と駆動力または制動力の関係の推定

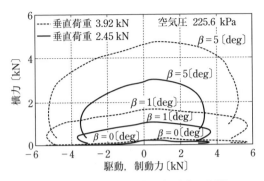

図 2.26　横力と駆動力，制動力の関係

ように F と T がだ円の式を満足することになるようすが図示されている。

このような駆動力や，制動力の横力あるいはコーナリングフォースに及ぼす影響についても，多くの研究者によって研究がなされている。図 2.26 は，その実測例であり，これらは基本的には上述した摩擦円の概念で理解できることがわかる。

なお，駆動力や制動力まで考慮した広範囲のタイヤのコーナリング特性については，2.4 節で詳しく，理論的に検討することにする。

2.3.3　セルフアライニングトルク

力学モデルを用いた理論的な解析からも予想されたように，横すべり角がごく小さいときには，セルフアライニングトルクは横すべり角とともに直線的に増すが，横すべり角が少し大きくなるとセルフアライニングトルクが飽和し始め，ある値で最大となる。そして，それ以上の横すべり角では逆にセルフアライニングトルクが減少する。

図 2.27 は，実際のタイヤに関する上記のような横すべり角とセルフアライニングトルクの関係の典型的な例である。

図 2.27 には，セルフアライニングトルクに及ぼす垂直荷重の影響も併記されている。コーナリングフォースに及ぼす垂直荷重の影響は，横すべり角が小さいときには小さく，横すべり角が大きいところでは顕著に現れる。これに対してセルフアライニングトルクに及ぼす影響は，どのような横すべり角においても大きく現れる。この理由のひとつはセルフアライニングトルクはとくに接地面前後端に働く横方向の力に左右されるが，垂直荷重の影響は，接地面後端の地面とトレッドラバーが相対的なすべりを生じているところで現れるからである。

2.3　タイヤのコーナリング特性

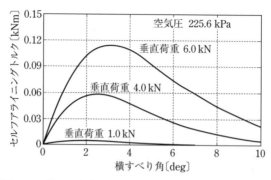

図 2.27　横すべり角とセルフアライニングトルクの関係

　ほかの理由は，垂直荷重が大きくなると接地長さ l も大となり，接地面に働く力によるモーメントは，この接地長さが大きいほど大となる，というところにある。これは，式（2.18）のなかに l の 3 次以上の項が入っていることからも理解できる。

　また，タイヤの空気圧が増せば，先にみたように，ある一定の横すべり角に対し接地面各点に働く横力が増し，コーナリングフォースが増大するから，セルフアライニングトルクも増えるようにみえる。しかし，実際はタイヤの空気圧が増せばセルフアライニングトルクは逆に減少する。これはたしかに，タイヤ空気圧が増せば接地面に働く横力は増すが，接地長さ l が減少し，接地面に働く力によるモーメントが減少する効果が大であるためと考えられる。なお，タイヤ空気圧が減少すればセルフアライニングトルクは増大するが，タイヤ空気圧がある値以下になるとそれ以上の増大はみられない。これは，空気圧が極端に小さくなれば，接地長さが増す効果より，接地面に働く力の減少の効果が顕著になるためであると考えられる。

　ところで，セルフアライニングトルクは，コーナリングフォースによる接地点中心を通る鉛直軸回りのモーメントであるとして，先の図 2.13 に示されるようなニューマチックトレール ξ_n が定義される。そこで，先の理論的に導き出されたコーナリングフォース，セルフアライニングトルクと横すべり角の関係を示す式（2.22），(2.23) を用いて $\xi_n = M/F$ と ϕ の関係を計算してみると，図 2.28 のようになる。この結果をみると，ξ_n は横すべり角が大きくなると，その値が急激に減少することになることがわかる。

2.3.4　キャンバスラスト

　先に求めた式（2.36）より，横すべり角を伴わないタイヤのキャンバスラストは，キャンバ角に比例すると予想される。

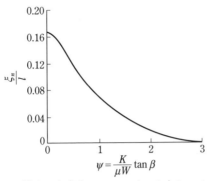

図 2.28 横すべり角とニューマチックトレールの関係

　図 2.29 には通常のタイヤのキャンバ角とキャンバスラストの関係を調べた例が示されている．この例からも，キャンバスラストは，キャンバ角に比例するとみてよいことがわかる．また，この図には，キャンバスラストに及ぼすタイヤ垂直荷重の影響が示されている．これによると，垂直荷重とともにキャンバスラスト係数，つまり，単位キャンバ角あたりのキャンバスラストは，ほぼ比例的に増大している．トレッドベースの有効半径 R_0 は図 2.14 に示すように，垂直荷重 W に依存して式 (2.33) によって決まり，接地長さ l も W とともに増大する．したがって，式 (2.37) より，キャンバスラスト係数は垂直荷重 W に依存して，W とともに大きくなることが理解できる．また同式よりキャンバスラスト係数は，コーナリングパワーに $l/6R_0$ を掛けたものになっていることがわかる．したがって，垂直荷重の影響以外は，キャンバスラスト係数は，コーナリングパワーとほぼ同じような性質を有するとみることができる．また普通，タイヤの接地長さ l と有効半径 R_0 の比 l/R_0 はたかだか 0.5 前後であろう．したがって，キャンバスラスト係数は，コーナリン

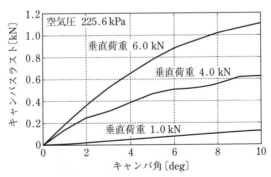

図 2.29 キャンバスラストとキャンバ角の関係

2.3 タイヤのコーナリング特性

グパワーの約 1/10 程度とみてよいと思われる。

　ところで，これまではコーナリングフォースとキャンバスラストを別々にみてきたが，普通の車両に取り付けられたタイヤは，キャンバ角と横すべり角の双方を伴いながら走行することがある。このときは，タイヤには，コーナリングフォースとキャンバスラストが同時に働くことになる。普通この場合，コーナリングフォースとキャンバスラストは，それぞれ独立に働くとみなしてよいといわれている。

　図 2.30 は，横すべりを伴うタイヤのキャンバ角とそのときの横力をみた例が示されている[4]。ここで示された，それぞれの横すべり角におけるキャンバ角と横力の関係を示す曲線，あるいは，それぞれのキャンバ角における横すべり角と横力の関係を示す曲線は，それぞれ互いにほぼ平行である。これは，キャンバ角と横すべり角によってタイヤに働く横力はそれぞれ独立に働くと考えてよいことを示すものである。この事実は，横すべり角が比較的小さいときに顕著であるということができる。

　しかし最近は，とくに乗用車に扁平タイヤがよく用いられている。この扁平タイヤの場合には，比較的一様な接地面の横方向の荷重分布が，キャンバ角が付くと，内側で荷重が大きく，外側で小さな不均一な分布となりやすい。このように荷重分布が不均一な場合には，均一な場合に比べ，横すべりで発生するコーナリングフォースは低下するはずである。これは，コーナリングフォースやコーナリングパワーの荷重依存性が，図 2.17 や図 2.19 に示すような上に凸の曲線になり，荷重の増加によるコーナリングフォースの上昇よりもその減少による低下のほうが大である

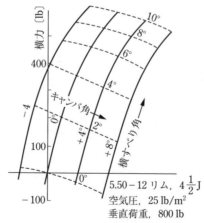

図 2.30　タイヤに働く横力に及ぼすキャンバ角の影響[4]

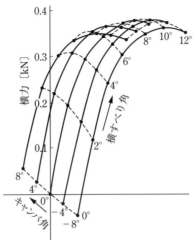

図 2.31 扁平率の低いカート用のタイヤの横力に及ぼすキャンバ角の影響

ことからも容易に推測される。

したがって，横すべり角とキャンバ角を伴うタイヤの発生する横力，つまり，コーナリングフォースとキャンバスラストの和は，キャンバ角による荷重分布の変化に起因したコーナリングフォースの減少のために，キャンバスラストとコーナリングフォースが同じ向きに生じるようにキャンバ角が付いている場合でさえ，減少してしまう可能性がある。

このようすを具体的に理解するために，扁平率の低いカート用タイヤを用いて調べた結果が図 2.31 である。

2.4 駆動，制動とタイヤコーナリング特性

2.4.1 力学モデル

2.3.1 項では Fiala の理論によってタイヤのコーナリング特性を理解した。そこでは，横すべりとともにタイヤのリムに対しトレッドベースが横方向に弾性変形すると同時に，このトレッドベースに対し，トレッドラバーがさらに横方向に弾性変形するような力学モデルが想定された。

ここでさらに，横方向の力ばかりでなく，駆動力や制動力のような前後方向の力も同時に考慮するには，このようなモデルでは複雑すぎて取り扱いがめんどうになる。そこでここでは，図 2.32 に示すように弾性変形する部分は，剛なリムやトレッ

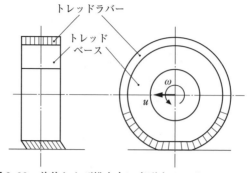

図 2.32 前後および横方向に変形するタイヤのモデル

ドベースに対応する円環に取り付けられたトレッドラバーのみとし，これが横方向および前後方向に弾性変形するモデルを考える．ただし，このトレッドラバーも，先と同じように，環状の連続体ではなく，タイヤの周方向に独立した無数の弾性体と考える．このようなタイヤのモデルを**ブラッシュモデル**とよんでいる．

このタイヤの力学モデルを用いて，タイヤが発生する前後方向および横方向の力について理論的に理解していくことにする[5]．

2.4.2　駆動時，制動時のタイヤ横力

図 2.33 に示すように，タイヤが角速度 ω で回転しながら，その回転面に対しなす角が β となる方向に進行しており，その回転面の方向の速度成分が u であるとする．このようなタイヤに対し，前後方向に F_x，横方向に F_y，上下方向に F_z の力が働いているとする．

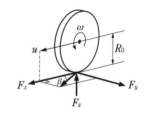

図 2.33 駆動，制動を伴うタイヤの横力

(1) 制動時 ($s>0$)

いま，図 2.34 に示すように，タイヤの接地面中心線の前端を原点 O とし，前後方向を x 軸，横方向を y 軸にとる．また，O 点の真上のトレッドベース上の点を O′ とする．そして，Δt の時間のあいだに O 点から入った接地点は P 点まで進み，O′ 点から入ったトレッドベース上の点は P′ 点まで進むものとし，P′ 点を x 軸上に投影した点を P″ とする．

Δt のあいだに O 点から入った接地点の進む x 方向の距離，つまり，P 点の x 座標は

$$x = u\Delta t \tag{2.43}$$

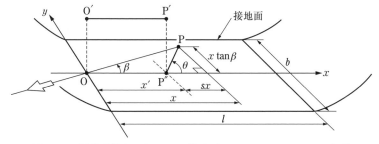

図 2.34 制動時横すべりによる接地面でのトレッドラバーの変形

となり, O' 点から入った P' 点の x 座標は

$$x' = R_0 \omega \Delta t \tag{2.44}$$

となる。したがって, P 点と P' 点の x 方向の相対変位, つまり, トレッドラバーの変形は

$$x - x' = \frac{u - R_0 \omega}{u} u \Delta t = sx = \frac{s}{1-s} x' \tag{2.45}$$

となる。ただし, s は制動時の縦方向のタイヤのすべり率で

$$s = \frac{u - R_0 \omega}{u} \tag{2.46}$$

である。

また Δt のあいだに O 点から入った接地点の進む y 方向の距離, つまり, P 点の y 座標は

$$y = x \tan \beta = \frac{\tan \beta}{1-s} x' \tag{2.47}$$

となり, これが, P' 点の y 方向の変位はないから, トレッドラバーの y 方向の変形量となる。

したがって, P 点に働く, 単位幅, 単位長さあたりの x 方向および y 方向の力 σ_x, σ_y は

$$\sigma_x = -K_x (x - x') = -K_x \frac{s}{1-s} x' \tag{2.48}$$

$$\sigma_y = -K_y y = -K_y \frac{\tan \beta}{1-s} x' \tag{2.49}$$

となる。ただし, 力の正負は x 軸, y 軸の正負と逆にとっている。また, σ_x, σ_y の合力の大きさは

2.4 駆動, 制動とタイヤコーナリング特性

$$\sigma = \sqrt{\sigma_x^2 + \sigma_y^2}$$
$$= \sqrt{K_x^2 s^2 + K_y^2 \tan^2\beta} \; \frac{x'}{1-s} \tag{2.50}$$

となる．ただし，K_x，K_y は単位幅，単位長さあたりのトレッドラバーの縦および横方向の剛性である．つまり，タイヤの縦すべり率および横すべり角が決まると，それによるタイヤの変形により，タイヤの接地面には，その前後方向に x' に比例した接地面内の力の分布が生じることになる．

ところでここで，2.3.1 項と同じようなタイヤの接地圧分布を考えると

$$p = \frac{6F_z}{bl} \frac{x'}{l}\left(1 - \frac{x'}{l}\right) \tag{2.51}$$

となる．図 2.35 に示すように，この接地圧による接地面内各部分の最大摩擦力の分布 μp と先の σ の大小関係により，$0 \leq x' < x_s'$ で示される粘着域の範囲のタイヤの接地面に働く力は式 (2.50) で表され，$x' \geq x_s'$ となるすべり域の範囲では μp で表されることになる．

したがって，粘着域での接地面に働く x 方向，y 方向の力は σ_x，σ_y，すべり域でのそれは $\mu p \cos\theta$，$\mu p \sin\theta$ となる．ただし，θ は接地面のすべりの方向を示している．

ところで，$\sigma = \mu p$ に式 (2.50)，(2.51) を代入して x_s' を求め，これを無次元表示したものを ξ_s とすれば

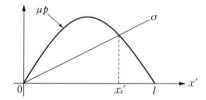

図 2.35 接地面内に働く力の分布

$$\xi_s = \frac{x_s'}{l} = 1 - \frac{K_s}{3\mu F_z} \frac{\lambda}{1-s} \tag{2.52}$$

となる．なお，ここにもし $1 - \dfrac{K_s}{3\mu F_z} \dfrac{\lambda}{1-s} < 0$ ならば $\xi_s = 0$ であり，かつ

$$\lambda = \sqrt{s^2 + \left(\frac{K_\beta}{K_s}\right)^2 \tan^2\beta} \tag{2.53}$$

$$K_s = \frac{bl^2}{2} K_x \; , \; K_\beta = \frac{bl^2}{2} K_y \tag{2.54}$$

である．

以上より，タイヤ接地面全体に働く x 方向，y 方向の力は，$\xi_s > 0$，つまり，接地面が粘着域とすべり域からなるときには

$$F_x = b \left(\int_0^{x_s'} \sigma_x dx' + \int_{x_s'}^{l} - \mu p \cos \theta \, dx' \right) \tag{2.55}$$

$$F_y = b \left(\int_0^{x_s'} \sigma_y dx' + \int_{x_s'}^{l} - \mu p \sin \theta \, dx' \right) \tag{2.56}$$

$\xi_s = 0$，つまり，接地面がすべてすべり域となる場合には

$$F_x = b \int_0^{l} - \mu p \cos \theta \, dx' \tag{2.55}'$$

$$F_y = b \int_0^{l} - \mu p \sin \theta \, dx' \tag{2.56}'$$

によって算出されることになる。

式 (2.55)～(2.56)′ に，式 (2.50)～(2.52) を代入し，具体的に F_x, F_y を求めれば次のようになる。

① $\xi_s > 0$ のとき

$$F_x = -\frac{K_s s}{1-s} \xi_s^2 - 6\mu F_z \cos \theta \left(\frac{1}{6} - \frac{1}{2} \xi_s^2 + \frac{1}{3} \xi_s^3 \right) \tag{2.57}$$

$$F_y = -\frac{K_\beta \tan \beta}{1-s} \xi_s^2 - 6\mu F_z \sin \theta \left(\frac{1}{6} - \frac{1}{2} \xi_s^2 + \frac{1}{3} \xi_s^3 \right) \tag{2.58}$$

② $\xi_s = 0$ のとき

$$F_x = -\mu F_z \cos \theta \tag{2.57}'$$
$$F_y = -\mu F_z \sin \theta \tag{2.58}'$$

ただし，ここで，すべり力の方向 θ は，すべり開始点での方向で近似するものとして

$$\tan \theta = \frac{K_y \dfrac{\tan \beta}{1-s} x'}{K_x \dfrac{s}{1-s} x'} = \frac{K_\beta \tan \beta}{K_s s} \tag{2.59}$$

したがって

$$\cos \theta = \frac{s}{\lambda} \tag{2.60}$$

$$\sin \theta = \frac{K_\beta \tan \beta}{K_s \lambda} \tag{2.61}$$

2.4 駆動，制動とタイヤコーナリング特性　**35**

となる。

ところで，式 (2.54) で定義した K_s は，$\beta=0$ で $s \to 0$ のときの，単位縦すべり率あたりの接地面全体に働く前後方向の力の総和に相当し，K_β は $s=0$ で $\beta \to 0$ のときの単位横すべり角あたりの接地面全体に働く横方向の力の総和に相当する量である。このことは，K_x や K_y の定義と s や β の一方が 0 で，これらが十分小さいときのタイヤ接地面に働く力の簡単な積分からすぐにわかる。また，式 (2.57)，(2.58) より $(\partial F_x/\partial s)_{s=0,\,\beta=0}=K_s$，$(\partial F_y/\partial \beta)_{s=0,\,\beta=0}=K_\beta$ となることも確認できる。したがって，ここで述べたモデルを用いて，F_x や F_y を数値的にシミュレートするのであれば，それぞれのタイヤ荷重 F_z に応じて実験的に求めた K_s や K_β の値を用いるのが最も現実的である。

またこのとき，摩擦係数 μ は F_z やすべり速度 V_s の関数として，やはり実際の μ の荷重やすべり速度依存性を反映するような実験式を用いることが望ましい。なお，ここに V_s は次のようになる。

$$V_s = \sqrt{(u-R_0\omega)^2 + u^2 \tan^2 \beta} = u\sqrt{s^2 + \tan^2 \beta} \tag{2.62}$$

以上のようにすれば，タイヤの前後力および横力は縦すべり率 s，横すべり角 β，タイヤ荷重 F_z，タイヤの走行速度 u の関数として数値的に求めることができる。

$$\left.\begin{array}{l} F_x = F_x(s, \beta, F_z, u) \\ F_y = F_y(s, \beta, F_z, u) \end{array}\right\} \tag{2.63}$$

(2) 駆動時 ($s<0$) ————

制動時と同じように，タイヤ接地面におけるトレッドベースに対するトレッドラバーの変形を考えると

$$x - x' = \frac{u-R_0\omega}{R_0\omega} R_0\omega\Delta t = sx' \tag{2.64}$$

$$y = x \tan \beta = (1+s)\tan \beta\, x' \tag{2.65}$$

となる。ただし，ここでの s は駆動時の縦方向のすべり率で

$$s = \frac{u-R_0\omega}{R_0\omega} \tag{2.66}$$

で定義されるものである。

したがって

$$\sigma_x = -K_x s\, x' \tag{2.67}$$

$$\sigma_y = -K_y(1+s)\tan \beta\, x' \tag{2.68}$$

となり

$$\sigma = \sqrt{K_x{}^2 s^2 + K_y{}^2(1+s)^2 \tan^2\beta}\ x' \tag{2.69}$$

となる。

そこで，制動時と同じようにして，粘着域とすべり域の境界点 x_s' を求めれば

$$\xi_s = \frac{x_s'}{l} = 1 - \frac{K_s}{3\mu F_z}\lambda \tag{2.70}$$

ただし，もし $1 - \frac{K_s}{3\mu F_z}\lambda < 0$ ならば $\xi_s = 0$ である。なお，

$$\lambda = \sqrt{s^2 + \left(\frac{K_\beta}{K_s}\right)^2 (1+s)^2 \tan^2\beta} \tag{2.71}$$

である。

以上を用いて，駆動時のタイヤ接地面に働く x 方向，y 方向の力を具体的に計算すれば次のようになる。

① $\xi_s > 0$ のとき

$$F_x = -K_s s \xi_s^2 - 6\mu F_z \cos\theta \left(\frac{1}{6} - \frac{1}{2}\xi_s^2 + \frac{1}{3}\xi_s^3\right) \tag{2.72}$$

$$F_y = -K_\beta(1+s)\tan\beta\,\xi_s^2 - 6\mu F_z \sin\theta \left(\frac{1}{6} - \frac{1}{2}\xi_s^2 + \frac{1}{3}\xi_s^3\right) \tag{2.73}$$

② $\xi_s = 0$ のとき

$$F_x = -\mu F_z \cos\theta \tag{2.72}'$$
$$F_y = -\mu F_z \sin\theta \tag{2.73}'$$

ただし

$$\tan\theta = \frac{K_y(1+s)\tan\beta\,x'}{K_x s x'} = \frac{K_\beta \tan\beta\,(1+s)}{K_s s} \tag{2.74}$$

したがって

$$\cos\theta = \frac{s}{\lambda} \tag{2.75}$$

$$\sin\theta = \frac{K_\beta \tan\beta\,(1+s)}{K_s \lambda} \tag{2.76}$$

となる。また，すべり速度 V_s は

$$V_s = u\sqrt{\frac{s^2}{(1+s)^2} + \tan^2\beta} \tag{2.77}$$

となる。

図 2.36 に式 (2.57)〜(2.58)′ および式 (2.72)〜(2.73)′ を用いて求めた駆動や制

2.4 駆動，制動とタイヤコーナリング特性　**37**

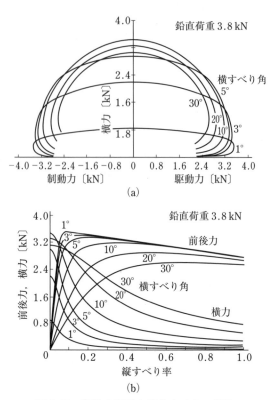

図 2.36 駆動や制動を伴うタイヤの特性

動を伴いながら，横すべりするタイヤに働く前後方向および横方向の力を示してある。2.3.2 項 (5) で示した駆動力や制動力がタイヤのコーナリング特性に及ぼす影響が，ここで述べた理論的な扱いにより，よく説明しうることがわかる。

2.4.3 セルフアライニングトルク

2.3.1 項でも述べたように，接地面に働く横方向の力は接地面中心に対して，前後に非対称だから，タイヤ中心を通る鉛直軸回りにモーメントを生じる。また，横方向の力とともに前後力が働くときは，横方向の力により接地面が横に変位するため，前後力の着力点とタイヤの前後方向の中心線とのあいだにオフセットが生じ，前後力によるモーメントが生じる。これらのモーメントの総和がセルフアライニングトルクである。

図 2.37 には，接地面のある点に単位長さ，単位幅あたり σ_x, σ_y の力が働いてい

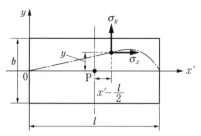

図 2.37 接地面のある点に働く前後力と横力

るようすが示されており，上述したセルフアライニングトルクは σ_x，σ_y による P 点回りのモーメントの総和として次のように書くことができる。

$$M = b\int \left[\left(x' - \frac{l}{2}\right)\sigma_y - y\sigma_x\right]dx' \tag{2.78}$$

接地面を粘着域とすべり域に分け，式 (2.78) を具体化すれば次のようになる。

$$M = b\left[\int_0^{x_s'}\left(x' - \frac{l}{2}\right)\sigma_y dx' + \int_{x_s'}^l \left(x' - \frac{l}{2}\right)(-\mu p \sin\theta)dx'\right]$$
$$- b\left[\int_0^{x_s'} y\sigma_x dx' + \int_{x_s'}^l \frac{\mu p \sin\theta}{K_y}(-\mu p \cos\theta)dx'\right] \tag{2.79}$$

式 (2.79) の第 1, 2 項の積分が横力によるセルフアライニングトルクを，第 3, 4 項が前後力によるセルフアライニングトルクを示すものである。

式 (2.47)～(2.49) あるいは式 (2.65)，(2.67)，(2.68) と式 (2.51) を用いこの積分を具体的に行い，セルフアライニングトルクを求めれば最終的に次のようになる。

(1) 制動時 ($s>0$) ──────

① $\xi_s>0$ のとき

$$M = b\left[\int_0^{x_s'} -\frac{K_y \tan\beta}{1-s}\left(x' - \frac{l}{2}\right)x'dx' - \int_{x_s'}^l \frac{6\mu F_z \sin\theta}{bl}\left(x' - \frac{l}{2}\right)\right.$$
$$\left. \times \frac{x'}{l}\left(1 - \frac{x'}{l}\right)dx'\right] + b\left[\int_0^{x_s'} \frac{K_x s \tan\beta}{(1-s)^2}x'^2 dx' + \int_{x_s'}^l \left(\frac{6\mu F_z}{bl}\right)^2\right.$$
$$\left. \times \frac{\sin\theta \cos\theta}{K_y}\left(\frac{x'}{l}\right)^2\left(1 - \frac{x'}{l}\right)^2 dx'\right]$$
$$= \frac{lK_\beta \tan\beta}{2(1-s)}\xi_s^2\left(1 - \frac{4}{3}\xi_s\right) - \frac{3}{2}l\mu F_z \sin\theta\, \xi_s^2(1-\xi_s)^2 + \frac{2lK_s s \tan\beta}{3(1-s)^2}\xi_s^3$$

2.4 駆動，制動とタイヤコーナリング特性 **39**

$$+\frac{3l(\mu F_z)^2\sin\theta\cos\theta}{5K_\beta}\left(1-10\xi_s^3+15\xi_s^4-6\xi_s^5\right) \tag{2.80}$$

② $\xi_s=0$ のとき

$$M=-b\int_0^l\frac{6\mu F_z\sin\theta}{bl}\left(x'-\frac{l}{2}\right)\frac{x'}{l}\left(1-\frac{x'}{l}\right)dx'+b\int_0^l\left(\frac{6\mu F_z}{bl}\right)^2$$

$$\times\frac{\sin\theta\cos\theta}{K_y}\left(\frac{x'}{l}\right)^2\left(1-\frac{x'}{l}\right)^2dx'$$

$$=\frac{3l(\mu F_z)^2\sin\theta\cos\theta}{5K_\beta} \tag{2.81}$$

(2) 駆動時（s＜0）

① $\xi_s>0$ のとき

$$M=b\left[\int_0^{x_s'}-K_y(1+s)\tan\beta\left(x'-\frac{l}{2}\right)x'dx'-\int_{x_s'}^l\frac{6\mu F_z\sin\theta}{bl}\right.$$

$$\times\left(x'-\frac{l}{2}\right)\frac{x'}{l}\left(1-\frac{x'}{l}\right)dx'\right]+b\left[\int_0^{x_s'}K_x(1+s)s\tan\beta\,x'^2dx'\right.$$

$$\left.+\int_{x_s'}^l\left(\frac{6\mu F_z}{bl}\right)^2\frac{\sin\theta\cos\theta}{K_y}\left(\frac{x'}{l}\right)^2\left(1-\frac{x'}{l}\right)^2dx'\right]$$

$$=\frac{l}{2}K_\beta(1+s)\tan\beta\,\xi_s^2\left(1-\frac{4}{3}\xi_s\right)-\frac{3}{2}l\mu F_z\sin\theta\,\xi_s^2(1-\xi_s)^2+\frac{2}{3}lK_s$$

$$\times(1+s)s\tan\beta\,\xi_s^3+\frac{3l(\mu F_z)^2\sin\theta\cos\theta}{5K_\beta}\left(1-10\xi_s^3+15\xi_s^4-6\xi_s^5\right)$$

$$\tag{2.82}$$

② $\xi_s=0$ のとき

$$M=-b\int_0^l\frac{6\mu F_z\sin\theta}{bl}\left(x'-\frac{l}{2}\right)\frac{x'}{l}\left(1-\frac{x'}{l}\right)dx'+b\int_0^l\left(\frac{6\mu F_z}{bl}\right)^2$$

$$\times\frac{\sin\theta\cos\theta}{K_y}\left(\frac{x'}{l}\right)^2\left(1-\frac{x'}{l}\right)^2dx'$$

$$=\frac{3l(\mu F_z)^2\sin\theta\cos\theta}{5K_\beta} \tag{2.83}$$

式 (2.80)〜(2.83) を用いて，駆動力や制動力とセルフアライニングトルクの関係を計算してみたものが，**図2.38** である。このように，タイヤの横力とは違ってセ

ルフアライニングトルクは駆動時と制動時では大きく異なり，駆動力あるいは制動力と横すべり角によって，かなり大きく複雑に変化することがわかる。

ところで，タイヤに働く横力と前後力によるセルフアライニングトルクは，もっと簡単に次のようになると考えてもよい。

$$M = \xi_n F_y + \frac{F_y}{k_y} F_x = \left(\xi_n + \frac{F_x}{k_y}\right) F_y$$

第1項は，横力 F_y によるセルフアライニングトルクである。第2項は，横力 F_y によってタイヤ接地面がタイヤセンターに対して横方向に変形し，前後力 F_x の着力点が横方向に F_y/k_y だけオフセットしたことにより生じる前後力によるアライニングトルクである。

ただし ξ_n はニューマチックトレールであるが，2.3.3項でも述べたように，この値は接地面のすべり域が増大するとともに減少する。そこで ξ_s が接地面の前端からすべり域が始まる点までの距離を接地面長で無次元化した量だから，x_{n0} をほとんどすべり域のない状態でのニューマチックトレールで荷重に依存するものとして

$$\xi_n = \xi_s x_{n0}$$

とする。また，k_y は接地面に横力を加えたときのタイヤの横剛性である。

じつは，このようにセルフアライニングトルクを計算したほうが，式 (2.80)〜(2.83) を用いて計算するより実測値に近いので，シミュレーションなどではこの式を用いるほうがよい場合が多いけれども，最近のタイヤは前後力の影響の様相がかなり違ってきているという指摘がある[6),7)]。

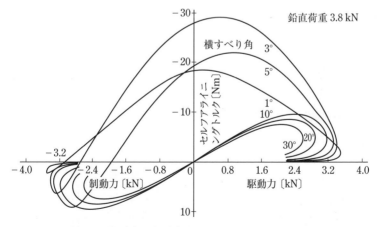

図 2.38 駆動力，制動力とセルフアライニングトルク

2.4 駆動，制動とタイヤコーナリング特性

例題 2.2
たとえば図 2.35 のようなタイヤ接地面に働く横力や，垂直荷重の分布の概念図を用いて，横すべり角が小さければタイヤに働くコーナリングフォースは横すべり角に比例的であることを示せ．また，このコーナリングフォースは路面の摩擦係数にはほとんど依存せず，タイヤの横方向の剛性で決まることを示せ．

解
図 E2.2 は，タイヤ接地面の横力と垂直荷重の分布の概念図である．直線は横すべりによるトレッドラバーの横変形による横力の分布，放物線は垂直荷重に摩擦係数を掛けたものの分布を示している．この図から直線と放物線で囲まれる面積で表すことのできるコーナリングフォースは，横すべり角が小さいところでは囲まれる面がほぼ三角形になるから，横すべり角の微少な変化に対して直線的（比例的）に変化することが予想される．

またこのときの三角形の大きさは，おおむね摩擦係数には依存しないで直線の傾き，つまりトレッドラバーの横変形で決まる．したがってこのときのコーナリングフォースは，トレッドラバーの横剛性あるいはタイヤの横方向の剛性で決まるといってよい．

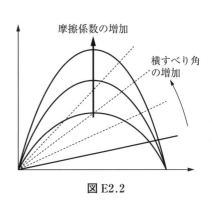

図 E2.2

例題 2.3
タイヤ接地面の接地圧が一様分布として，制動時のタイヤの前後力 F_x および横力 F_y を求めよ．

解
接地圧が一様分布なら式 (2.51) は，次のように変わる．

$$p = \frac{F_z}{bl}$$

$\sigma = \mu p$ となる点が，粘着域からすべり域に移行する点であるから，**図 E2.3** からもわかるように，$\mu F_z(1-s) \geq 2K_s\lambda$ のときは，すべり域はなく，$\mu F_z(1-s) < 2K_s\lambda$ のときに粘着域とすべり域に分かれ

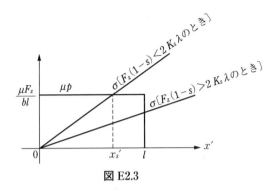

図 E2.3

$$\xi_s = \frac{x_s'}{l} = \frac{\mu F_z}{2K_s}\frac{1-s}{\lambda}$$

となる。したがって，F_x, F_y は

① $\dfrac{\mu F_z}{2K_s}\dfrac{1-s}{\lambda} \geqq 1$ のとき

$$F_x = b\int_0^l \sigma_x dx'$$
$$= \frac{-K_s s}{1-s}$$

$$F_y = b\int_0^l \sigma_y dx'$$
$$= \frac{-K_\beta \tan\beta}{1-s}$$

② $\dfrac{\mu F_z}{2K_s}\dfrac{1-s}{\lambda} < 1$ のとき

$$F_x = b\left(\int_0^{x_s'} \sigma_x dx' + \int_{x_s'}^l -\mu p \cos\theta\, dx'\right)$$
$$= \frac{-K_s s}{1-s}\xi_s^2 - \mu F_z \cos\theta(1-\xi_s)$$

$$F_y = b\left(\int_0^{x_s'} \sigma_y dx' + \int_{x_s'}^l -\mu p \sin\theta\, dx'\right)$$
$$= \frac{-K_\beta \tan\beta}{1-s}\xi_s^2 - \mu F_z \sin\theta(1-\xi_s)$$

となる。

2.5 タイヤのコーナリング動特性

これまでみてきたタイヤのコーナリング特性とは，一定の横すべり角に対して発生する横力やセルフアライニングトルクの定常的な特性であった。ここでは，横すべり角が変化した場合，過渡的にどのような経過をたどってタイヤが横力やアライニングトルクを発生することになるか，つまり，タイヤの**コーナリング動特性**をみることにする。

ところで，2.3節や2.4節で理論的にタイヤのコーナリング特性を考えていく場合，タイヤの接地部分でのミクロな変形まで考慮した詳しい力学モデルが用いられた。しかし，これをそのまま用いて動特性まで考えるのはたいへん複雑である。そこで，横すべりの小さい範囲に限り，横方向に変形するマクロなタイヤモデルを用いて，横すべりに対する過渡的な横力やアライニングトルクの応答を考えていくことにする。

2.5.1 コーナリングフォースの動特性

いま，図2.39に示すように，タイヤの回転方向と同方向に進行していたタイヤに突然βの横すべり角が生じたとする。このため，タイヤに横力が発生し，接地面がタイヤ本体に対し横方向にyだけ変形したと考えると，接地面の横方向の速度は$\dot{y}$だから，図2.39より，接地面の横すべり角，つまり，接地面の進行方向とタイヤの回転方向のなす角は$\beta - \dot{y}/V$となる。したがって，このときにタイヤの横力Fは，コーナリングパワーをKとすれば

$$F = K\left(\beta - \frac{\dot{y}}{V}\right) \tag{2.84}$$

となる。

また，タイヤの横剛性をk_yとすれば

$$F = k_y y \tag{2.85}$$

とも書くことができる。

この2つの式より，yを消去すれば

$$\frac{K}{k_y V}\frac{dF}{dt} + F = K\beta \tag{2.86}$$

となる。これをラプラス変換し，横すべり角に対する横力の伝達関数で表せば

44　第2章　タイヤの力学

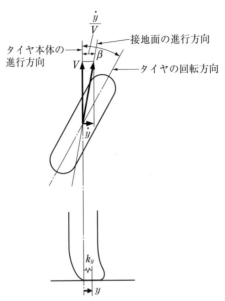

図 2.39 コーナリング動特性を考慮したタイヤ変形のモデル化

$$\frac{F}{\beta}(s) = \frac{K}{1+\dfrac{K}{k_y V}s} = \frac{K}{1+T_1 s} \tag{2.87}$$

となる.つまり,横すべり角に対する横力の応答は,おおざっぱにいえば,$T_1 = K/k_y V$ を時定数とする1次遅れ要素で近似できるとみることができる.

式 (2.87) の s の代わりに $j\omega$ を用いれば,横力の周波数応答が求められる.

$$\frac{F}{\beta}\left(j\frac{\omega}{V}\right) = \frac{K}{1+j\dfrac{\omega}{V}\dfrac{K}{k_y}} \tag{2.88}$$

式 (2.88) より,横すべりに対する横力の周波数応答は,時間周波数 ω 〔rad/s〕に対してではなく,距離周波数 ω/V〔rad/m〕に対してみることができる.**図 2.40** には,このような周波数応答の実測例が示されている.応答がほぼ1次遅れ要素で近似できることがわかる.

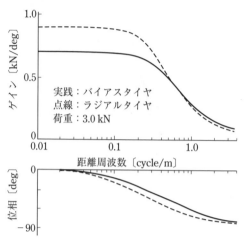

図 2.40 乗用車用タイヤのコーナリングフォースの動特性

2.5.2 セルフアライニングトルクの動特性

定常状態でのタイヤのセルフアライニングトルクは，横力とニューマチックトレール ξ_n の積で与えられる。2.5.1 項でみたように，横力の過渡状態は 1 次遅れ要素で記述できる。したがって，この横力によるセルフアライニングトルク M_s の横すべり角に対する応答も 1 次遅れ要素で近似できるものと考えられる。このときの時定数を T_2 とすれば，

$$\frac{M_s}{\beta}(s) = \frac{\xi_n K}{1 + T_2 s} \tag{2.89}$$

と書くことができる。

ところで，タイヤに突然横すべり角が生じるとタイヤ自身にねじれが生じる。このねじれによるトルクも過渡的にはタイヤのセルフアライニングトルクの一部となる。タイヤのねじれ角は，横すべり角 β が生じた瞬間に最も大きく，その値は横すべり角 β に一致し，その後タイヤの転動とともに減少し，定常状態で 0 になる。したがって，タイヤのねじれで生じるトルク M_t の横すべり角に対する応答は，次のような 1 次進み要素で近似できるものと考えられる。つまり

$$\frac{M_t}{\beta}(s) = \frac{k_t T_3 s}{1 + T_3 s} \tag{2.90}$$

ここに k_t は，タイヤのねじり剛性を示す。

以上により,タイヤのセルフアライニングトルク M は,M_s と M_t の和として次のように与えられる。

$$\frac{M}{\beta}(s) = \frac{M_s}{\beta}(s) + \frac{M_t}{\beta}(s) = \frac{\xi_n K}{1+T_2 s} + \frac{k_t T_3 s}{1+T_3 s}$$

$$= \xi_n K \frac{1+\left(1+\dfrac{k_t}{\xi_n K}\right)T_3 s + \dfrac{k_t}{\xi_n K}T_2 T_3 s^2}{1+(T_2+T_3)s+T_2 T_3 s^2} \quad (2.91)$$

また,周波数応答は

$$\frac{M}{\beta}\left(j\frac{\omega}{V}\right) = \xi_n K \frac{1-\dfrac{k_t V^2}{\xi_n K}T_2 T_3\left(\dfrac{\omega}{V}\right)^2 + j\left(1+\dfrac{k_t}{\xi_n K}\right)VT_3\dfrac{\omega}{V}}{1-V^2 T_2 T_3\left(\dfrac{\omega}{V}\right)^2 + jV(T_2+T_3)\dfrac{\omega}{V}} \quad (2.92)$$

となる。

図 2.41 には,コーナリングフォースの周波数応答と同じように ω/V に対して,セルフアライニングトルクの周波数応答を実測したものが示されている。この形から,周波数応答を,式 (2.92) で近似することの妥当性がうかがわれる。

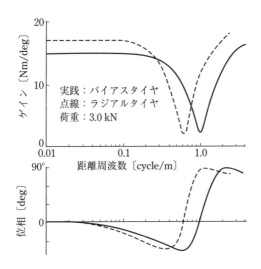

図 2.41 乗用車用タイヤのセルフアライニングトルクの動特性

2.5 タイヤのコーナリング動特性

―――――――――――――――――――――― 第 2 章の問題 ――――――――――――――――――――――

1) 式（2.24）を用いて，コーナリングフォースが横すべり角 10°で飽和する場合のタイヤのコーナリングパワーを求めよ。ただし，垂直荷重は 4.0 kN で，路面とタイヤのあいだの摩擦係数は 1.0 とせよ。

2) 式（2.24），（2.26）を参照して，もしコーナリングフォースが横すべり角 10°で飽和するなら，セルフアライニングトルクが最大となる横すべり角は何度になるかを示せ。

3) 横すべり角が小さい範囲でのニューマティックトレールは，接地長の約 6 分の 1 になることを確認せよ。ただし，タイヤ接地面横変形の前後方向分布は，例題 2.2 でもみたようにほぼ三角形となることに注意せよ。

4) 円旋回中の車両の遠心力は，4 つのタイヤに働くコーナリングフォースの合計とつりあう。4 つのタイヤが同じ横すべり角で同じコーナリングパワー 1.0 kN/deg であるものとして，車両の質量 1 500 kg，円旋回の速度が 60 km/h，旋回半径 140 m とする。コーナリングフォースは横すべり角に比例するものとして，横すべり角を求め，それが 1.0°以下であることを確認せよ。

5) 垂直荷重が 5.0 kN のタイヤに 3.0 kN の制動力が働いているとき，このタイヤが発生可能なコーナリングフォースの最大値を求めよ。ただし，路面とタイヤ間の摩擦係数は 1.0 とせよ。

6) 垂直荷重の 50 ％の駆動力が働くとき，タイヤのコーナリングフォースはそれが働かないときの何％減少することになるかを計算せよ。ただし，式（2.41）を参照し，$\mu = 1.0$ とせよ。

7) 例題 2.2 で使用した概念図を用いて，タイヤの横すべり角が大幅に変化したときのコーナリングフォースの非線形な飽和特性を確認せよ。ただし，この概念図のなかで直線と放物線に囲まれる部分の面積がコーナリングフォースに対応し，直線の傾きの増大が横すべり角の増大に対応することに注意せよ。

8) 問題 7）と同じ手法で，ある横すべり角でのコーナリングフォースの垂直荷重依存が非線形であることを確認せよ。

9) 式（2.87）を用いて，コーナリングフォースの横すべり角に対する過渡応答特性を示す時定数を求めよ。ただし，コーナリングパワー 1.0 kN/deg，タイヤ横剛性 200 kN/m，走行速度 10 m/s とせよ。

48 第 2 章 タイヤの力学

参考文献
---

1) 平尾, 近藤, 亘理, 山本：理論自動車工学, 自動車工学講座 4, 山海堂, 1967, (Ⅱ　2 章 2.2)

2) E. Fiala : Seitenkräfte am rollenden Luftreifen, V. D. I., Bd. 96, Nr. 29, 11, Okt., 1954

3) 中田：工学解析―技術者のための数学手法―, オーム社, 1972 (13 章 13.6)

4) J.R. Ellis : VEHICLE DYNAMICS, LONDON BUSINESS BOOK LTD., London, 1969 (Chapter 1)

5) J.E. Bernard, L. Segel and R.E. Wild : Tire Shear Force Generation During Combined Steering and Braking Maneuvers, SAE paper, 770852

6) 山本：ヴィークルダイナミックス特論Ⅱ第 2 回講義資料, 神奈川工科大学大学院, 2018.10

7) 樋口：車両運動解析のためのタイヤモデル, 自動車技術会論文集, Vol.45, No.1, January 2014

第3章

車両運動の基礎

3.1 はじめに

　本章ではまず，われわれが本書で対象としようとする車両の運動の基本的なことがらを知ることにする。第1章で述べたように，われわれが対象としようとしている車両の運動とは，操舵をすることによって生じる車両の運動のことであり，操舵することによって初めて車両は，本来の自立した運動を行うことができる。

　そこで，本章では，ある与えられた操舵に対して車両はどのような運動を示すかを知り，車両自体の持つ運動力学的な性質を明らかにする。このとき，操舵は，あくまであらかじめ与えられるものとして，車両の運動に応じたなんらかの積極的操舵が行われるようなことは一切考えず，車両固有の基本的な運動の性質を問題にする。

　ところで，操舵によって生じる車両の運動に関しては，これまで多くの研究者によって研究が行われ，すでにその基本となることがらについては確立されたものとなっている。そこで本章では，これらを参考にして車輪を装着し，その車輪を操舵することによって自立した運動を行いうるあらゆる車両の運動を問題にする場合に，知っていなければならない車両固有の運動に関する基礎知識について述べることにする[1),2)]。

3.2 車両の運動方程式

　第1章においてわれわれはすでに対象とすべき車両の運動の自由度は，車両の横方向，ヨーイング，ローリングの3つであることを知った。

　ところで，車両運動の基本的な性質を理解するためには，問題の本質を見失わないかぎり，取り扱いの対象ができるだけ簡素であることが望ましい。そこでここでは，車両を急激に加速したり減速したりする場合の過渡的な現象は扱わないこととし，さらに，急激に大きなハンドル操作をする場合も考えないことにする。この前提に立てば，車両の走行速度は一定とみなすことができ，車両のローリング運動は，

50　第3章　車両運動の基礎

車両運動の基本的な性質を理解するうえにおいては2次的なものとして無視することができる。

このように，車両のローリング運動を無視し，水平面内を一定速度で走行している車両の運動を考えるのであれば，それは，車両の鉛直方向の高さを無視し，地面に投影された剛体としての車両の横方向の並進運動と，鉛直軸回りの回転，つまり，ヨーイング運動を考えればよいことになる。

さて，一般に物体の運動を記述するためには，その規準となる座標系を設定してやらなければならない。物体の運動を記述するためには，その物体の運動の性質によって，いろいろな座標系の設定の仕方が考えられる。普通，この座標系の設定いかんによって，運動の記述が複雑になったり簡素になったりするから，対象とする運動の性格に応じて適切な座標系を選ぶことが重要である。この座標設定が，以後の運動の解析および現象の理解の容易さを左右することになる。以上を考慮し，ここではまず，車両の基本的な運動方程式を導くことにする。

3.2.1 車両に固定した座標系による運動方程式

水平面内の車両の運動を考えてみると，地面に固定した直角座標に対しては，車両の前後方向，左右方向が刻々と変わるのに対して，車両側からみれば，車両がどの方向を向いていても運動の拘束条件は，基本的には同じである。このため，車両の運動を地上に固定した直角座標系で記述するよりも，車両に固定した座標系で記述したほうが便利である。

いま，図3.1のように，水平面内における地上に固定した座標系を X-Y とし，運動する面に投影された車両の重心点Pを原点としその車両の前後方向を x，それに直角な方向を y として車両に固定した座標系を x-y としよう。そして，鉛直軸回りの角度はすべて反時計回りを正にとることにする。

車両は，一定の走行速度で水平面内を運動するとし，X-Y 座標に対するP点の位置ベクトルを $\boldsymbol{R}$ とすれば，その速度ベクトル $\dot{\boldsymbol{R}}$ は

$$\dot{\boldsymbol{R}} = u\boldsymbol{i} + v\boldsymbol{j} \qquad (3.1)$$

と書くことができる。

ここに，$\boldsymbol{i}$, $\boldsymbol{j}$ はそれぞれ x, y 方向の単位ベクトルであり，u, v はP点の x, y 方向速度成分である。この式 (3.1) を時間に関して微分す

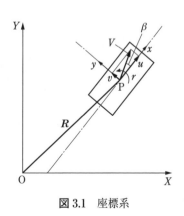

図3.1 座標系

ることによって，P 点の加速度ベクトルは，次のように書ける。なお，「˙」や「¨」は d/dt, d^2/dt^2 を意味する。

$$\ddot{\boldsymbol{R}} = \dot{u}\boldsymbol{i} + u\dot{\boldsymbol{i}} + \dot{v}\boldsymbol{j} + v\dot{\boldsymbol{j}} \qquad (3.2)$$

ところで，$x-y$ 座標は車両に固定されており，車両は P 点を通る鉛直軸回りに，r なる**ヨー角速度**を有する。いま，$\boldsymbol{i}$, $\boldsymbol{j}$ の Δt 秒間の変化を，$\Delta\boldsymbol{i}$, $\Delta\boldsymbol{j}$ とすれば，**図3.2** より

$$\Delta\boldsymbol{i} = r\Delta t\boldsymbol{j} \quad, \quad \Delta\boldsymbol{j} = -r\Delta t\boldsymbol{i}$$

となるから

$$\dot{\boldsymbol{i}} = \lim_{\Delta t \to 0}\frac{\Delta\boldsymbol{i}}{\Delta t} = r\boldsymbol{j}$$

$$\dot{\boldsymbol{j}} = \lim_{\Delta t \to 0}\frac{\Delta\boldsymbol{j}}{\Delta t} = -r\boldsymbol{i}$$

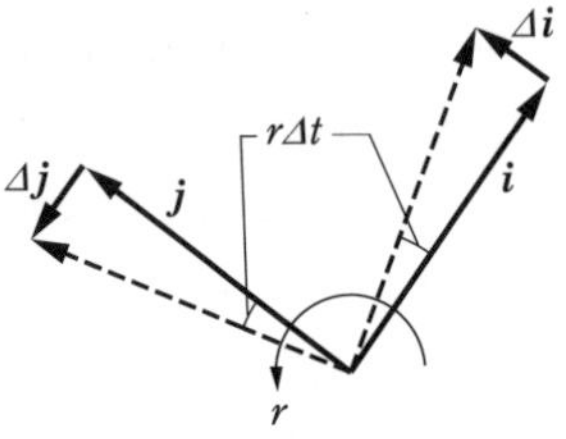

となる。したがって，P 点の加速度ベクトル $\ddot{\boldsymbol{R}}$ は，結局，次のようになる。

図3.2 単位ベクトルの時間微分

$$\ddot{\boldsymbol{R}} = (\dot{u} - vr)\boldsymbol{i} + (\dot{v} + ur)\boldsymbol{j} \qquad (3.3)$$

例題 3.1 単位ベクトル $\boldsymbol{i}$ と $\boldsymbol{j}$ の微分を本文とは別の方法で求めよ。

解 図 E3.1 に示すように $\boldsymbol{i}_F$ と $\boldsymbol{j}_F$ を地面に固定した座標系に対する単位ベクトルとすれば，$\boldsymbol{i}$ と $\boldsymbol{j}$ は次式で表現できる。

$$\boldsymbol{i} = \cos\theta\boldsymbol{i}_F + \sin\theta\boldsymbol{j}_F$$

$$\boldsymbol{j} = -\sin\theta\boldsymbol{i}_F + \cos\theta\boldsymbol{j}_F$$

ここで θ は単位ベクトル $\boldsymbol{i}$ と $\boldsymbol{i}_F$ のなす角である。この2式を時間で微分して次式を得る。

$$\dot{\boldsymbol{i}} = -\dot{\theta}\sin\theta\boldsymbol{i}_F + \dot{\theta}\cos\theta\boldsymbol{j}_F = r(-\sin\theta\boldsymbol{i}_F + \cos\theta\boldsymbol{j}_F) = r\boldsymbol{j}$$

$$\dot{\boldsymbol{j}} = -\dot{\theta}\cos\theta\boldsymbol{i}_F - \dot{\theta}\sin\theta\boldsymbol{j}_F = -r(\cos\theta\boldsymbol{i}_F + \sin\theta\boldsymbol{j}_F) = -r\boldsymbol{i}$$

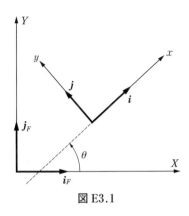

図 E3.1

ところで，図 3.1 に示すように，車両の進行方向と前後方向のなす角 β は，$\tan^{-1}(v/u)$ で表される。これを車両重心点の**横すべり角**という。通常の車両の運動では，$u \gg v$ であるから $|\beta| \ll 1$ とみなすことができる。また一方，車両の走行速度 V が一定ということは，$V = \sqrt{u^2 + v^2} =$ 一定ということである。

このようなときには，P 点の運動は，u や v を用いて記述するよりも，横すべり角 β を用いて記述したほうが便利でわかりやすくなる。つまり，β が小さければ

$$u = V \cos \beta \approx V \quad , \quad v = V \sin \beta \approx V\beta$$
$$\dot{u} = -V \sin \beta \dot{\beta} \approx -V\beta\dot{\beta} \quad , \quad \dot{v} = V \cos \beta \dot{\beta} \approx V\dot{\beta}$$

となるから，式 (3.3)，(3.1) は次のように書き替えることができる。

$$\ddot{\boldsymbol{R}} = -V(\dot{\beta}+r)\beta \boldsymbol{i} + V(\dot{\beta}+r)\boldsymbol{j} \tag{3.3}'$$
$$\dot{\boldsymbol{R}} = V\boldsymbol{i} + V\beta\boldsymbol{j} \tag{3.1}'$$

式 (3.3)′，(3.1)′ を用いれば，ベクトル $\ddot{\boldsymbol{R}}$ と，ベクトル $\dot{\boldsymbol{R}}$ の内積は $\ddot{\boldsymbol{R}} \cdot \dot{\boldsymbol{R}} = 0$ になることは容易にわかる。つまり $\ddot{\boldsymbol{R}}$ は，$\dot{\boldsymbol{R}}$，すなわち，P 点の進行方向に直交することになる。したがって，式 (3.3)′ は，β が小さければ P 点は図 3.3 に示すように車両の進行方向に直角で，大きさが $V(\dot{\beta}+r)$ の加速度を持つとみなしてよいことを示している。β が小さければ，車両の進行方向に直角な方向と車両の横方向（y 方向）がほぼ一致するとみなしてよいから，水平面内を一定の速度で走行する車両の運動においては車両が地面に固定した X-Y 座標系に対してどのような運動状態にあるかには無関係に，その車両は横方向，つまり，y 方向に $V(\dot{\beta}+r)$ の加速度を持つとみなすことができる。

一方，水平面内を運動する車両が，横方向に速度成分を持ち，その重心点において横すべり角を生じるとともに，重心点を通る鉛直軸回りに角速度を持てば，車両

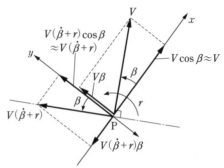

図 3.3　β が小さいときの P 点の速度と加速度

に装着された車輪にも横すべり角が生じ，第 2 章に述べたように，この横すべり角に応じ車輪にコーナリングフォースが発生することになる。このように，車両が運動することによって初めて生じるコーナリングフォースが車両の運動を規定する力となる。

いま，**図 3.4**(a) に示すように，左右前輪の車両前後方向に対してなす角，つまり，**実舵角**を δ，前後輪タイヤ左右の横すべり角を β_{f1}，β_{f2}，β_{r1}，β_{r2} とし，これらのタイヤに働くコーナリングフォースを Y_{f1}，Y_{f2}，Y_{r1}，Y_{r2} とする。これらの力は，各車輪の進行方向に直角な方向に働くが，もし $|\beta_{f1}|$，$|\beta_{f2}|$，$|\beta_{r1}|$，$|\beta_{r2}|$，$|\delta| \ll 1$ とすれば，これらの方向は，車両の横方向に一致すると考えてよい。したがって，車両の横方向の運動は次式で記述することができる。

$$mV\left(\frac{d\beta}{dt}+r\right)=Y_{f1}+Y_{f2}+Y_{r1}+Y_{r2} \tag{3.4}$$

ここに，m は車両の**慣性質量**である。

また，図 3.4(a) からわかるように，コーナリングフォースは，重心点回りのヨーイングモーメントとして働くから，車両の重心点を通る鉛直軸回りのヨーイング運動は次式で記述できる。

$$I\frac{dr}{dt}=l_f(Y_{f1}+Y_{f2})-l_r(Y_{r1}+Y_{r2}) \tag{3.5}$$

ここに，I は車両の**ヨーイング慣性モーメント**，l_f，l_r は，車両重心点と前後車軸間の距離であり，コーナリングフォースの着力点はいずれも前後車軸上にあるものとする。この式 (3.4)，(3.5) が，車体のローリングを無視し，一定速度で走行するとしたときの車両の水平面内の運動を記述する基礎式となるものである。

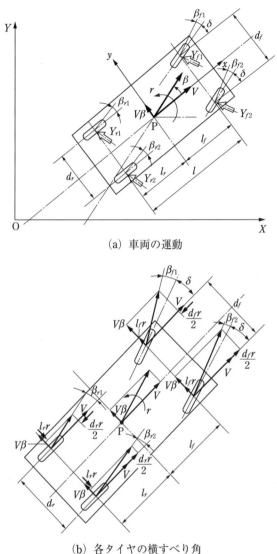

(a) 車両の運動

(b) 各タイヤの横すべり角

図 3.4 車両の運動とタイヤの横すべり角

さて,ここでタイヤに働くコーナリングフォース Y_{f1}, Y_{f2}, Y_{r1}, Y_{r2} をさらに詳しくみるために,まず各タイヤの横すべり角 β_{f1}, β_{f2}, β_{r1}, β_{r2} を調べてみよう。一般に,タイヤの横すべり角は,タイヤの進行方向がタイヤの向いている方向,すなわち,回転面に対してなす角で定義される。ところで,剛体としての車両は,先に

3.2 車両の運動方程式

みたように x 方向，つまり，車両の前後方向に V，y 方向，つまり，車両の横方向に $V\beta$ の速度成分を持ちながら並進運動をするとともに，重心点回りに r の角速度を持つ。したがって，車両の各タイヤは，この重心点の速度成分と，さらに，重心点回りの回転による速度成分を持つ。このような，車両の各タイヤの x 方向，y 方向の速度成分は，図 3.4(b) のようになる。また一方，前輪の回転面，つまり，タイヤの向いている方向は，車両の前後方向（x 方向）に対して δ の角変位を持つ。これが前輪の実舵角である。さらに，後輪の向いている方向は，車両の前後方向に一致する。

したがって，各タイヤの横すべり角は，次のように書くことができる。

$$\beta_{f1} \approx \frac{V\beta + l_f r}{V - \dfrac{d_f r}{2}} - \delta \approx \beta + \frac{l_f r}{V} - \delta$$

$$\beta_{f2} \approx \frac{V\beta + l_f r}{V + \dfrac{d_f r}{2}} - \delta \approx \beta + \frac{l_f r}{V} - \delta$$

$$\beta_{r1} \approx \frac{V\beta - l_r r}{V - \dfrac{d_r r}{2}} \approx \beta - \frac{l_r r}{V}$$

$$\beta_{r2} \approx \frac{V\beta - l_r r}{V + \dfrac{d_r r}{2}} \approx \beta - \frac{l_r r}{V}$$

ただし，d_f，d_r は車両前後輪のトレッドで $|\beta|$，$|l_f r/V|$，$|l_r r/V|$，$|d_f r/2V|$，$|d_r r/2V| \ll 1$ とみなし，これらの 2 次以上の項は微小として無視している。つまり，前後輪とも左右タイヤの横すべり角はそれぞれ等しく，これを β_f，β_r とすれば

$$\beta_f = \beta_{f1} = \beta_{f2} = \beta + \frac{l_f r}{V} - \delta \tag{3.6}$$

$$\beta_r = \beta_{r1} = \beta_{r2} = \beta - \frac{l_r r}{V} \tag{3.7}$$

となる。このように，左右タイヤの横すべり角が等しく，かつその値が小さく，実舵角も小さいとみなしてよい範囲を考えるということは，車体のロールを無視し，一定速度で走行している車両の水平面の運動を考える場合には，**図** 3.5 に示すように，車両のトレッド d_f，d_r を無視し，前後の左右輪が，等価的に車両の前後軸と車軸との交点にそれぞれ集中している車両の運動を考えるということに相当している。こ

56　第 3 章　車両運動の基礎

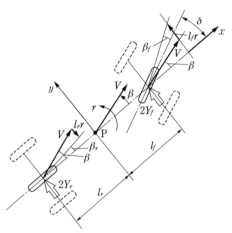

図 3.5　4 輪車の等価的な 2 輪車モデル

のように，4 輪の車両を等価的な前後 2 輪の車両に置き替えることができるから，その取り扱いがかなり平易になる。

このようにして，左右のタイヤ自体の特性に差がないとすれば，左右のタイヤに働くコーナリングフォースにも差がないから，これを前後それぞれ Y_f, Y_r として

$$2Y_f = Y_{f1} + Y_{f2}$$
$$2Y_r = Y_{r1} + Y_{r2}$$

と書ける。そして，この力は，y 方向に働くとみなしてよいから，車両の運動を記述する式 (3.4)，(3.5) は

$$mV\left(\frac{d\beta}{dt} + r\right) = 2Y_f + 2Y_r \tag{3.4}'$$

$$I\frac{dr}{dt} = 2l_f Y_f - 2l_r Y_r \tag{3.5}'$$

となる。

さて，ここで前後輪タイヤのコーナリングパワーをそれぞれ K_f, K_r としよう。第 2 章で述べたように横すべり角が小さければ，Y_f, Y_r は横すべり角 β_f, β_r に比例し，図 3.4(a) のように x-y 座標をとり，角度はすべて反時計回りを正にとれば，横すべり角が正のとき y 方向で負の向きに働くから，次のように書くことができる。

$$Y_f = -K_f \beta_f = -K_f\left(\beta + \frac{l_f r}{V} - \delta\right) \tag{3.8}$$

3.2　車両の運動方程式

$$Y_r = -K_r \beta_r = -K_r \left(\beta - \frac{l_r r}{V} \right) \qquad (3.9)$$

このように車両に働く力 Y_f, Y_r は，地面に固定された座標に対する車両の位置や姿勢には左右されず，車両自体の運動状態 β, r および実舵角 δ によってのみ決まることがわかる。この式 (3.8), (3.9) を先の式 (3.4)′, (3.5)′ に代入すれば

$$mV \left(\frac{d\beta}{dt} + r \right) = -2K_f \left(\beta + \frac{l_f}{V} r - \delta \right) - 2K_r \left(\beta - \frac{l_r}{V} r \right) \qquad (3.10)$$

$$I \frac{dr}{dt} = -2K_f \left(\beta + \frac{l_f}{V} r - \delta \right) l_f + 2K_r \left(\beta - \frac{l_r}{V} r \right) l_r \qquad (3.11)$$

を得る。この式を整理すれば

$$\left\{ \begin{array}{l} mV \dfrac{d\beta}{dt} + 2(K_f + K_r)\beta + \left\{ mV + \dfrac{2}{V}(l_f K_f - l_r K_r) \right\} r = 2K_f \delta \qquad (3.12) \\[3mm] 2(l_f K_f - l_r K_r)\beta + I \dfrac{dr}{dt} + \dfrac{2(l_f{}^2 K_f + l_r{}^2 K_r)}{V} r = 2l_f K_f \delta \qquad (3.13) \end{array} \right.$$

となる。この式が，水平面内の運動を記述する基本的な運動方程式である。式 (3.12), (3.13) の左辺が車両の運動を示すものであり，右辺の任意に与えることのできる前輪の実舵角 δ に応じて，その固有性に従い車両は運動することになる。この式からも明らかなように，車両の運動は，地面に固定された座標系に対してどのような位置で，どのような方向を向いているかに左右されることはない。

ここで，式 (3.12), (3.13) をラプラス変換した形で書けば次のようになる。ただし，s はラプラス演算子，$\beta(s)$, $r(s)$, $\delta(s)$ は β, r, δ のラプラス変換を示す。

$$\begin{bmatrix} mVs + 2(K_f + K_r) & mV + \dfrac{2}{V}(l_f K_f - l_r K_r) \\[3mm] 2(l_f K_f - l_r K_r) & Is + \dfrac{2}{V}(l_f{}^2 K_f + l_r{}^2 K_r) \end{bmatrix} \begin{bmatrix} \beta(s) \\[3mm] r(s) \end{bmatrix} = \begin{bmatrix} 2K_f \delta(s) \\[3mm] 2l_f K_f \delta(s) \end{bmatrix}$$

したがって，車両運動の**特性方程式**は

$$\begin{vmatrix} mVs + 2(K_f + K_r) & mV + \dfrac{2}{V}(l_f K_f - l_r K_r) \\[3mm] 2(l_f K_f - l_r K_r) & Is + \dfrac{2}{V}(l_f{}^2 K_f + l_r{}^2 K_r) \end{vmatrix} = 0$$

となる。これを展開して整理すれば

$$mIV\left[s^2 + \frac{2m(l_f^2 K_f + l_r^2 K_r) + 2I(K_f + K_r)}{mIV}s\right.$$
$$\left. + \frac{4K_f K_r l^2}{mIV^2} - \frac{2(l_f K_f - l_r K_r)}{I}\right] = 0 \qquad (3.14)$$

となる。ただし，l は**ホイールベース**であり

$$l = l_f + l_r$$

である。

　ところで，ここで導いた運動方程式 (3.12), (3.13) をみると，β, r についての連立1階の微分方程式となっている。じつは，運動方程式がこのような形式になるのは，車両の運動に固有なものではない。同じように水平面内を操舵によって自由に航行することのできる船舶の運動も，同じ形式で運動が記述される。車両の場合には，重心点の横すべり角 β と重心点を通る鉛直軸回りの回転角速度 r に関係して前後輪にコーナリングフォースが働き，この力が車両運動を支配する。これと同じように，船舶の場合には，船の前後方向と船の進行方向のなす角，つまり，流体中の船体の迎え角と，重心点を通る鉛直軸回りの回転角速度に関係して船体に揚力（船の場合には横方向の力となる）が働き，この力が船体の運動を左右する。このような車両と船舶の運動の力学的な類似性が，運動方程式の形式を同じにする理由である。揚力に依存して運動を行う代表的な例に航空機があり，とくに，この航空機の縦運動のなかにも，先に述べたような運動力学的類似性を見いだすことができる。このように式 (3.12), (3.13) で示される運動の形式は，車両や船舶，航空機の運動などに共通した一般的な形であることが興味深いところである。

　さて，さらに詳しく式 (3.12), (3.13) をみてみると，係数 $l_f K_f - l_r K_r$ が，車両の運動に大きな影響を与えることが予想される。もし，この値が0，つまり，$l_f K_f = l_r K_r$ であれば，車両の横方向の運動とヨーイング運動は不完全連成で，r は，δ に対して β とは無関係に決まることがわかる。また，$l_f K_f - l_r K_r \neq 0$ ならば，その正負によって，横方向の運動とヨーイング運動の連成の形式が大きな影響を受けるはずである。じつは，この $l_f K_f$ と $l_r K_r$ の大小関係が車両の基本的な運動特性に直接関連してくるものであり，改めて詳しく述べることにする。

3.2.2　地上に固定した座標系による運動方程式

　これまでは，地上に固定した座標系によって車両の運動を記述しようとするとその表現が複雑になり，それ以後の解析や現象の理解も容易でなくなることを理由に，図3.1のような車両に固定した座標系で運動を記述してきた。しかし，どうしても，

地面に固定した座標系で車両の運動を記述したほうが便利な場合も生じる。たとえば，直線路を一定の速度で走行している車両の，道路の外にそれない範囲内での運動をみるときには，その直線路に対して運動を記述したほうが理解しやすく，便利であることが予想される。

いま，**図 3.6** のように，直線路の方向を X 軸，それに直角な方向を Y 軸とする地上に固定した X-Y 座標系を考え，X 軸と車両の前後方向のなす角，つまり，車両の**ヨー角**を θ，X 軸と車両が進んでいる方向のなす角を γ，車両重心点 P の X 軸からの横変位を y とする。ところで，普通このような，直線路を走行するときの車両の運動を考える場合には，$|\gamma| \ll 1$，$|\theta| \ll 1$ とみなしてもよい。このような仮定が成り立ち，実舵角 δ が $|\delta| \ll 1$ とすれば，3.2.1 項と同じように，前後 1 輪あたりのタイヤに働くコーナリングフォース Y_f，Y_r の方向は，ほぼ Y 方向に一致するとみなしてさしつかえないから，車両の運動は次式で記述することができる。まず，重心点の Y 方向の運動は

$$m\frac{d^2y}{dt^2} = 2Y_f + 2Y_r \tag{3.15}$$

ヨーイング運動は

$$I\frac{d^2\theta}{dt^2} = 2l_f Y_f - 2l_r Y_r \tag{3.16}$$

となる。

ところで，$|\gamma|$ が小さければ，車両は，その重心点で X 方向に $V\cos\gamma \approx V$，Y 方向に $V\sin\gamma \approx V\gamma = dy/dt$ の速度成分をもって並進運動をすると同時に，重心点回りに $d\theta/dt$ の角速度で回転運動を行うとみることができる。また，3.2.1 項と同じよ

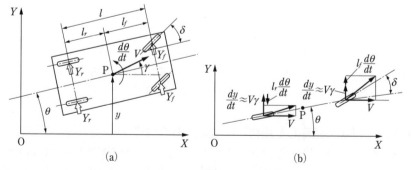

図 3.6 地上に固定した座標系による運動の記述

うに，車両の左右輪は，前後それぞれ車軸の中心位置に2輪が集中していると考えてよい。したがって，$|\theta|$ が小さいとみなしてよければ，前後輪は，それぞれ，車両の回転運動により，Y 方向にさらに $l_f(d\theta/dt)$，$-l_r(d\theta/dt)$ の速度成分が付加されるから，図 3.6(b) より，前後輪の進行方向の X 軸に対してなす角 γ_f，γ_r は，次のようになる。

$$\gamma_f = \frac{V\gamma + l_f \dfrac{d\theta}{dt}}{V} = \frac{1}{V}\frac{dy}{dt} + \frac{l_f}{V}\frac{d\theta}{dt}$$

$$\gamma_r = \frac{V\gamma - l_r \dfrac{d\theta}{dt}}{V} = \frac{1}{V}\frac{dy}{dt} - \frac{l_r}{V}\frac{d\theta}{dt}$$

一方，前後輪の向いている方向と X 軸のなす角，θ_f，θ_r は，$\theta_f = \theta + \delta$，$\theta_r = \theta$ であるから，前後輪の横すべり角 β_f，β_r は，次のようになる。

$$\beta_f = \gamma_f - \theta_f = \frac{1}{V}\frac{dy}{dt} + \frac{l_f}{V}\frac{d\theta}{dt} - \theta - \delta \tag{3.17}$$

$$\beta_r = \gamma_r - \theta_r = \frac{1}{V}\frac{dy}{dt} - \frac{l_r}{V}\frac{d\theta}{dt} - \theta \tag{3.18}$$

したがって，前後輪に働くコーナリングフォース Y_f，Y_r は，次のように書くことができる。

$$Y_f = -K_f\beta_f = K_f\left(\delta + \theta - \frac{1}{V}\frac{dy}{dt} - \frac{l_f}{V}\frac{d\theta}{dt}\right) \tag{3.19}$$

$$Y_r = -K_r\beta_r = K_r\left(\theta - \frac{1}{V}\frac{dy}{dt} + \frac{l_r}{V}\frac{d\theta}{dt}\right) \tag{3.20}$$

これを式 (3.15)，(3.16) の右辺に代入すれば

$$m\frac{d^2y}{dt^2} = 2K_f\left(\delta + \theta - \frac{1}{V}\frac{dy}{dt} - \frac{l_f}{V}\frac{d\theta}{dt}\right) + 2K_r\left(\theta - \frac{1}{V}\frac{dy}{dt} + \frac{l_r}{V}\frac{d\theta}{dt}\right)$$

$$I\frac{d^2\theta}{dt^2} = 2K_f\left(\delta + \theta - \frac{1}{V}\frac{dy}{dt} - \frac{l_f}{V}\frac{d\theta}{dt}\right)l_f - 2K_r\left(\theta - \frac{1}{V}\frac{dy}{dt} + \frac{l_r}{V}\frac{d\theta}{dt}\right)l_r$$

を得る。これを整理すれば

$$
\left\{
\begin{aligned}
& m\frac{d^2y}{dt^2} + \frac{2(K_f + K_r)}{V}\frac{dy}{dt} + \frac{2(l_f K_f - l_r K_r)}{V}\frac{d\theta}{dt} \\
& \hspace{4cm} - 2(K_f + K_r)\theta = 2K_f\delta \hspace{1cm} (3.21) \\
& \frac{2(l_f K_f - l_r K_r)}{V}\frac{dy}{dt} + I\frac{d^2\theta}{dt^2} + \frac{2(l_f^2 K_f + l_r^2 K_r)}{V}\frac{d\theta}{dt} \\
& \hspace{4cm} - 2(l_f K_f - l_r K_r)\theta = 2l_f K_f\delta \hspace{1cm} (3.22)
\end{aligned}
\right.
$$

となる．これが，地上に固定した座標に対する車両の運動方程式である．

このように，ほぼ直線とみなしてよい道路を一定の速度で走行している車両の横方向およびヨーイング運動は，その横方向速度およびヨー角が小さい範囲内では，地上に固定した直角座標を用いても比較的簡単な形で記述することができ，以後の解析や現象の理解も容易になる．式 (3.21)，(3.22) の左辺が車両の運動を示すものであり，右辺の実舵角 δ に応じて車両が運動し，X 軸に対する横変位 y やヨー角 θ が生じる．ところで，先の式 (3.12)，(3.13) と同じように，式 (3.21)，(3.22) をみると，$l_f K_f - l_r K_r$ が y と θ の連成の形式を左右し，車両の運動に主要な影響を与えることが，ここでも予想される．

ここで，式 (3.21)，(3.22) の特性方程式を求めてみよう．式 (3.21)，(3.22) をラプラス変換した形で書けば次のようになる．

$$
\begin{bmatrix}
ms^2 + \dfrac{2(K_f + K_r)}{V}s & \dfrac{2(l_f K_f - l_r K_r)}{V}s - 2(K_f + K_r) \\[3mm]
\dfrac{2(l_f K_f - l_r K_r)}{V}s & Is^2 + \dfrac{2(l_f^2 K_f + l_r^2 K_r)}{V}s - 2(l_f K_f - l_r K_r)
\end{bmatrix}
\begin{bmatrix}
y(s) \\[3mm]
\theta(s)
\end{bmatrix}
$$

$$
=
\begin{bmatrix}
2K_f\delta(s) \\[3mm]
2l_f K_f\delta(s)
\end{bmatrix}
$$

ただし，$y(s)$，$\theta(s)$ は y，θ のラプラス変換である．したがって，特性方程式は

$$
\begin{vmatrix}
ms^2 + \dfrac{2(K_f + K_r)}{V}s & \dfrac{2(l_f K_f - l_r K_r)}{V}s - 2(K_f + K_r) \\[3mm]
\dfrac{2(l_f K_f - l_r K_r)}{V}s & Is^2 + \dfrac{2(l_f^2 K_f + l_r^2 K_r)}{V}s - 2(l_f K_f - l_r K_r)
\end{vmatrix} = 0
$$

となり，これを展開して整理すれば次のようになる．

$$mIs^2\left[s^2 + \frac{2m(l_f^2 K_f + l_r^2 K_r) + 2I(K_f + K_r)}{mIV}s\right.$$
$$\left. + \frac{4K_f K_r l^2}{mIV^2} - \frac{2(l_f K_f - l_r K_r)}{I}\right] = 0 \quad (3.23)$$

　この特性方程式は，左辺の s^2 を省けば，車両に固定した座標系を用い運動を記述して得た特性方程式 (3.14) に一致する．これは，基準とする座標系が車両に固定された座標系であれ，地上に固定された座標系であれ，記述の対象としている運動が基本的に同一であることを保障するものである．しかし，式 (3.23) の左辺には式 (3.14) と違い，s^2 が付いている．このように，特性方程式に s^2 が単独で付いていることは，車両が直線路上のどのようなところでも操舵によって自由に走行しうることを数学的に示すものである．現実に車両は，操舵により自由に車線の変更や車両の追越しなどを行って横方向の運動を伴いながら道路上を走行している．また一方，逆にこの s^2 は，車両が道路を走行しているときに適正な操舵を加えなければ，なんらかの原因による走行車線からの横方向のずれ $|y|$ は，どんどん大きくなり，道路から車両が飛び出してしまう危険性があることを示すものでもある（第9章参照）．

例題 3.2　運動する車両重心点の軌跡を式 (3.12)，(3.13) の β, r を用いて表せ．

解　図 E3.2 のように，車両重心点 P の地面に固定された座標系に対する位置を (X, Y) とし，車両の X 軸に対するヨー角を θ とすれば

$$\frac{dX}{dt} = V\cos(\beta + \theta)$$

$$\frac{dY}{dt} = V\sin(\beta + \theta)$$

となる．したがって，重心点の軌跡は

$$X = X_0 + V\int_0^t \cos(\beta + \theta)dt$$

$$Y = Y_0 + V\int_0^t \sin(\beta + \theta)dt$$

で与えられる．なお

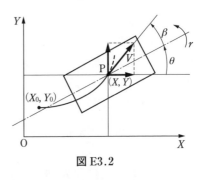

図 E3.2

3.2　車両の運動方程式　**63**

$$\theta = \theta_0 + \int_0^t r\,dt$$

であり，X_0，Y_0，θ_0 はそれぞれ $t=0$ での X，Y，θ の値，t は任意の時間である。

3.3 車両の定常円旋回

一般に，力学系の特性を理論的に知るためには，与えられた運動方程式を適当な初期条件下で解析的に解くことが考えられる。しかし，与えられた運動方程式がつねに解析的に解くことができるとはかぎらない。解析的に解くことができたとしても解の形がきわめて複雑になり，運動の特性の理解がそう簡単でないことがしばしばである。解析的に解きにくい運動方程式を，計算機などを用いて数値的に解く方法もあるが，この方法だけでは，運動の基本的な特性を理解することは不可能に近い。与えられた運動方程式を直接解かないで，運動の基本的な性質を理解する方法がいくつかある。そのひとつに，力学系の定常状態を解析して静的特性を知ることがあり，特性方程式の特性根を調べたり，力学系の周期的な外力に対する応答を調べて**動的特性**を知ることなどがある。

通常の車両の運動についていえば，ある一定の前輪実舵角のもとで，一定の走行速度で走行する車両は，一定の半径の定常的な円運動をする。これは，車両の運動の基本となるものでありこれを**定常円旋回**とよぶ。この定常円旋回の特性を知ることによって，車両運動の基本的な性質がかなりよく理解できることがわかる。

3.3.1 定常円旋回の記述
（1）運動方程式を利用した記述 ────

車両の定常円旋回を考える場合には，3.2 節で導いた車両に固定した座標系で記述した運動方程式を用いるべきことはすぐに理解できる。車両が定常円旋回をしていれば，重心点の横すべり角の変化はなくヨー角速度も一定である。したがって，車両の定常円旋回は，式（3.12），（3.13）に，機械的に定常状態の条件 $d\beta/dt=0$，$dr/dt=0$ を代入して，次のように記述することができる。

$$\left\{ \begin{array}{l} 2(K_f+K_r)\beta + \left[mV + \dfrac{2}{V}(l_f K_f - l_r K_r)\right]r = 2K_f\delta \qquad (3.24) \\[4mm] 2(l_f K_f - l_r K_r)\beta + \dfrac{2(l_f{}^2 K_f + l_r{}^2 K_r)}{V}r = 2l_f K_f\delta \qquad (3.25) \end{array} \right.$$

64　第 3 章　車両運動の基礎

この式を，機械的にβ，rについて解けば

$$\beta = \begin{vmatrix} 2K_f & mV + \dfrac{2}{V}(l_fK_f - l_rK_r) \\ 2l_fK_f & \dfrac{2(l_f{}^2K_f + l_r{}^2K_r)}{V} \end{vmatrix} \dfrac{\delta}{\Delta} \tag{3.26}$$

$$r = \begin{vmatrix} 2(K_f + K_r) & 2K_f \\ 2(l_fK_f - l_rK_r) & 2l_fK_f \end{vmatrix} \dfrac{\delta}{\Delta} \tag{3.27}$$

となる。ただし

$$\Delta = \begin{vmatrix} 2(K_f + K_r) & mV + \dfrac{2}{V}(l_fK_f - l_rK_r) \\ 2(l_fK_f - l_rK_r) & \dfrac{2(l_f{}^2K_f + l_r{}^2K_r)}{V} \end{vmatrix} \tag{3.28}$$

である。

式 (3.26)〜(3.28) を展開して整理すれば，β，r は次のようになる。

$$\beta = \left(\dfrac{1 - \dfrac{m}{2l}\dfrac{l_f}{l_rK_r}V^2}{1 - \dfrac{m}{2l^2}\dfrac{l_fK_f - l_rK_r}{K_fK_r}V^2} \right) \dfrac{l_r}{l}\delta \tag{3.29}$$

$$r = \left(\dfrac{1}{1 - \dfrac{m}{2l^2}\dfrac{l_fK_f - l_rK_r}{K_fK_r}V^2} \right) \dfrac{V}{l}\delta \tag{3.30}$$

また，車両は，走行速度 V で角速度 r なる定常円旋回をしていることになるから，定常円旋回の半径を ρ とすれば

$$\rho = \dfrac{V}{r} = \left(1 - \dfrac{m}{2l^2}\dfrac{l_fK_f - l_rK_r}{K_fK_r}V^2 \right)\dfrac{l}{\delta} \tag{3.31}$$

となる。ここに示した式 (3.29)〜(3.31) が実舵角 δ，走行速度 V なる車両の定常円旋回を示すものであり，走行速度が変わったときに，実舵角 δ に対する横すべり角 β，**旋回角速度**（ヨー角速度）r，**旋回半径** ρ がどのように変わるかを具体的に示すものである。

ところで，車両が $V \approx 0$ とみなせるほどの小さな速度で円旋回をしているとすれば，このときの β，r，ρ は，式 (3.29)〜(3.31) において V^2 を 2 次の微少量として無視し

3.3　車両の定常円旋回　　**65**

$$
\left.
\begin{aligned}
\beta_{(V \approx 0)} &= \beta_s = \frac{l_r}{l}\delta \\[2mm]
r_{(V \approx 0)} &= r_s = \frac{V}{l}\delta \\[2mm]
\rho_{(V \approx 0)} &= \rho_s = \frac{l}{\delta}
\end{aligned}
\right\}
\tag{3.32}
$$

と書くことができる。

したがって，車両の定常円旋回を示す式 (3.29)～(3.31) は，次のように書くこともできる。

$$
\frac{\beta}{\beta_s} = \frac{1 - \dfrac{m}{2l}\dfrac{l_f}{l_r K_r}V^2}{1 - \dfrac{m}{2l^2}\dfrac{l_f K_f - l_r K_r}{K_f K_r}V^2}
\tag{3.29$'$}
$$

$$
\frac{r}{r_s} = \frac{1}{1 - \dfrac{m}{2l^2}\dfrac{l_f K_f - l_r K_r}{K_f K_r}V^2}
\tag{3.30$'$}
$$

$$
\frac{\rho}{\rho_s} = 1 - \frac{m}{2l^2}\frac{l_f K_f - l_r K_r}{K_f K_r}V^2
\tag{3.31$'$}
$$

この式 (3.29)$'$～(3.31)$'$ は，車両が，$V \approx 0$ とみなせるほどのごく低速で円旋回を行うときの状態を基準として，車両の定常円旋回の条件は，走行速度に応じてどのように変わるかを示すものである。

(2) 幾何学的記述 ────

ところでわれわれは，車両の定常円旋回を記述するにあたり，これまでは，3.2 節で求めた車両の運動方程式に定常状態の条件を付与し，もっぱら機械的な式の展開によって実舵角 δ に対する β, r, ρ を求めた。そして，これが走行速度 V によってどのように変わるかをみることのできる式 (3.29)～(3.31)，あるいは式 (3.29)$'$ ～(3.31)$'$ を導き出した。

そこで，次に，われわれはもう少し車両の運動が直感的に理解できるように，車両の定常円旋回を幾何学的にみてみることにする。なお，ここで，幾何学的に図によって車両の定常円旋回をみていく場合には，角度や角速度を，運動方程式を導いたときのように機械的に反時計回りの方向を正というように統一することはせず，それぞれ図に表した方向を正にとることにする。

まず，車両が $V \approx 0$ とみなせるほど低速で定常円旋回を行っているときを考えよう。このときには，車両に**遠心力**は働かないから前後輪のコーナリングフォースも不要で，車輪に横すべり角が生じない。したがって，前後輪ともに車輪の向いてい

66 第3章 車両運動の基礎

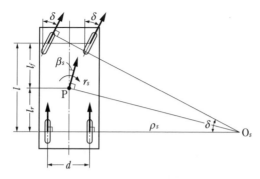

図 3.7(a) 極低速での定常円旋回

る方向に進行して円旋回を行うから，その円旋回の中心は，図 3.7(a) に示すように O_s 点となる．このときには，同図より次のような幾何学的関係が成り立つ．

$$\left.\begin{array}{l} \rho_s = \dfrac{l}{\delta} \\[4pt] r_s = \dfrac{V}{\rho_s} = \dfrac{V}{l}\delta \\[4pt] \beta_s = \dfrac{l_r}{\rho_s} = \dfrac{l_r}{l}\delta \end{array}\right\} \qquad (3.33)$$

ただし，$0 < \delta \ll 1$ で，かつ，$l \ll \rho$ でなければならない（ここで，さらに厳密にいえば，図 3.7(a) からも理解できるように，前輪左右の実舵角は δ ではなく左はこれより少し小さく，右はこれより大きい必要がある．現実の車両はリンク機構でこれを実現しているが，$\delta \ll 1$ であれば $\rho_s \gg d$ とみなせるから，この差はごく小さいとして無視し，左右とも実舵角は δ としてよい）．この式 (3.33) は，先に，運動方程式から機械的に $V \approx 0$ とみなせるとして求めた定常円旋回の式 (3.32) に一致する．この幾何学的関係を，**アッカーマン**（Ackermann）**ステアリングジオメトリ**といい，$\delta = l/\rho_s$ を**アッカーマンアングル**という．

ところで，車両が無視することのできない現実的な速度で円旋回を行えば，車両の重心点には遠心力が働く．したがって，これにつりあう前後輪のコーナリングフォースが必要であるから，前後輪には横すべり角が生じることになる．したがって，車両の重心点に遠心力が働くときには，もはや，図 3.7(a) に示したような円旋回の条件は成立せず式 (3.33) も成り立たない．図 3.7(b) には，遠心力により前後輪に横すべり角 β_f, β_r が生じているときの円旋回のようすが示されている．このときの円旋回の中心は，前輪の進行方向に直角な直線と後輪の進行方向に直角な直線の交点 O であり，この図から，次のような幾何学的関係が成立することがわかる．

3.3 車両の定常円旋回

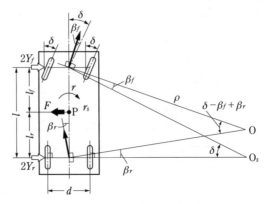

図 3.7(b) 遠心力の働く定常円旋回

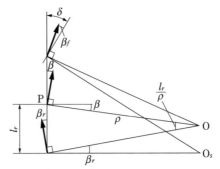

図 3.8 遠心力の働く定常旋回における重心点の横すべり角 β

$$\rho = \frac{l}{\delta - \beta_f + \beta_r} \tag{3.34}$$

なお，ここに，$0 < \delta \ll 1$，$0 < \beta_f, \beta_r \ll 1$，$\rho \gg l, d$ であるものとする．
また，$r = V/\rho$ であるから

$$r = \frac{V(\delta - \beta_f + \beta_r)}{l} \tag{3.35}$$

となる．さらに図 3.8 より

$$\beta + \beta_r = \frac{l_r}{\rho}$$

であるから

68 第 3 章 車両運動の基礎

$$\beta = \frac{l_r}{\rho} - \beta_r = \frac{l_r}{l}\delta - \frac{l_r\beta_f + l_f\beta_r}{l} \tag{3.36}$$

となる。この式 (3.34)～(3.36) が，円旋回の幾何学的関係から導いた車両の定常円旋回を記述する式となる。ところで，前後輪の横すべり角 β_f, β_r は，重心点に働く遠心力の大きさによってわかる。そして，この遠心力は車両の速度 V に依存する。したがって，式 (3.34)～(3.36) で示される ρ, r, β は，速度 V に依存して変化するものであることがわかる。

われわれは，先に，運動方程式を用いて機械的に定常円旋回を記述する式 (3.29)～(3.31) を導き，速度によって定常円旋回のようすが変わることを知った。これはじつは，速度によって車両重心点に働く遠心力が変わり，これに従って前後輪の横すべり角が変わるため，円旋回が幾何学的に変わってくるという事実に対応するものであることが，上記を通じて理解することができる。

なお，幾何学的関係から導き出した車両の定常円旋回を記述する式 (3.34)～(3.36) は，前後輪にタイヤのコーナリングフォース以外の横力が働いたり，コーナリングフォースが，横すべり角 β_f, β_r に比例するかどうかなどに無関係であり，$|\delta| \ll 1$ で $\rho \gg l, d$ であれば，どのような場合にも成立するものである。これに対して，式 (3.29)～(3.31) あるいは式 (3.29)′～(3.31)′ では，前後輪に働く横力が，横すべり角 β_f, β_r に比例したコーナリングフォースのみのときに成立するものであることに注意する必要がある。

3.3.2 定常円旋回とステア特性

（**1**）US，OS 特性 ────

ここでは，3.3.1 項で導いた車両の定常円旋回を記述する式を用いて，車両の特性に従い，走行速度とともに車両はどのような定常円旋回を行うことになるかを具体的にみることにする。

まず，定常円旋回の半径 ρ に注目してみよう。円旋回の半径 ρ は，式 (3.31) で与えられた。この式において，実舵角を δ_0 とすれば

$$\rho = \left(1 - \frac{m}{2l^2}\frac{l_f K_f - l_r K_r}{K_f K_r} V^2\right)\frac{l}{\delta_0} \tag{3.37}$$

となる。この式は，ある一定の実舵角 δ_0 で円旋回する車両の旋回半径 ρ が，走行速度 V によってどう変わるかを示すものである。縦軸に ρ，横軸に V をとり，ρ と V の関係を定性的にみれば，$l_f K_f - l_r K_r$ の正負に従い，**図 3.9** のような関係が得られることがわかる。

3.3　車両の定常円旋回　**69**

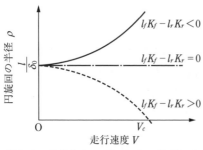
図 3.9 実舵角が一定のときの速度 V と旋回半径 ρ の関係

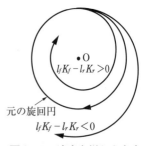
図 3.10 速度を増したときの旋回円の変化

式(3.37)あるいは図 3.9 からわかるように，実舵角が一定であれば，$l_f K_f - l_r K_r = 0$ なる車両の旋回半径 ρ は V に無関係で，どのような速度でも旋回半径はつねに l/δ_0 なる一定値を保つ．これに対して，$l_f K_f - l_r K_r < 0$ なる車両は，速度とともに旋回半径は増大し，$l_f K_f - l_r K_r > 0$ なる車両は，速度とともに旋回半径が減少し，$V = V_C$ で $\rho = 0$ となる．ただし，V_C の値とその意味は(2)項で具体的に述べる．つまり，一定の実舵角のもとで，一定速度で円旋回をしている車両が速度を増せば $l_f K_f - l_r K_r < 0$ の車両は，元の旋回円から外側に飛び出し，さらに大きな半径の旋回円を描く．これに対して $l_f K_f - l_r K_r > 0$ の車両は逆に，元の旋回円の内側に切り込み，元の半径より小さな半径の旋回円を描くことになる．この模様を定性的に図 3.10 に示している．

このように，$l_f K_f - l_r K_r < 0$ のときは，実舵角を一定に保ったまま速度を増せば，元の半径の円旋回を続けるには実舵角が不足する．このような走行速度の増加に対して舵が不足する特性を**アンダステア**（under-steer，以下 US と書く）特性という．また，$l_f K_f - l_r K_r > 0$ のときは，実舵角を一定に保ったまま速度を増せば，元の半径の円旋回を続けるには実舵角が過剰となる．速度の増加に対してこのように舵が過剰となる特性を**オーバステア**（over-steer，以下 OS と書く）特性という．また，$l_f K_f - l_r K_r = 0$ で，旋回半径が走行速度の増減に無関係な特性を**ニュートラルステア**（neutral-steer，以下 NS と書く）特性という．

いま，一定の半径の定常円旋回を行うために必要な実舵角 δ が，速度とともにどう変わるかをみてみよう．式(3.31)において，旋回半径 $\rho = \rho_0$（一定）とすれば次式を得ることができる．

$$\delta = \left(1 - \frac{m}{2l^2} \frac{l_f K_f - l_r K_r}{K_f K_r} V^2\right) \frac{l}{\rho_0} \tag{3.38}$$

この式は式 (3.37) とまったく同じ形をしており，δ と V の関係は，定性的に図 3.11 で示されるような形になる。つまり，車両が一定半径の円旋回を行うためには，$l_f K_f - l_r K_r < 0$ のときには速度とともに実舵角 δ を増加せねばならず，逆に $l_f K_f - l_r K_r > 0$ ならば，速度とともに δ を減少させなければならない。そして，$V = V_C$ で $\delta = 0$ となる。また，$l_f K_f - l_r K_r = 0$ ならば，速度に無関係に δ が決まる。

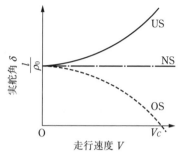

図 3.11　一定の旋回半径を得るための速度 V と実舵角 δ の関係

　このように，前後輪に働く横力が横すべり角に比例したコーナリングフォースのみと考えてよい場合には，車両の円旋回は $l_f K_f - l_r K_r$ によって大きく左右され，$l_f K_f - l_r K_r < 0$ なる車両は US 特性を有する車両，$l_f K_f - l_r K_r = 0$ なる車両は NS 特性，$l_f K_f - l_r K_r > 0$ なる車両は OS 特性を有する車両とよばれる。そして，これらの US, NS, OS を総称して車両の**ステア特性**とよんでいる。

　次に，定常円旋回の旋回角速度が，車両のステア特性に従いどのようになるかをみよう。旋回角速度は式 (3.30) で与えられた。この式より，ある一定の実舵角 δ_0 で定常円旋回をしているときの r と速度 V の関係は，次のように書くことができる。

$$r = \frac{1}{1 - \frac{m}{2l^2} \frac{l_f K_f - l_r K_r}{K_f K_r} V^2} \frac{V}{l} \delta_0 \tag{3.39}$$

　この式を用いて，r と V の関係を定性的に描けば図 3.12 のようになる。

　図 3.12 あるいは式 (3.39) からわかるように NS 特性を持つ車両が一定の実舵角で定常円旋回をする場合には，速度とともに直線的に旋回角速度が増大する。また，US 特性の場合も速度とともに増大するが，ある速度で最大となり，それ以上では減少する（章末問題 5 参照）。OS の場合には，速度とともに急激に旋回角速度が増大し，$V = V_C$ でその値が無限大になる。

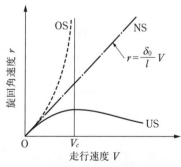

図 3.12　旋回角速度と走行速度の関係

次に，定常円旋回における車両重心点の横すべり角 β が，走行速度 V とともにどのように変わるかをみてみよう。重心点の横すべり角 β は式 (3.29) で与えられた。この式において，$\delta = \delta_0$ とすれば，ある一定の実舵で定常円旋回をする車両の重心点の横すべり角と速度の関係は

$$\beta = \left(\frac{1 - \dfrac{m}{2l} \dfrac{l_f}{l_r K_r} V^2}{1 - \dfrac{m}{2l^2} \dfrac{l_f K_f - l_r K_r}{K_f K_r} V^2} \right) \frac{l_r}{l} \delta_0$$

(3.40)

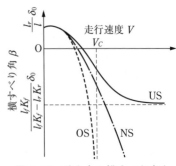

図 3.13 重心点の横すべり角と速度の関係

となる。この β と V の関係は，車両のステア特性に応じて，定性的には**図 3.13** のようになる。

式 (3.40) や図 3.13 から，β は車両のステア特性にかかわらず速度 V とともに減少し，ある速度以上ではその値が負となり絶対値が増大する。もし車両が US 特性を示せば β は速度とともにある一定値に漸近し，OS 特性を示せば $V = V_C$ で $-\infty$ となる。先にみたように，車両が NS 特性のときには，速度によらず旋回半径と実舵角の関係や，実舵角に対する旋回角速度は準静的な円旋回の条件を保持する。しかし，重心点の横すべり角 β だけは，NS，つまり，$l_f K_f - l_r K_r \approx 0$ でも

$$\beta = \left(1 - \frac{m l_f}{2 l l_r K_r} V^2 \right) \frac{l_r}{l} \delta_0 \qquad (3.40)'$$

となり，準静的な定常円旋回での値 $\beta = (l_r/l)\delta_0$ を保持することはなく，V^2 に比例してその絶対値が増大する。このように，車両重心点の横すべり角が，車両のステア特性いかんにかかわらず，速度とともに変化する理由は，車両は走行速度に応じた遠心力とつりあう横力を得なければならないからである。重心点の横すべり角は，車両の前後方向と車両重心点の進行方向，つまり，旋回円の接線方向のなす角であり，定常円旋回における旋回円に対する車両の姿勢を示す。この β が速度とともに負となり，その絶対値が増すということは，車両は，速度が増すほど，**図 3.14** に示すように車頭を旋回円の内側にして円旋回をする傾向を強くすることを示すものである。なお，この傾向は車両が OS 特性であるほど大であることがわかる。また，式 (3.40) や式 (3.40)′ からもわかるように，この傾向は後輪のコーナリングパワー K_r が小さいほど著しいことに注意すべきである。

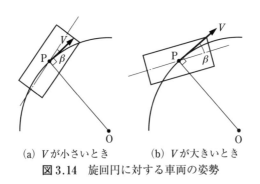

(a) V が小さいとき　　(b) V が大きいとき
図 3.14　旋回円に対する車両の姿勢

例題 3.3　通常の乗用車として次のように与えられる車両パラメータを用いて，車両の定常円旋回を計算し，$\rho\text{-}V$，$r\text{-}V$，$\beta\text{-}V$ 曲線を描け。$m=1\,500$ [kg]，$l_f=1.1$ [m]，$l_r=1.6$ [m]，$K_f=55$ [kN/rad]，$K_r=60$ [kN/rad]，$\delta_0=0.04$ [rad]。

解　式 (3.37)，(3.39)，(3.40) を用いてこれらの曲線を描けば図 E3.3 (a)〜(c) が得られる。

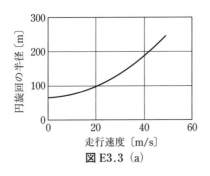

図 E3.3 (a)

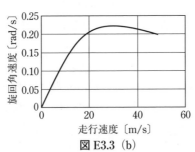

図 E3.3 (b)

3.3　車両の定常円旋回

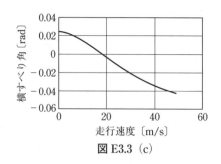

図 E3.3 (c)

例題 3.4　車両が一定の半径の定常円旋回を行うときの車両横すべり角と速度の関係を記述する式を導き，その曲線を定性的に図に描いてみよ。

解　車両がある旋回半径 ρ_0 の円旋回を行うために必要な舵角 δ は式 (3.38) で与えられる。また一方，舵角 δ での円旋回時の横すべり角は式 (3.29) で与えられる。この 2 式より δ を消去すれば

$$\beta = \left(1 - \frac{m}{2l}\frac{l_f}{l_r K_r}V^2\right)\frac{l_r}{\rho_0}$$

が得られる。

この式は，半径 ρ_0 の円旋回を行う車両の横すべり角が，速度 V の増加つまり遠心力の増大によってどのように変わるかを示すものである。この式に基づいて，β-V 曲線を定性的に描いてみれば図 E3.4 のようになる。

これらから，横すべり角は正の値 l_r/ρ_0 から速度とともに減少し，後輪のみのコーナリングパワー K_r に依存する速度 $V = \sqrt{2ll_r K_r/(ml_f)}$ で負の値に転じ，さらにその絶対値が増大することがわかる。

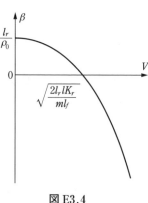

図 E3.4

また，この横すべり角は車両のステア特性には直接依存せず，K_r が単独で直接的な影響を及ぼすところが興味深いところである。

(2) 安定限界速度とスタビリティファクタ ─────

さて，われわれはこれまでに，車両が OS 特性を示すときには，車両の走行速度が $V = V_C$ となる点で，一定の実舵角に対して旋回半径 ρ が 0 になるか，一定の旋回半径を得るための実舵角が 0 になり，さらに，旋回角速度 r と重心点の横すべり角 β は無限大になってしまうことを知った。そして，$V > V_C$ なる速度では，得られる ρ, r, β は，物理的に意味のないものになってしまう。この速度 V_C は

$$1 - \frac{m}{2l^2} \frac{l_f K_f - l_r K_r}{K_f K_r} V^2 = 0 \tag{3.41}$$

を満足する V の値である。もし $l_f K_f - l_r K_r > 0$，すなわち，車両が OS 特性を有すれば，式 (3.41) を満たす正の実数 V が存在し

$$V_C = \sqrt{\frac{2K_f K_r}{m(l_f K_f - l_r K_r)}}\, l \tag{3.42}$$

となる。つまり，車両が OS 特性を示せば，V_C 以上の速度では円旋回は不可能という安定限界速度 V_C が存在することになる。

この安定限界速度は，式 (3.42) から $l_f K_f - l_r K_r$ が小さいほど大きくなることがわかる。また，車両の慣性質量 m が小さく，前後輪タイヤのコーナリングパワー K_f, K_r が大きく，ホイールベース l が大きいほど安定限界速度は高くなる。

なお，車両が OS 特性を示すときに，$V \geqq V_C$ で車両の運動が静的に不安定になるという事実は，あくまで前輪実舵角を固定するという条件のもとに理論的に導かれるものであり，人がどのように運転しても V_C 以上の速度では，この車両は走行不能ということを示すものではないことに注意する必要がある。ただ，このような理論的安定限界速度が存在するから，現実には，OS 特性を示すような車両設計は避けるのが普通であり，故意に強い OS 特性を有する車両を設計することはないと考えてよい。

ところで

$$A = -\frac{m}{2l^2} \frac{l_f K_f - l_r K_r}{K_f K_r} \tag{3.43}$$

と置けば式 (3.41) は

$$1 + A V^2 = 0 \tag{3.41}'$$

となり，もし $A < 0$ ならば

$$V_C = \sqrt{-\frac{1}{A}} \tag{3.42}'$$

と書くことができる。ここに A を**スタビリティファクタ** (stability factor) とよぶ。

3.3 車両の定常円旋回　　**75**

スタビリティファクタ A を用いて，定常円旋回時の β, r, ρ と δ の関係を書けば

$$\beta = \frac{1 - \dfrac{m}{2l} \dfrac{l_f}{l_r K_r} V^2}{1 + AV^2} \frac{l_r}{l} \delta \tag{3.29}''$$

$$r = \frac{1}{1 + AV^2} \frac{V}{l} \delta \tag{3.30}''$$

$$\rho = \left(1 + AV^2\right) \frac{l}{\delta} \tag{3.31}''$$

となる。このようにスタビリティファクタとは，その正負が，車両のステア特性を支配するものであり，車両の定常円旋回の速度による変化の大きさを示す指数となる重要な量である。とくに，車両の定常円旋回は，A を係数として，V の2乗に比例して変化するということが重要である。

式（3.43）より，$l_f K_f - l_r K_r$ の正負が，速度の影響を基本的に左右するが，このほかに，車両の質量 m が大きく，ホイールベース l が小さく，かつ前後のコーナリングパワー K_f, K_r が小さいほど速度の影響が大となることがわかる。

（3）スタティックマージンとニュートラルステアポイント ─────

以上みてきたように，$l_f K_f - l_r K_r$ の正負で決まる車両のステア特性は，車両の定常円旋回を基本的に左右するものであり，US, OS, NS なる概念は車両自体の運動性能を論じるうえで，きわめて重要な概念となることが理解できる。そこで，ここでは，$l_f K_f - l_r K_r$ なる量の物理的な意味を詳しくみてみることにする。

いま，車両が $\delta = 0$ のもとでなんらかの原因で重心点の横すべり角 β が生じたとすれば，前後輪のタイヤにも同じだけの横すべり角が生じ，タイヤには，横力が発生する。そしてこの横力は，車両の重心点回りのヨーイングモーメントとなる。このモーメントによるヨーイング運動は，車両の基本的な運動を記述する式（3.13）より

$$I \frac{dr}{dt} + \frac{2\left(l_f^2 K_f + l_r^2 K_r\right)}{V} r = -2\left(l_f K_f - l_r K_r\right)\beta$$

となる。β が正ならこの式より，車両の重心点回りには $l_f K_f - l_r K_r$ が正のときに負のヨーイングモーメントが働き，$l_f K_f - l_r K_r$ が0であればモーメントは働かず，$l_f K_f - l_r K_r$ が負なら正のヨーイングモーメントが働くことが理解できる。つまり，$l_f K_f - l_r K_r$ が正なら，横すべり角 β によって前後輪に発生する横力の着力点が車両の重心点より前方になり，$l_f K_f - l_r K_r = 0$ なら重心点に一致し，$l_f K_f - l_r K_r$ が負なら後方

76　第3章　車両運動の基礎

になることが予想される。この前後輪のコーナリングフォースの着力点を**ニュートラルステアポイント**（neutral-steer point, 以下NSPと書く）とよんでいる。

さて，車両の重心点が横すべり角 β を生じたとすれば，前後輪に働く横力は $2K_f\beta$, $2K_r\beta$ となる。**図3.15**のようにNSPと車両重心点間の距離を l_N とすれば，NSP回りの $2K_f\beta$ と $2K_r\beta$ によるモーメントはつりあわねばならないから

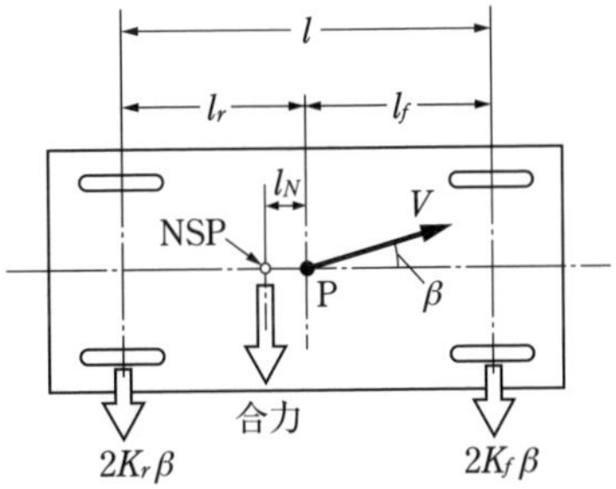

$$(l_f + l_N)2K_f\beta - (l_r - l_N)2K_r\beta = 0$$

この式より

$$l_N = -\frac{l_f K_f - l_r K_r}{K_f + K_r} \tag{3.44}$$

を得る。つまり，NSPは，$l_f K_f - l_r K_r$ が正のとき重心点より前方に，$l_f K_f - l_r K_r$ が負のとき後方にあり，$l_f K_f - l_r K_r$ が0のとき重心点に一致する。

そして l_N をホイールベース l で割って無次元化した量を，**スタティックマージン**（static margin, 以下SMと書く）とよぶ。

$$SM = \frac{l_N}{l} = -\frac{l_f K_f - l_r K_r}{l(K_f + K_r)} \tag{3.45}$$

あるいは式（3.45）を変形して

$$SM = -\frac{l_f}{l} + \frac{K_r}{K_f + K_r} \tag{3.45}'$$

と書く場合もある。

以上より，車両のステア特性を左右する $l_f K_f - l_r K_r$ なる量は，スタティックマージン SM で置き替えることができ，車両のステア特性は SM を用いて次のように定義することができる。

SM＞0………US

SM＝0………NS

SM＜0………OS

また，式（3.42）で示される安定限界速度 V_C を SM を用いて示せば

$$V_C = \sqrt{\frac{2lK_f K_r}{m(K_f + K_r)}\left(-\frac{1}{SM}\right)} \tag{3.42}''$$

図3.15 重心点の横すべりにより発生する横力の着力点

3.3 車両の定常円旋回 **77**

となる。さらに，スタビリティファクタ A を SM で表せば

$$A = \frac{m}{2l} \frac{K_f + K_r}{K_f K_r} \text{SM} \tag{3.43}'$$

となる。

（4）ステア特性と円旋回の幾何学 ─────

　ところで，われわれはこれまでは，もっぱら車両運動を記述する基礎的な運動方程式から，機械的に導いた定常円旋回を記述する式を用いて，車両の定常円旋回の性質を理解してきた。しかし，これは，あくまで旋回中に車両の前後輪に働く横力が，その横すべり角に比例したタイヤのコーナリングフォースのみであるときに成り立つ議論であった。

　そこで，ここでは上記のような条件に拘束されずに，3.3.1 項（2）において幾何学的に定常円旋回を記述した式を用いて，車両の定常円旋回の特性を調べてみることにする。その定常円旋回の幾何学的関係から導かれた旋回半径 ρ と実舵角 δ の関係式は式（3.34）であった。

$$\rho = \frac{l}{\delta - \beta_f + \beta_r} \tag{3.34}$$

　この式からわかるように，車両の速度に応じて生じる前後輪の横すべり角 β_f, β_r の大小関係に従い，ρ と δ の関係は次のようになる。

$$\beta_f - \beta_r > 0 \quad \text{のとき} \quad \rho > \frac{l}{\delta} \quad \text{または} \quad \delta > \frac{l}{\rho}$$

$$\beta_f - \beta_r = 0 \quad \text{のとき} \quad \rho = \frac{l}{\delta} \quad \text{または} \quad \delta = \frac{l}{\rho}$$

$$\beta_f - \beta_r < 0 \quad \text{のとき} \quad \rho < \frac{l}{\delta} \quad \text{または} \quad \delta < \frac{l}{\rho}$$

　つまり，車両前後輪の横すべり角 β_f, β_r のあいだに，もし $\beta_f > \beta_r$ なる関係があれば，速度に応じて一定の実舵角に対する旋回半径は大きくなり，同じ旋回半径を保つには舵が不足するから，さらに大きな実舵角が必要になる。$\beta_f = \beta_r$ なる関係があれば，旋回半径と実舵角の関係は速度に無関係となる。そして，$\beta_f < \beta_r$ なる関係があれば，速度に応じて一定の実舵角に対する旋回半径は小さくなり，同じ旋回半径を保つには舵が過剰となるから，実舵角を小さくしなければならない。したがって，車両のステア特性は，前後輪の横すべり角に注目して，次のように定義することが可能である。

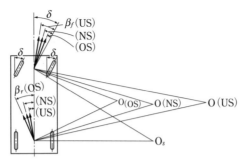

図 3.16 前後輪横すべり角の大小関係と車両の定常円旋回

$\beta_f - \beta_r > 0$ のとき US
$\beta_f - \beta_r = 0$ のとき NS
$\beta_f - \beta_r < 0$ のとき OS

ただし，この定義は横すべり角とコーナリングフォースの関係が線形のときのみ可能で，これが非線形なら横加速度による $\beta_f - \beta_r$ の変化の正負で定義される（詳細は3.3.3項参照）．図 3.16 に，β_f，β_r の大小関係により車両の円旋回がどのように変わるかを図によって示した．

この図からも定性的に，$\beta_f > \beta_r$ で車両が US 特性なら旋回半径が l/δ より大きくなり，$\beta_f = \beta_r$ で NS 特性なら，l/δ に等しく，$\beta_f < \beta_r$ で OS 特性なら，l/δ より小さくなることが理解できる．また，車両がどのようなステア特性を有していても，車両の走行速度が増すとともに，β_f，β_r ともに増えるから，その旋回中心は車両の前方に移動する．そのため速度とともに車両はその前方を旋回円の内側にして旋回する傾向を強くする．そしてこの傾向は車両が OS 特性を示すときのほうが強いことがわかる．

このように，車両の US，OS を幾何学的に $\beta_f - \beta_r$ の正負でみることにより，先の式 (3.37) や式 (3.38) を用いた $l_f K_f - l_r K_r$ の正負によるステア特性の定義の物理的意味をよりよく理解できる．

幾何学的関係式，式 (3.34) は次のように書くこともできる．

$$\delta = \frac{l}{\rho} + \beta_f - \beta_r = \left(1 + \frac{\beta_f - \beta_r}{\dfrac{l}{\rho}}\right)\frac{l}{\rho} \tag{3.46}$$

一方，定常円旋回時に前後輪に働く横力が，タイヤの横すべり角に比例したコーナリングフォースのみのときは式 (3.31)″ から

$$\delta = \left(1 + A V^2\right)\frac{l}{\rho} \tag{3.47}$$

である。したがって式 (3.46)，(3.47) より

$$A V^2 = \frac{\beta_f - \beta_r}{\dfrac{l}{\rho}}$$

であるから，結局 A は

$$A = \frac{\beta_f - \beta_r}{l\,\dfrac{V^2}{\rho}}$$

とみることができる。V^2/ρ は円旋回時の横加速度である。つまり，スタビリティファクタとは，定常円旋回における単位横加速度あたりの前輪と後輪の横すべり角の差を意味する。

いま，車両が

$$\ddot{y} = \frac{V^2}{\rho g} \tag{3.48}$$

の大きさの横加速度で定常円旋回をしているとすれば（g は重力加速度），重心点には大きさ $mg\ddot{y}$ の遠心力が働く。これが前後輪に働く横方向の力 $2Y_f$，$2Y_r$ とつりあうとともに，重心点回りのモーメントが 0 でなければならないから

$$mg\ddot{y} + 2Y_f + 2Y_r = 0$$
$$2l_f Y_f - 2l_r Y_r = 0$$

が成り立つ。ゆえに

$$\left.\begin{aligned}2Y_f &= -mg\,\frac{l_r}{l}\ddot{y} \\[1mm] 2Y_r &= -mg\,\frac{l_f}{l}\ddot{y}\end{aligned}\right\} \tag{3.49}$$

となる。ただし，ここでは $\ddot{y}$ を y の 2 階の時間微分という意味ではなく，車両の定常的な横加速度の記号として便宜的に用いている。

さて，タイヤのコーナリング特性が線形ならば

$$2Y_f = -2K_f\beta_f \quad , \quad 2Y_r = -2K_r\beta_r$$

であるから，式 (3.49) より

$$\beta_f = \frac{mgl_r}{2K_f l}\ddot{y} \quad , \quad \beta_r = \frac{mgl_f}{2K_r l}\ddot{y}$$

となる。これを式 (3.46) に代入すれば

$$\delta = \frac{l}{\rho} - \frac{m(l_f K_f - l_r K_r)}{2K_f K_r l} g\ddot{y} \tag{3.50}$$

となる。したがって、一定の旋回半径 $\rho = \rho_0$ で円旋回をしているときの横加速度 $\ddot{y}$ と、そのときに必要な実舵角 δ の関係は

$$\delta = \frac{l}{\rho_0} - \frac{m(l_f K_f - l_r K_r)}{2K_f K_r l} g\ddot{y} = \frac{l}{\rho_0} + lAg\ddot{y} \tag{3.50}'$$

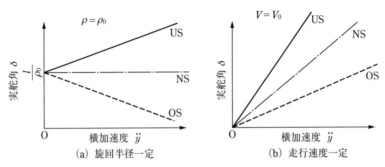

図 3.17 タイヤ特性が線形のときの横加速度 $\ddot{y}$ と実舵角 δ の関係

表 3.1 ステア特性と定常円旋回

ステア特性	$A = -\frac{m}{2l^2}\frac{l_f K_f - l_r K_r}{K_f K_r}$	NSPと重心点Pの位置関係	旋回半径 ρ (δ =一定)	実舵角 δ (ρ =一定)	旋回角速度 r	前後輪横すべり角 β_f, β_r	限界速度
US	>0	前 P・ NSP 後	速度とともに増大	速度とともに増大	速度とともにあるところまで増大 ある速度以上では減少	$\beta_f > \beta_r$	なし
NS	=0	P・NSP	一定 $\rho = \frac{l}{\delta}$	一定 $\delta = \frac{l}{\rho}$	速度に比例して増大	$\beta_f = \beta_r$	なし
OS	<0	NSP・ P	速度とともに減少	速度とともに減少	速度とともに急激に増大	$\beta_f < \beta_r$	$V_C = \sqrt{\frac{2K_f K_r l^2}{m(l_f K_f - l_r K_r)}}$

となる。また，一定の速度 $V = V_0$ で円旋回をしているとすれば，式（3.48）より

$$\rho = \frac{V_0{}^2}{g\ddot{y}}$$

となるから，式（3.50）より横加速度 $\ddot{y}$ と実舵角 δ の関係は次のようになる。

$$\delta = \left[\frac{l}{V_0{}^2} - \frac{m(l_f K_f - l_r K_r)}{2 K_f K_r l} \right] g\ddot{y} = \left(\frac{l}{V_0{}^2} + lA \right) g\ddot{y} \tag{3.51}$$

式（3.50）′，（3.51）を用いて，タイヤのコーナリング特性が線形のときの定常円旋回における $\ddot{y}$ と δ の関係を定性的に図に描けば，**図 3.17** のようになる。

なお，A のスタビリティファクタに対し lA を US/OS gradient とよぶ。

ここで，これまでに述べてきた車両のステア特性と定常円旋回の関係を集約すれば**表 3.1** のようになる。

3.3.3　定常円旋回とタイヤ特性の非線形性

われわれは，3.3.2項において，車両運動を理解するための基礎となる車両の定常円旋回特性を調べた。そして，車両運動の基本的な性質を示す重要な概念である US，NS，OS などの車両のステア特性を理解することができた。そこでは，主として，車両の前後輪に働く力は，その横すべり角に比例したコーナリングフォースであるという前提で議論を進めた。

しかし，第2章でみたように，タイヤの横すべり角がかなり大きい場合やその他の条件で，必ずしもタイヤのコーナリングフォースが横すべり角に比例しなくなる。つまり，タイヤのコーナリング特性が非線形性を示す場合がある。

そこで，ここでは，このタイヤ特性の非線形性が車両の定常円旋回特性に及ぼす影響を具体的に調べてみることにする。

mgl_r/l および mgl_f/l は，車両の前後輪の垂直荷重である。ゆえに，3.3.2項（4）で求めた前後輪に働く横力をその車輪の垂直荷重で割った値を μ_f，μ_r とすれば，式（3.49）より

$$\mu_f = \frac{|2Y_f|}{\dfrac{mgl_r}{l}} = \ddot{y} \quad , \quad \mu_r = \frac{|2Y_r|}{\dfrac{mgl_f}{l}} = \ddot{y} \tag{3.52}$$

となる。つまり，定常円旋回をしている車両の前後輪に働く横方向の力を，その車輪の垂直荷重で割った値は，前後輪ともにつねにそのときの重心点の横加速度に等しくなる。

82　　第3章　車両運動の基礎

ここで，前後輪に働く横方向の力は，タイヤの横すべりによるコーナリングフォースのみとすれば，μ_f, μ_r は，それぞれ β_f，β_r のみによって決まる。したがって式 (3.52) より，車両が装着する前後輪タイヤのコーナリング特性 $\beta_f - \mu_f$，$\beta_r - \mu_r$ の関係が明らかで，車両重心点の横加速度 $\ddot{y}$ が与えられれば，そのときの前後輪の横すべり角 β_f，β_r は一意的に決まることがわかる。

いま，前後輪のタイヤのコーナリング特性 $\beta_f - \mu_f$，$\beta_r - \mu_r$ の関係が，図 3.18 のよ

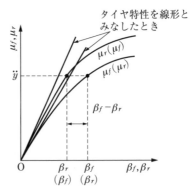

図 3.18　前後輪タイヤのコーナリング特性

うな形で与えられるとする。車両が定常円旋回をしていれば，そのときの横加速度が μ_f, μ_r に等しくなるのだから，横加速度 $\ddot{y}$ を決めれば図 3.18 に示すように，そのときの前後輪の横すべり角 β_f，β_r が決まり，$\beta_f - \beta_r$ が求められる。

さて，タイヤのコーナリング特性が，必ずしも線形でない場合にも幾何学的関係式 (3.46) は成り立つから，式 (3.46) より半径が一定 ρ_0 の円旋回をしているとすれば

$$\delta = \frac{l}{\rho_0} + \beta_f - \beta_r \qquad (3.46)'$$

となる。したがって，$\ddot{y}$ を与えて図 3.18 より $\beta_f - \beta_r$ を求めれば，式 (3.46)′ より，旋回半径一定のときの横加速度 $\ddot{y}$ と実舵角 δ の関係を描くことができる。こうして描いた $\ddot{y}$ と δ の関係を図 3.19 に示す。

このとき，あるタイヤの横すべり角に対して $\mu_f < \mu_r$ となるように，前後輪が装着されているとすれば，ある $\ddot{y}$ に対して $\beta_f > \beta_r$ となるから車両は US 特性を示す。$\mu_f = \mu_r$ ならば $\beta_f = \beta_r$ であるから NS となり，$\mu_f > \mu_r$ ならば $\beta_f < \beta_r$ となるから OS となる。

まず，車両が US 特性を示す場合には，図 3.18 からわかるように横加速度が小さく，したがって，タイヤの横すべり角が小さいときには，$\beta_f - \beta_r$ は正でほぼ $\ddot{y}$ に比例してその

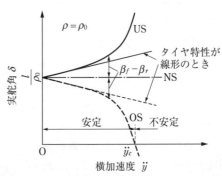

図 3.19　旋回半径が一定のときの $\ddot{y}$ と δ の関係

値が増大する．このため，δ もほぼ $\ddot{y}$ に比例するとみてよい．しかし，横加速度がある程度大きくなると $\beta_f - \beta_r$ が $\ddot{y}$ に比例せず，$\ddot{y}$ とともに急激に大きくなることがわかる．したがって，δ も $\ddot{y}$ とともに急激に大きくなり，強い US 特性を示すことになる．これに対して，車両が OS 特性を示す場合には，これとはちょうど逆に，横加速度が小さいところで $\beta_f - \beta_r$ は負でほぼ $\ddot{y}$ に比例してその値が増大する．そのため δ もほぼ $\ddot{y}$ に比例して減少する．そして，$\ddot{y}$ がある程度以上になると，δ の値は $\ddot{y}$ の増加とともに急激に減少し，強い OS 特性を示すことになる．

とくに OS の場合は，横加速度の大きいところで急激に δ が小さくなり，$\ddot{y} = \ddot{y}_c$ において $\delta = 0$ となる．この点は，これ以上の速度による横加速度をもって半径 ρ_0 なる定常円旋回は不可能であることを示す限界点であり，タイヤ特性が線形の場合よりもかなり $\ddot{y}$ が小さい点になる．つまり，車両が OS の場合，タイヤの横すべり角に対するタイヤ特性の非線形性は，3.3.2 項で述べた静的な安定限界速度をさらに低下させることになる．現実には，タイヤのコーナリングフォースはある横すべり角以上では飽和することを第 2 章でわれわれは知った．OS 特性の車両は，実際は，線形理論で求めた速度よりかなり低い速度で静的に不安定になる可能性があることに注意する必要がある．なお，円旋回の限界速度は，タイヤ特性が線形のときとは異なり旋回半径に依存することになる．

次に，車両が一定の速度 $V = V_0$ で円旋回をしているときを考える．このときには，$\rho = V_0^2/g\ddot{y}$ となるから横加速度 $\ddot{y}$ とそのときに必要な実舵角 δ の関係は，式 (3.46) より

$$\delta = \frac{l}{V_0^2} g\ddot{y} + \beta_f - \beta_r \tag{3.53}$$

となる．また，$\ddot{y}$ が与えられたときの $\beta_f - \beta_r$ の値は，先と同じように図 3.18 から求めることができる．したがって式 (3.53) を用いることによって，一定速度で円旋回をしているときの横加速度 $\ddot{y}$ と実舵角 δ の関係を描くことができる．このようにして描いた $\ddot{y}$ と δ の関係を図 3.20 に示す．

この図からもわかるように車両が US の場合 $\ddot{y}$ が小さいところでは δ はほぼ $\ddot{y}$ に比例して増大するが，$\ddot{y}$ がある程度大

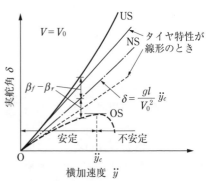

図 3.20 走行速度が一定のときの $\ddot{y}$ と δ の関係

きくなると$\ddot{y}$とともにδは急激に増大し,強いUSの傾向を示す。

これに対し,車両がOS特性を示す場合には,$\ddot{y}$が小さいときにはδは$\ddot{y}$にほぼ比例して増大するが,$\ddot{y}$がある程度以上になるとδの$\ddot{y}$に対する増加の傾向はにぶり,ついには$\ddot{y}=\ddot{y}_c$においてδはピークとなる。そして,それ以上の$\ddot{y}$に対してδは減少することになる。しかし,$\ddot{y}$の増加すなわち一定速度における旋回半径の減少に対してδを減少させるということは,車両の現在の進行方向に対して右へ行こうとするときに左に実舵角を操舵すべきことを示すものであり,現実には起こりえない物理的に意味のないことである。したがって,これは,$\ddot{y}=\ddot{y}_c$以上になるような旋回半径での円旋回は不可能であることを示すものであり,OS特性を示す車両には,どのような速度でもつねに旋回可能な旋回半径に,下限が存在することを示すものである。なお,先の図3.19に示した旋回半径が一定のときの$\ddot{y}_c$と,図3.20に示されている走行速度が一定のときの$\ddot{y}_c$は同じ意味を持つものである。

ところで,図3.18に示した前後輪タイヤのコーナリング特性は,すべての横すべり角に対して$\mu_f>\mu_r$かまたは$\mu_f<\mu_r$であった。しかし,場合によっては,横すべり角によってμ_f, μ_rの大小関係が入れ替わることがありうる。

そこで次に,前後輪タイヤのコーナリング特性β_f-μ_f, β_r-μ_rの関係が,図3.21のように与えられたときを考えてみることにする。

ここで,β_Pより小さいβ_f, β_rに対して$\mu_f<\mu_r$, β_Pより大きいβ_f, β_rに対して$\mu_f>\mu_r$となる場合を(A),これとは逆に,前後輪が入れ替わり,β_Pより小さいβ_f, β_rに対して$\mu_f>\mu_r$, β_Pより大きいβ_f, β_rに対して$\mu_f<\mu_r$となる場合を(B)としておく。

まず,車両が一定の旋回半径ρ_0で円旋回をしているとすれば,先と同じように式

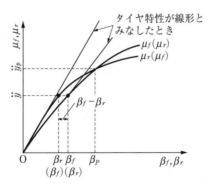

図3.21 前後輪タイヤのコーナリング特性

3.3 車両の定常円旋回

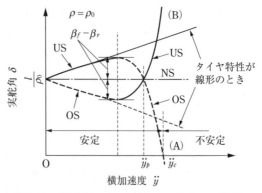

図 3.22 旋回半径が一定のときの $\ddot{y}$ と δ の関係

(3.46)′ が成り立つ．ゆえに，横加速度 $\ddot{y}$ を与えて，図 3.21 より $\beta_f - \beta_r$ を求めれば式 (3.46)′ を用いて旋回半径一定のときの横加速度 $\ddot{y}$ と実舵角 δ の関係を描くことができる．こうして描いた $\ddot{y}$ と δ の関係を図 3.22 に示す．

（A）の場合には，$\ddot{y}$ が小さいときには，$\ddot{y}$ の増加に対して $\beta_f - \beta_r$ も増加するので δ も増加し US 特性を示す．しかし，$\ddot{y}$ がある値以上になると $\ddot{y}$ の増加に対して $\beta_f - \beta_r$ は減少し，$\ddot{y} = \ddot{y}_p$ ではその値が 0 となり，それ以上の $\ddot{y}$ に対してはさらに急激に減少する．このため車両は OS 特性を示し，$\ddot{y}$ の増加とともにこの傾向を強め，$\ddot{y} = \ddot{y}_c$ で $\delta = 0$ となる．この点は，図 3.19 と同じように，これ以上の速度による横加速度をもって半径 ρ_0 なる円旋回は不可能であることを示す．

これに対して，（B）の場合は，$\ddot{y}$ が小さいときには $\ddot{y}$ の増加に対して δ は減少し車両は OS 特性を示す．$\ddot{y}$ がある値以上になると逆に $\ddot{y}$ の増加に対し δ が増加し，$\ddot{y} = \ddot{y}_p$ でその値が l/ρ_0 に戻る．それ以上の $\ddot{y}$ に対しては，さらに急激に δ が増加して強い US 特性を示すことになる．

次に，車両が一定の速度 V_0 で円旋回をしているとすれば式 (3.53) が成り立つ．したがって，横加速度 $\ddot{y}$ を与えて図 3.21 より $\beta_f - \beta_r$ を求めれば，式 (3.53) を用いて一定速度で円旋回をしているときの横加速度 $\ddot{y}$ と実舵角 δ の関係を描くことができる．これを図 3.23 に示す．

（A）の場合は，$\ddot{y}$ が小さいところで US 特性を示し，$\ddot{y}$ の大きなところで OS に転換し，強い OS 特性を示すことになる．そして，$\ddot{y} = \ddot{y}_c$ 以上になるような旋回半径での円旋回は不可能になる．また，（B）の場合は，これとは逆に $\ddot{y}$ の大きいところで US 特性を示す．

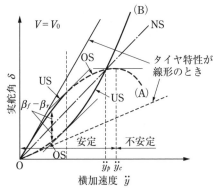

図 3.23 旋回速度が一定のときの $\ddot{y}$ と δ の関係

以上みてきたように，横加速度 $\ddot{y}$ が小さいときには US 特性を示すが，$\ddot{y}$ が大きくなるとタイヤ特性の非線形性により (A) の場合のようにステア特性が逆転して OS 特性を示し，ある加速度以上での円旋回が不可能となる場合がある。つまり，これは，微小変位の仮定のもとにおける線形理論では安定限界速度がなく安定であっても，大きな加速度を伴う円旋回においては，静的に不安定になることがあることを示すものである。

なお，図 3.22, 3.23 に示したように，$\ddot{y}$ によってステア特性が変わる特性をとくに**リバースステア**（reverse-steer）とよぶことがある。

また，図 3.22 や図 3.23 における (B) の場合のように，横加速度が大きくなったときに強い US 特性を示し，ついにはどのような大きな実舵角をとってもタイヤの横力が発生せず，それ以上の横加速度を伴う円旋回ができないような状態を車両の**プロー**とよぶ。このとき，前後輪同時にそれ以上の横力が発生できない状態を**ドリフト**という。そして，(A) の場合のように，後輪の横力の発生が前輪に比べ先に鈍り，強い OS 特性を示して静的に不安定になる状態を車両の**スピン**とよぶことがある。

例題 3.5 コーナリングフォースが横すべり角に比例するものとして，定常円旋回の幾何学的関係を用い〔式(3.34)〕，実舵角 δ と旋回半径 ρ，旋回角速度 r，重心点の横すべり角 β の関係を示す式 (3.29) 〜 (3.31) を導け。

解 車両に働く遠心力は，mV^2/ρ で表される。また，このときの前後輪タイヤに働くコーナリングフォースは横すべり角に比例するから，それぞれ，$-2K_f\beta_f$，$-2K_r\beta_r$ となる。

車両が定常円旋回をしているならば，これらの力は，車両の横方向につりあうとともに重心点回りのモーメントが0とならねばならない。したがって

$$m\frac{V^2}{\rho}-2K_f\beta_f-2K_r\beta_r=0$$

$$2l_fK_f\beta_f-2l_rK_r\beta_r=0$$

が成り立つ。この2式より β_f, β_r を求めれば

$$\beta_f=\frac{mV^2l_r}{2K_fl}\frac{1}{\rho} \quad , \quad \beta_r=\frac{mV^2l_f}{2K_rl}\frac{1}{\rho}$$

となる。この β_f, β_r を，式 (3.34)〜(3.36) に代入して整理すれば，ρ, r, β は次のようになる。

$$\rho=\left(1-\frac{m}{2l^2}\frac{l_fK_f-l_rK_r}{K_fK_r}V^2\right)\frac{l}{\delta} \tag{3.31}$$

$$r=\left(\frac{1}{1-\dfrac{m}{2l^2}\dfrac{l_fK_f-l_rK_r}{K_fK_r}V^2}\right)\frac{V}{l}\delta \tag{3.30}$$

$$\beta=\left(\frac{1-\dfrac{m}{2l}\dfrac{l_f}{l_rK_r}V^2}{1-\dfrac{m}{2l^2}\dfrac{l_fK_f-l_rK_r}{K_fK_r}V^2}\right)\frac{l_r}{l}\delta \tag{3.29}$$

3.4 車両運動の動的特性

　3.3節では，車両の定常円旋回をみることによって，車両運動の基本的な性質をかなりよく理解することができた。しかし，ここで得られた結果はあくまで力学系の静的特性，つまり定常状態における車両運動の性質であり，車両の運動力学的性質をさらに詳しく知るためには，その動的な特性を知る必要がある。

　ここでは，車両の操舵に対する応答を種々の角度から検討することによって，車両運動の基本的な特性の理解を深めることにする。

3.4.1 操舵に対する車両の過渡応答
（1）過渡応答と方向安定性 ————

　われわれは，3.2節において車両の運動を記述する基本的な運動方程式として，式

(3.12)，(3.13) を得た。

$$
\begin{cases}
mV\dfrac{d\beta}{dt} + 2\left(K_f + K_r\right)\beta + \left[mV + \dfrac{2}{V}\left(l_f K_f - l_r K_r\right)\right]r = 2K_f\delta & (3.12)\\[4mm]
2\left(l_f K_f - l_r K_r\right)\beta + I\dfrac{dr}{dt} + \dfrac{2\left(l_f^{\,2} K_f + l_r^{\,2} K_r\right)}{V}r = 2l_f K_f\delta & (3.13)
\end{cases}
$$

一般に式（3.12），(3.13) のように力学系の運動方程式が与えられれば，δ に対する車両の応答は，この運動方程式を適当な条件下で解くことによって機械的に与えられる。しかし，対象とする系が線形であれば，直接運動方程式を解かなくてもあるいは運動方程式を解く過程で，系の特性方程式の根を吟味することによって，力学系の挙動や過渡運動の性質をつかむことができる。

いま，われわれが検討の対象とすべき力学系の特性方程式は，式（3.14）より

$$
s^2 + \frac{2m\left(l_f^{\,2} K_f + l_r^{\,2} K_r\right) + 2I\left(K_f + K_r\right)}{mIV}s
$$
$$
+ \frac{4K_f K_r l^2}{mIV^2} - \frac{2\left(l_f K_f - l_r K_r\right)}{I} = 0 \qquad (3.54)
$$

あるいは

$$
s^2 + 2Ds + P^2 = 0 \qquad (3.55)
$$

となる。ここに

$$
2D = \frac{2m\left(l_f^{\,2} K_f + l_r^{\,2} K_r\right) + 2I\left(K_f + K_r\right)}{mIV} \qquad (3.56)
$$

$$
P^2 = \frac{4K_f K_r l^2}{mIV^2} - \frac{2\left(l_f K_f - l_r K_r\right)}{I} \qquad (3.57)
$$

ここで，車両のヨー慣性モーメントは形式的に次のよう書くことができる。

$$
I = mk^2 \qquad (3.58)
$$

ここに k は，車両の**ヨー慣性半径**とよばれるものである。式（3.58）を式（3.56）に代入すれば $2D$ は，次のように書くこともできる。

$$
2D = \frac{2}{mV}\left[\left(K_f + K_r\right)\left(1 + \frac{l_f l_r}{k^2}\right) + \frac{1}{k^2}\left(l_f - l_r\right)\left(l_f K_f - l_r K_r\right)\right] \qquad (3.56)'
$$

もし，$l_f \approx l_r$，$K_f \approx K_r$ なら

$$
2D = \frac{2\left(K_f + K_r\right)}{mV}\left(1 + \frac{l_f l_r}{k^2}\right) \qquad (3.56)''
$$

また，式（3.57）に式（3.58）を代入すれば P^2 は次のように書くことができる。

$$P^2 = \frac{4K_f K_r l^2}{m^2 k^2 V^2}\left(1 - \frac{m}{2l^2}\frac{l_f K_f - l_r K_r}{K_f K_r}V^2\right) \tag{3.57}'$$

さて，特性方程式が式（3.55）で与えられる系の固有の応答は，その特性方程式の特性根を λ_1, λ_2 としたとき，$C_1 e^{\lambda_1 t} + C_2 e^{\lambda_2 t}$ で与えられる。ただし

$$\lambda_{1,2} = -D \pm \sqrt{D^2 - P^2} \tag{3.59}$$

である。したがって，系の過渡応答の性質や運動の安定性は，λ_1, λ_2 が実数か複素数か，λ_1, λ_2 が実数のときにはその正負，λ_1, λ_2 が複素数のときにはその実数部の正負などによって左右される。ここでは，式（3.59）に従って λ_1, λ_2 は D および P によってその値が左右されるが，式（3.56）より明らかに $D>0$ であるから，D および P により，車両の過渡応答の性質や運動の安定性は次のように分類することができる。

① $D^2 - P^2 \geqq 0$，$P^2 > 0$ のとき……λ_1, λ_2 は負の実数
　　非振動的に運動は減衰（安定）

② $D^2 - P^2 < 0$ のとき………………λ_1, λ_2 は複素数，実数部は負
　　振動的に運動は減衰（安定）

③ $P^2 \leqq 0$ のとき…………………λ_1, λ_2 は一方が正，一方が負の実数
　　非振動的に運動は発散（不安定）

ただし，この場合，車両の操舵はあらかじめ与えられた以外に，その運動に応じて恣意的に行われることはないということが前提であり，どのような操舵をしても，車両はつねに上記のような運動を呈するということを意味するものではないということを注意する必要がある。このようなことはここで扱う車両のみならず，船舶や航空機のように，その運動の制御が運動体自体に乗っている人（場合によっては計器）によって，その運動に応じて行われるものの運動を論じるときに重要なことがらとなる（第9章参照）。

さて，われわれは，上記のように3つに分類された車両の操舵に対する基本的な応答の性質と，運動の安定性をさらに具体的に調べ，どのような車両がどのような場合に，①，②，③のような運動の性質を示すかをみていくことにしよう。

まず③の場合を考えてみよう。式（3.57）より P^2 の第1項はつねに正であるから，$P^2 \leqq 0$ となりうるのは，第2項が負つまり $l_f K_f - l_r K_r > 0$ のときである。$P^2 = 0$ となる速度を V_C とすれば，式（3.57）$'$ より

$$1 - \frac{m}{2l^2}\frac{l_f K_f - l_r K_r}{K_f K_r}V_C^2 = 0 \tag{3.60}$$

であるから

90　　第3章　車両運動の基礎

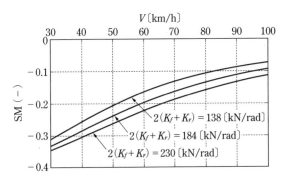

図 3.24 安定限界となる走行速度と SM の関係

$$V_C = \sqrt{\frac{2K_f K_r}{m(l_f K_f - l_r K_r)}} l = \sqrt{\frac{2l K_f K_r}{m(K_f + K_r)}\left(-\frac{1}{\mathrm{SM}}\right)} = \sqrt{-\frac{1}{A}} \quad (3.61)$$

となる。そして $V \geq V_C$ なるすべての速度に対して $P^2 \leq 0$ となる。これは，先に 3.3.2 項において述べた対象とする力学系の静的に不安定な条件である。つまり，車両が OS 特性を有するときには，$V \geq V_C$ なる速度において車両の横方向の運動は不安定となり，運動とは無関係にあらかじめ定められた操舵に対する車両の運動は，非振動的に発散してしまうことを示している。式（3.61）からも明らかなように，この安定限界は，SM に大きく依存することがわかる。**図 3.24** は，車両の速度と SM で安定限界を示した例であり，これによれば SM の絶対値が小さく，前後輪のコーナリングパワーの和が大きいほど，安定限界速度が大きくなることが理解できる。

例題 3.6 ある速度で車両運動が安定であるための，前輪のコーナリングパワーには上限，後輪のコーナリングパワーには下限が存在することを示せ。

解 車両運動の安定条件は次式で表すことができる。

$$1 - \frac{m}{2l^2} \frac{l_f K_f - l_r K_r}{K_f K_r} V^2 > 0$$

上式を書き替えれば，次式を得る。

$$\frac{2l^2}{mV^2} - \frac{l_f}{K_r} + \frac{l_r}{K_f} > 0$$

これより，K_f の上限を与える次式が得られる。

3.4 車両運動の動的特性

$$K_f < \frac{l_r K_r}{l_f} \frac{V^2}{V^2 - \frac{2l^2 K_r}{ml_f}}$$

また,同じようにして,K_rの下限は次式で与えられる.

$$K_r > \frac{l_f K_f}{l_r} \frac{V^2}{V^2 + \frac{2l^2 K_f}{ml_r}}$$

これらを用いて,K_f, K_rのそれぞれ上限,下限とV^2との関係を定性的に図示すれば,図 E3.6 のようになる.

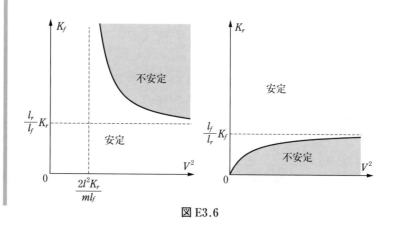

図 E3.6

次に,$l_f K_f - l_r K_r \leq 0$,つまり車両のステア特性が US 特性を示すとき,あるいは OS 特性を示すが $V < V_C$ であるときを考えてみよう.このときにはいずれもつねに $P^2 > 0$ となるから,車両の運動はつねに安定となる.これが①,②の場合である.いま,式 (3.56), (3.57) を用いて $D^2 - P^2$ を計算すれば

$$D^2 - P^2 = \frac{2(l_f K_f - l_r K_r)}{I} + \left[\left\{ \frac{m(l_f^2 K_f + l_r^2 K_r) + I(K_f + K_r)}{mI} \right\}^2 - \frac{4K_f K_r l^2}{mI} \right] \frac{1}{V^2} \tag{3.62}$$

となる.ところで,この式の $1/V^2$ の係数を変形すれば

$$\left\{ \frac{m(l_f^2 K_f + l_r^2 K_r) - I(K_f + K_r)}{mI} \right\}^2 + \frac{4(l_f K_f - l_r K_r)^2}{mI} > 0 \tag{3.63}$$

である。

ゆえに，式（3.62）の$1/V^2$の係数はつねに正であるから，もし第1項の（$l_f K_f - l_r K_r$）が正か0であれば，どのような場合にも$D^2 - P^2$は正か0であることがわかる。したがって，車両のステア特性がOSかNSであれば，車両の操舵に対する応答は，つねに非振動的であるということができる。これに対して（$l_f K_f - l_r K_r$）が負の場合には，Vの値によって$D^2 - P^2$の正負が左右され，ある値以上の速度で$D^2 - P^2$が正から負に転換することがわかる。つまり車両がUS特性を示すときには，ある速度までは操舵に対する車両の応答は非振動的であるが，ある速度以上で振動的になるということができる。

ここで，式（3.45），（3.58）を用い，さらに$l_f \approx l_r$，$K_f \approx K_r$として，$k/l \approx 1/2 \times \sqrt{k^2/(l/2)^2} \approx 1/2\sqrt{k^2/l_f l_r}$などに注意して式（3.63）を使い，式（3.62）を変形して$D^2 - P^2$を求めれば，次のようになる。

$$D^2 - P^2 \approx \frac{2(l_f K_f - l_r K_r)}{mk^2} + \left[\frac{(K_f + K_r)^2}{m^2}\left(1 - \frac{l_f l_r}{k^2}\right)^2 + \frac{4(l_f K_f - l_r K_r)^2}{m^2 k^2}\right]\frac{1}{V^2}$$

$$= \frac{(K_f + K_r)^2}{m^2}\left[-\frac{l_f l_r}{k^2}\frac{8m}{l(K_f + K_r)}\mathrm{SM} + \left\{\left(1 - \frac{l_f l_r}{k^2}\right)^2 + \frac{16 l_f l_r}{k^2}\mathrm{SM}^2\right\}\frac{1}{V^2}\right]$$

$$(3.62)'$$

この式よりSM＞0，つまり車両がUS特性を示すときに，操舵に対する応答が非振動的なものから振動的な応答に移る速度V_Sは，次のようになる。

$$V_S = \sqrt{\frac{2l(K_f + K_r)}{m}}\sqrt{\frac{1}{16}\frac{\left(1 - \dfrac{k^2}{l_f l_r}\right)^2}{\dfrac{k^2}{l_f l_r}}\frac{1}{\mathrm{SM}} + \mathrm{SM}} \qquad (3.64)$$

この式からわかるように，V_Sは$k^2/l_f l_r$の影響を受ける。式（3.64）より$k^2/l_f l_r = 1$のときV_Sは最小となり，$k^2/l_f l_r$がこれより大きくなっても小さくなってもV_Sは大となる。つまり車両のヨー慣性モーメントがある値より増加しても減少しても，操舵に対する応答が振動的になる速度が大きくなるという面白い性質がある。また同じく式（3.64）よりV_Sは$\mathrm{SM} = |1 - k^2/l_f l_r|/(4\sqrt{k^2/l_f l_r})$のとき最小になり，これより$\mathrm{SM}$が大きくても小さくても$V_S$は大きくなる。

以上みてきたように，操舵に対する車両の過渡応答の基本的性質も，とくに車両の走行速度とステア特性に大きく左右されることがわかる。これを整理したものが表3.2である。とくに，この表で示されるような車両運動の安定・不安定の問題を車両の方向安定性とよぶことがある。また，車両のパルス状の操舵に対する応答を

3.4 車両運動の動的特性 **93**

表3.2 車両のステア特性や走行速度と，操舵に対する過渡応答の性質や安定性の関係

ステア特性	過渡応答
US	$0 \leq V \leq V_S$ / ②振動的に減衰 $V > V_S$
NS	①非振動的に減衰
OS	$0 \leq V \leq V_C$ / ③発散 $V > V_C$

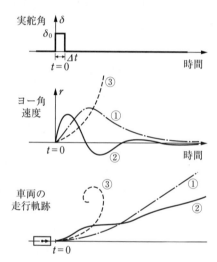

図3.25 操舵に対する概念的な車両の応答

概念的に示した例が図3.25である．表3.2の①，②，③に対応する運動の性質がよくわかる．

(2) 固有振動数と減衰比

ここで，操舵に対する車両の応答の**固有振動数**と**減衰比**をみてみよう．固有振動数をω_n，減衰比をζとすれば，特性方程式の係数より

$$\omega_n = P^2 \tag{3.65}$$

$$2\zeta\omega_n = 2D \tag{3.66}$$

となるから，式(3.56)，(3.57)と式(3.43)，(3.43)′を用いれば，ω_n，ζは次のようになる．

$$\omega_n = P$$

$$= \frac{2l}{V}\sqrt{\frac{K_f K_r}{mI}}\sqrt{1+AV^2} = \frac{2\sqrt{K_f K_r}\,l}{mk}\frac{\sqrt{1+AV^2}}{V}$$

$$= \frac{2\sqrt{K_f K_r}\,l}{mk}\frac{1}{V}\sqrt{1+\frac{m}{2l}\left(\frac{K_f+K_r}{K_f K_r}\right)\mathrm{SM}V^2} \tag{3.67}$$

$$\zeta = \frac{D}{P} = \frac{m\left(l_f^{\,2}K_f + l_r^{\,2}K_r\right) + I\left(K_f+K_r\right)}{2l\sqrt{mIK_f K_r\left(1+AV^2\right)}}$$

$$= \frac{K_f+K_r}{2\sqrt{K_f K_r}}\frac{k}{l}\frac{1+\dfrac{l_f l_r}{k^2}+\dfrac{1}{k^2}\dfrac{\left(l_f-l_r\right)\left(l_f K_f - l_r K_r\right)}{K_f+K_r}}{\sqrt{1+AV^2}}$$

$$= \frac{K_f+K_r}{2\sqrt{K_f K_r}}\frac{k}{l}\frac{1+\dfrac{l_f l_r}{k^2}+\dfrac{1}{k^2}\dfrac{\left(l_f-l_r\right)\left(l_f K_f - l_r K_r\right)}{K_f+K_r}}{\sqrt{1+\dfrac{m}{2l}\dfrac{K_f+K_r}{K_f K_r}\mathrm{SM}V^2}} \tag{3.68}$$

もし，$l_f \approx l_r$，$K_f \approx K_r$ ならば，ω_n，ζ は近似的に次のように書くことができる。

$$\omega_n = \frac{2\left(K_f+K_r\right)}{mV}\sqrt{\frac{l_f l_r}{k^2}}\sqrt{1+AV^2}$$

$$= \frac{2\left(K_f+K_r\right)}{mV}\sqrt{\frac{l_f l_r}{k^2}}\sqrt{1+\frac{2m}{l\left(K_f+K_r\right)}\mathrm{SM}V^2} \tag{3.67}'$$

$$\zeta = \frac{1+\dfrac{k^2}{l_f l_r}}{2\sqrt{\dfrac{k^2}{l_f l_r}}}\frac{1}{\sqrt{1+AV^2}} = \frac{1+\dfrac{k^2}{l_f l_r}}{2\sqrt{\dfrac{k^2}{l_f l_r}}}\frac{1}{\sqrt{1+\dfrac{2m}{l\left(K_f+K_r\right)}\mathrm{SM}V^2}} \tag{3.68}'$$

さてここで，車両の固有振動数 ω_n と減衰比 ζ が，車両のステア特性や走行速度に応じて具体的にどのように変わるかをみてみよう。

図 3.26 は，式 (3.67)′ に対応する ω_n に及ぼす SM と走行速度 V の影響を検討した例である。この図から，固有振動数 ω_n は，とくに走行速度 V の増加とともに減少し，SM が増大すればわずかに増加することがわかる。

一方，**図 3.27** は，式 (3.68)′ で示される減衰比 ζ に及ぼす SM と走行速度 V の影響をみた例である。

この図から，減衰比 ζ は SM の増加とともに減少し，操舵に対する車両の運動はより振動的な応答になることが理解できる。また，走行速度 V が増大した場合には，車両が US 特性を示すときには ζ が減少し車両の運動はより振動的となる。逆に，車

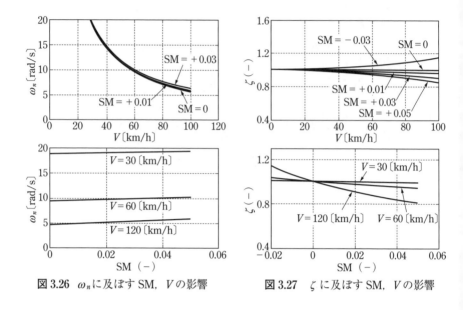

図 3.26 ω_n に及ぼす SM, V の影響　　図 3.27 ζ に及ぼす SM, V の影響

両が OS 特性を示すときには ζ が増大し，操舵に対する車両の応答性を悪化させる．さらに $k^2/l_f l_r \approx 1$ とみてよければ，車両が NS 特性を示す場合や走行速度 V が 0 に近いときには，車両のステア特性にかかわらず $\zeta \approx 1.0$，つまり臨界減衰の状態に近いと考えてよいことがわかる．

なお，$\zeta<1.0$ で車両の応答が振動的な場合の減衰円振動数 q は，$l_f \approx l_r$, $K_f \approx K_r$ であれば，式 (3.62)′ を用いて求めることができ，それは次のようになる．

$$q = \sqrt{P^2 - D^2}$$

$$= \frac{4(K_f + K_r)}{m}\sqrt{\frac{l_f l_r}{k^2}}\sqrt{\frac{mSM}{2l(K_f + K_r)} - \left\{\frac{1}{16}\frac{\left(1 - \frac{k^2}{l_f l_r}\right)^2}{\frac{k^2}{l_f l_r}} + SM^2\right\}\frac{1}{V^2}} \tag{3.69}$$

そしてこれは，$\omega_n\sqrt{1-\zeta^2}$ に一致する．

(3) 速応性

これまでは，主として操舵に対する車両の過渡応答が振動的か非振動的かという点や，運動の安定性に焦点をおいて議論を進めてきた．

車両ばかりでなく，船舶や航空機の場合にも上記のような操舵に対する運動の性

質のほかに，操舵に対して運動体がどれだけ敏捷に動くかということ，つまり操舵に対する運動の速応性が重要となる。

一般に安定な線形系の特性根の実数部を λ としたとき，次式で定義される**応答時間**（response time）[1] が速応性を示すひとつの指数になる。

$$t_R = -\frac{1}{\lambda} \tag{3.70}$$

したがって，われわれの対象とする車両の場合の t_R は，$D^2 - P^2 \geqq 0$ のときには

$$t_R = \frac{1}{D \mp \sqrt{D^2 - P^2}} \tag{3.71}$$

となり，$D^2 - P^2 < 0$ のときには

$$t_R = \frac{1}{D} \tag{3.72}$$

となる。

ゆえに，$l_f \approx l_r$，$K_f \approx K_r$ であれば，式 (3.56)″，(3.62)′ を用いて，それぞれ $D^2 - P^2 \geqq 0$，$D^2 - P^2 < 0$ のときの t_R は，次のようになる。

$$t_R = \cfrac{1}{\cfrac{K_f + K_r}{mV}\left(1 + \cfrac{l_f l_r}{k^2}\right) \mp \cfrac{4(K_f + K_r)}{m}\sqrt{\cfrac{l_f l_r}{k^2}}\sqrt{\left\{\cfrac{1}{16}\cfrac{\left(1 - \cfrac{k^2}{l_f l_r}\right)^2}{\cfrac{k^2}{l_f l_r}} + \mathrm{SM}^2\right\}\cfrac{1}{V^2} - \cfrac{m\mathrm{SM}}{2l(K_f + K_r)}}}$$
$$(D^2 - P^2 \geqq 0 \text{ のとき}) \tag{3.73}$$

$$t_R = \frac{mV}{K_f + K_r}\frac{1}{1 + \cfrac{l_f l_r}{k^2}} \qquad (D^2 - P^2 < 0 \text{ のとき}) \tag{3.74}$$

なお，普通おおざっぱには $D^2 - P^2 \approx 0$ となることが多い。このときには上の両式は一致するから，車両の応答時間 t_R は式 (3.74) で目安をつけることができる。

以上これまでみてきたように，操舵に対する車両の過渡応答が振動的かあるいは非振動的かということや，車両の固有振動数 ω_n と減衰比 ζ，操舵に対する速応性を示す応答時間 t_R などのような，車両の動的特性の基本的な性質は，走行速度とステア特性すなわち SM の影響を受けると同時に，$l_f \approx l_r$，$K_f \approx K_r$ であれば車両の質量とコーナリングパワーの比 $m/(K_f + K_r)$，ホイールベース l およびヨー慣性モーメント，ホイールベース，重心位置の関係で決まる $k^2/l_f l_r$ などによって左右されることがわかる。これを具体的に示したものが，式 (3.64)，(3.67)′，(3.68)′，(3.73)，

3.4　車両運動の動的特性　**97**

(3.74) である。ここでとくに車両の動的特性には，ヨー慣性モーメントがつねに $k^2/l_f l_r$ の形で影響を与えることに注目すべきである。

3.4.2 操舵応答の伝達関数

われわれはあえてここまでは，与えられた車両の運動を記述する基本的な運動方程式 (3.12), (3.13) を直接扱うことを避け，その特性方程式や特性根に注目することによって，操舵に対する車両の過渡運動の性質をみてきた。

ここでは，また元の基本的な運動方程式 (3.12), (3.13) に戻って考えてみる。

式 (3.12), (3.13) の両辺をラプラス変換すれば次式を得ることができる。

$$\left\{ mVs + 2(K_f + K_r) \right\}\beta(s) + \left\{ mV + \frac{2}{V}(l_f K_f - l_r K_r) \right\}r(s) = 2K_f\delta(s)$$

(3.75)

$$2(l_f K_f - l_r K_r)\beta(s) + \left\{ Is + \frac{2(l_f{}^2 K_f + l_r{}^2 K_r)}{V} \right\}r(s) = 2l_f K_f\delta(s) \quad (3.76)$$

ただし，$\beta(s)$, $r(s)$, $\delta(s)$ は β, r, δ のラプラス変換である。

この $\beta(s)$, $r(s)$ に関する代数方程式を機械的に解けば次式を得ることができる。

$$\frac{\beta(s)}{\delta(s)} = \frac{\begin{vmatrix} 2K_f & mV + \dfrac{2}{V}(l_f K_f - l_r K_r) \\ 2l_f K_f & Is + \dfrac{2(l_f{}^2 K_f + l_r{}^2 K_r)}{V} \end{vmatrix}}{\begin{vmatrix} mVs + 2(K_f + K_r) & mV + \dfrac{2}{V}(l_f K_f - l_r K_r) \\ 2(l_f K_f - l_r K_r) & Is + \dfrac{2(l_f{}^2 K_f + l_r{}^2 K_r)}{V} \end{vmatrix}}$$

(3.77)

$$\frac{r(s)}{\delta(s)} = \frac{\begin{vmatrix} mVs + 2(K_f + K_r) & 2K_f \\ 2(l_f K_f - l_r K_r) & 2l_f K_f \end{vmatrix}}{\begin{vmatrix} mVs + 2(K_f + K_r) & mV + \dfrac{2}{V}(l_f K_f - l_r K_r) \\ 2(l_f K_f - l_r K_r) & Is + \dfrac{2(l_f{}^2 K_f + l_r{}^2 K_r)}{V} \end{vmatrix}}$$

(3.78)

そして，この式 (3.77), (3.78) を先に求めた ω_n や ζ を用いて書き替えて整理すれば，次式のようになる。

98　第 3 章　車両運動の基礎

$$\frac{\beta(s)}{\delta(s)} = G_\delta^\beta(0) \frac{1 + T_\beta s}{1 + \dfrac{2\zeta s}{\omega_n} + \dfrac{s^2}{\omega_n^2}} \tag{3.77)$'$}$$

ただし

$$G_\delta^\beta(0) = \frac{1 - \dfrac{m}{2l} \dfrac{l_f}{l_r K_r} V^2}{1 + A V^2} \frac{l_r}{l} \tag{3.79}$$

$$T_\beta = \frac{IV}{2 l l_r K_r} \frac{1}{1 - \dfrac{m}{2l} \dfrac{l_f}{l_r K_r} V^2} \tag{3.80}$$

であり，$G_\delta^\beta(0)$ は**横すべり角ゲイン定数**で定常円旋回時のδに対するβの値であることがわかる。また

$$\frac{r(s)}{\delta(s)} = G_\delta^r(0) \frac{1 + T_r s}{1 + \dfrac{2\zeta s}{\omega_n} + \dfrac{s^2}{\omega_n^2}} \tag{3.78)$'$}$$

ただし

$$G_\delta^r(0) = \frac{1}{1 + A V^2} \frac{V}{l} \tag{3.81}$$

$$T_r = \frac{m l_f V}{2 l K_r} \tag{3.82}$$

であり，$G_\delta^r(0)$ は**ヨー角速度ゲイン定数**で，定常円旋回時のδに対するrの値であることがわかる。この式 (3.77)$'$，(3.78)$'$ が，車両の実舵角δに対する横すべり角βとヨー角速度rの応答を伝達関数で表現したものである。

ところで，式 (3.77)，(3.78) あるいは式 (3.77)$'$，(3.78)$'$ のように，δに対するβやrの応答がラプラス変換の形で与えられれば，ある定められたδに対するβ, rの応答は，これを逆ラプラス変換することによって具体的に求めることができる。

いま，直進している車両に，突然ステップ状の実舵角を与えたときの車両の応答を具体的に求めれば次のようになる。

$$\beta(t) = \mathcal{L}^{-1}[\beta(s)] = \mathcal{L}^{-1}\left[G_\delta^\beta(0) \frac{1 + T_\beta s}{1 + \dfrac{2\zeta s}{\omega_n} + \dfrac{s^2}{\omega_n^2}} \frac{\delta_0}{s} \right] \tag{3.83}$$

3.4　車両運動の動的特性　　**99**

$$r(t) = \mathcal{L}^{-1}[r(s)] = \mathcal{L}^{-1}\left[G_\delta^r(0)\frac{1+T_r s}{1+\dfrac{2\zeta s}{\omega_n}+\dfrac{s^2}{\omega_n^2}}\frac{\delta_0}{s}\right] \tag{3.84}$$

ただし，$\mathcal{L}^{-1}$ は逆ラプラス変換を意味し，δ_0/s は大きさ δ_0 のステップ状の実舵角 δ のラプラス変換 $\delta(s)$ である。

この式に逆ラプラス変換の公式を適用すれば $\beta(t)$，$r(t)$ は次のようになる。ただし，β，r の初期値は 0 である。車両が $\zeta>1$ で非振動的応答を示すとき

$$\beta(t) = G_\delta^\beta(0)\delta_0\Bigg[1+\frac{1-\left(\zeta+\sqrt{\zeta^2-1}\right)\omega_n T_\beta}{2\left(\zeta+\sqrt{\zeta^2-1}\right)\sqrt{\zeta^2-1}}e^{\left(-\zeta-\sqrt{\zeta^2-1}\right)\omega_n t}$$
$$-\frac{1-\left(\zeta-\sqrt{\zeta^2-1}\right)\omega_n T_\beta}{2\left(\zeta-\sqrt{\zeta^2-1}\right)\sqrt{\zeta^2-1}}e^{\left(-\zeta+\sqrt{\zeta^2-1}\right)\omega_n t}\Bigg] \tag{3.83$'$}$$

$$r(t) = G_\delta^r(0)\delta_0\Bigg[1+\frac{1-\left(\zeta+\sqrt{\zeta^2-1}\right)\omega_n T_r}{2\left(\zeta+\sqrt{\zeta^2-1}\right)\sqrt{\zeta^2-1}}e^{\left(-\zeta-\sqrt{\zeta^2-1}\right)\omega_n t}$$
$$-\frac{1-\left(\zeta-\sqrt{\zeta^2-1}\right)\omega_n T_r}{2\left(\zeta-\sqrt{\zeta^2-1}\right)\sqrt{\zeta^2-1}}e^{\left(-\zeta+\sqrt{\zeta^2-1}\right)\omega_n t}\Bigg] \tag{3.84$'$}$$

$\zeta=1$ で非振動的応答を示すとき

$$\beta(t) = G_\delta^\beta(0)\delta_0[1+\{(\omega_n^2 T_\beta-\omega_n)t-1\}e^{-\omega_n t}] \tag{3.83$''$}$$
$$r(t) = G_\delta^r(0)\delta_0[1+\{(\omega_n^2 T_r-\omega_n)t-1\}e^{-\omega_n t}] \tag{3.84$''$}$$

$\zeta<1$ で振動的応答を示すとき

$$\beta(t) = G_\delta^\beta(0)\delta_0\Bigg[1+\frac{T_\beta}{\sqrt{1-\zeta^2}}\sqrt{\left(\frac{1}{T_\beta}-\zeta\omega_n\right)^2+(1-\zeta^2)\omega_n^2}$$
$$e^{-\zeta\omega_n t}\sin\left(\sqrt{1-\zeta^2}\,\omega_n t+\Psi_\beta\right)\Bigg] \tag{3.83$'''$}$$

ただし

$$\Psi_\beta = \tan^{-1}\left(\frac{\sqrt{1-\zeta^2}\,\omega_n}{\dfrac{1}{T_\beta}-\zeta\omega_n}\right)-\tan^{-1}\left(\frac{\sqrt{1-\zeta^2}}{-\zeta}\right)$$

$$r(t) = G_\delta^r(0)\delta_0\Bigg[1+\frac{T_r}{\sqrt{1-\zeta^2}}\sqrt{\left(\frac{1}{T_r}-\zeta\omega_n\right)^2+(1-\zeta^2)\omega_n^2}$$
$$e^{-\zeta\omega_n t}\sin\left(\sqrt{1-\zeta^2}\,\omega_n t+\Psi_r\right)\Bigg] \tag{3.84$'''$}$$

ただし

$$\Psi_r = \tan^{-1}\left(\frac{\sqrt{1-\zeta^2}\,\omega_n}{\frac{1}{T_r}-\zeta\omega_n}\right) - \tan^{-1}\left(\frac{\sqrt{1-\zeta^2}}{-\zeta}\right)$$

以上が，表3.2にある車両の応答を具体的に記述するものである。

ところで，車両の操舵に対する速応性は，先に述べた応答時間のほかにステップ状の実舵角入力に対するヨー角速度の応答の，$t=0$における傾きで定常値に至るまでの時間 t_e や，振動的応答の第一ピークまでの時間 t_p でみることができる。これを図 3.28 に示す。この t_e や t_p を具体的に求めれば次のようになる。

$$t_e = \frac{1}{\omega_n^2 T_r} \tag{3.85}$$

$$t_p = \frac{1}{\omega_n\sqrt{1-\zeta^2}}\left\{\pi - \tan^{-1}\left(\frac{\sqrt{1-\zeta^2}\,\omega_n T_r}{1-\zeta\omega_n T_r}\right)\right\} \tag{3.86}$$

とりわけ，この t_e でヨー角速度の応答時間を近似的に定義することもできる。

操舵に対する車両の応答の時刻歴をみるためには，式（3.83）′～(3.84)‴を利用することができるわけだが，たとえばMATLAB Simulinkなどのソフトウェアを用いて，もっと簡単に応答を調べることができる。

式（3.12），（3.13）は次のように変形することができる。

$$\begin{cases} mV\dfrac{d\beta}{dt} = -2(K_f+K_r)\beta - \left\{mV+\dfrac{2}{V}(l_f K_f - l_r K_r)\right\}r + 2K_f\delta & (3.12)' \\[1em] I\dfrac{dr}{dt} = -2(l_f K_f - l_r K_r)\beta - \dfrac{2(l_f^2 K_f + l_r^2 K_r)}{V}r + 2l_f K_f\delta & (3.13)' \end{cases}$$

横すべり角とヨー角速度はそれぞれ上式の右辺を積分することによって得られるから，図 3.29 のような車両応答の積分形ブロックダイアグラムを得ることができる。

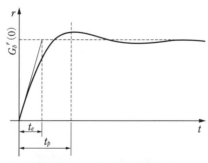

図 3.28　ヨー角速度の速応性

これが MATLAB Simulink ソフトウェアを用いたシミュレーションプログラムの基になる。

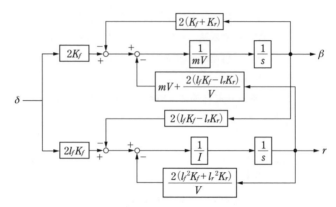

図 3.29 車両運動の積分型ブロックダイアグラム

例題 3.7

MATLAB Simulink を用いて，$\delta = 0.04$〔rad〕のステップ状の操舵入力に対する車両の応答のシミュレーションを実行せよ。ただし，車両諸元として，$m = 1\,500$〔kg〕，$I = 2\,500$〔kgm^2〕，$l_f = 1.1$〔m〕，$l_r = 1.6$〔m〕，$K_f = 55$〔kN/rad〕，$K_r = 60$〔kN/rad〕とし，走行速度 60 km/h，100 km/h，140 km/h のそれぞれについてシミュレーションを行え。

解

車両のパラメータを設定したのが図 E3.7(a) である。図 3.29 に基づいたシミュレーションプログラムを図 E3.7(b) に示す。図 E3.7(c) はシミュレーション条件の設定例であり，図 E3.7(d) がシミュレーション結果の一例である。図 E3.7(e) にシミュレーション結果をまとめたものが示されている。

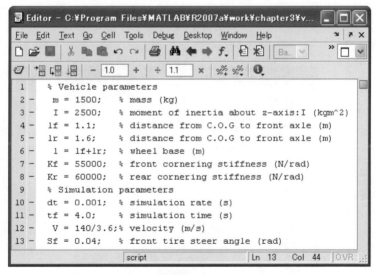

図 E3.7 (a)

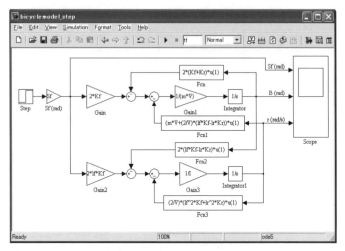

図 E3.7 (b)

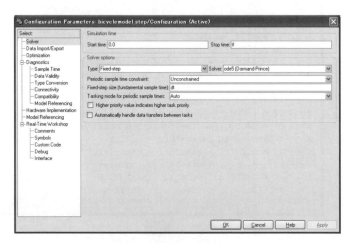

図 E3.7 (c)

104 第3章 車両運動の基礎

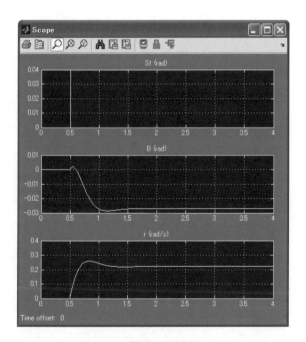

図 E3.7 (d)

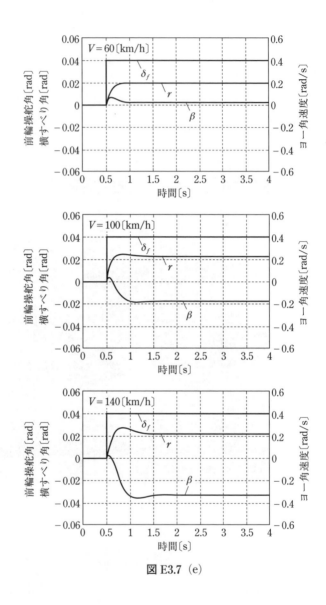

図 E3.7（e）

次に，同じ車両の運動を地上に固定した座標系で記述すれば，式 (3.21)，(3.22) が得られる。この式を同じようにラプラス変換すれば次式が得られる。

$$\left\{ms^2 + \frac{2(K_f + K_r)}{V}s\right\}y(s) + \left\{\frac{2(l_f K_f - l_r K_r)}{V}s - 2(K_f + K_r)\right\}\theta(s)$$
$$= 2K_f\delta(s) \quad (3.21)'$$

$$\frac{2(l_f K_f - l_r K_r)}{V}sy(s) + \left\{Is^2 + \frac{2(l_f^2 K_f + l_r^2 K_r)}{V}s - 2(l_f K_f - l_r K_r)\right\}\theta(s)$$
$$= 2l_f K_f\delta(s) \quad (3.22)'$$

ただし，$y(s)$，$\theta(s)$ は y, θ のラプラス変換である。

この $y(s)$，$\theta(s)$ に関する代数方程式を機械的に解けば，次式を得ることができる。

$$\frac{y(s)}{\delta(s)} = \frac{\begin{vmatrix} 2K_f & \dfrac{2(l_f K_f - l_r K_r)}{V}s - 2(K_f + K_r) \\[3mm] 2l_f K_f & Is^2 + \dfrac{2(l_f^2 K_f + l_r^2 K_r)}{V}s - 2(l_f K_f - l_r K_r) \end{vmatrix}}{\begin{vmatrix} ms^2 + \dfrac{2(K_f + K_r)}{V}s & \dfrac{2(l_f K_f - l_r K_r)}{V}s - 2(K_f + K_r) \\[3mm] \dfrac{2(l_f K_f - l_r K_r)}{V}s & Is^2 + \dfrac{2(l_f^2 K_f + l_r^2 K_r)}{V}s - 2(l_f K_f - l_r K_r) \end{vmatrix}}$$

$$(3.87)$$

$$\frac{\theta(s)}{\delta(s)} = \frac{\begin{vmatrix} ms^2 + \dfrac{2(K_f + K_r)}{V}s & 2K_f \\[3mm] \dfrac{2(l_f K_f - l_r K_r)}{V}s & 2l_f K_f \end{vmatrix}}{\begin{vmatrix} ms^2 + \dfrac{2(K_f + K_r)}{V}s & \dfrac{2(l_f K_f - l_r K_r)}{V}s - 2(K_f + K_r) \\[3mm] \dfrac{2(l_f K_f - l_r K_r)}{V}s & Is^2 + \dfrac{2(l_f^2 K_f + l_r^2 K_r)}{V}s - 2(l_f K_f - l_r K_r) \end{vmatrix}}$$

$$(3.88)$$

そして，式 (3.87)，(3.88) を ω_n や ζ を用いて書き替えて整理すれば，次式を得ることができる。

$$\frac{y(s)}{\delta(s)} = G_\delta^{\dot{y}}(0)\frac{1 + T_{y1}s + T_{y2}s^2}{s^2\left(1 + \dfrac{2\zeta s}{\omega_n} + \dfrac{s^2}{\omega_n^2}\right)} \tag{3.87'}$$

ただし

$$G_\delta^{\dot{y}}(0) = \frac{1}{1 + AV^2}\frac{V^2}{l} = VG_\delta^{r}(0) \tag{3.89}$$

$$T_{y1} = \frac{l_r}{V} \tag{3.90}$$

$$T_{y2} = \frac{I}{2lK_r} \tag{3.91}$$

であり，$G_\delta^{\ddot{y}}(0)$ は，**横加速度ゲイン定数**で定常円旋回時の δ に対する横加速度の値である。また

$$\frac{\theta(s)}{\delta(s)} = G_\delta^{\,r}(0) \frac{1 + T_r s}{s\left(1 + \dfrac{2\zeta s}{\omega_n} + \dfrac{s^2}{\omega_n{}^2}\right)} \tag{3.88}'$$

である。

　この式 (3.87)，(3.88) あるいは式 (3.87)′，(3.88)′ が車両の実舵角に対する横変位とヨー角の応答を伝達関数で表現したものである。そして，先と同じように，ある与えられた δ に対する横変位やヨー角の応答を具体的に求めるのであれば，これらの式で与えられる $y(s)$，$\theta(s)$ を逆ラプラス変換すればよい。

　このように，車両の操舵に対する応答をラプラス変換し，伝達関数で記述することは，ある与えられた操舵に対する応答を具体的に求めたり，また，制御系における制御対象として車両をみる場合に適しており，車両運動の積極的な制御を考えたり，制御しやすい車両について考えるときに便利である。

　なお，これらの伝達関数の係数となる ω_n，ζ，$G_\delta^{\,r}(0)$，$G_\delta^{\ddot{y}}(0)$，T_r や t_e，t_p などを，操舵に対する車両の応答の性質を示すパラメータとして，**応答パラメータ**とよんでいる。

3.4.3 周期的操舵に対する車両の応答

　一般に系の動的特性を調べる方法に，周期的な入力に対する系の応答をみることがある。振動系ではこれを強制振動とよび，自動制御系などでは周波数応答とよんでいる。

　いま，われわれが対象とする車両の運動特性を知るためにも，このような手法が用いられることが多い。そこでここでは，**周期的な操舵**に対して車両はどのような応答をすることになるかを調べてみることにする。車上からみたときには，操舵に対する車両の横方向の加速度やヨー角速度が最も知覚しやすい。

　まず，周期的実舵角 δ に対する車両重心点の横加速度の応答は，式 (3.87)′ の両辺に s^2 を掛け，$s = j2\pi f$ を代入して次のように書くことができる。

$$G_\delta^{\ddot{y}}(j2\pi f) = G_\delta^{\ddot{y}}(0) \frac{1 - (2\pi f)^2 T_{y2} + j2\pi f T_{y1}}{1 - \dfrac{(2\pi f)^2}{\omega_n^2} + \dfrac{j2\pi f 2\zeta}{\omega_n}} \tag{3.92}$$

ただし，f は周期的操舵の周波数であり，$j = \sqrt{-1}$ である。

この式より，横加速度の周期的実舵角に対する振幅比 $|G_\delta^{\ddot{y}}|$ および位相角 $\angle G_\delta^{\ddot{y}}$ は次のようになる。

$$\left| G_\delta^{\ddot{y}} \right| = \sqrt{\frac{P_y^2 + Q_y^2}{R_y^2 + S_y^2}} \, G_\delta^{\ddot{y}}(0) \tag{3.93}$$

$$\angle G_\delta^{\ddot{y}} = \tan^{-1}\left(\frac{Q_y}{P_y}\right) - \tan^{-1}\left(\frac{S_y}{R_y}\right) \tag{3.94}$$

ただし

$$P_y = 1 - (2\pi f)^2 T_{y2} \quad , \quad Q_y = 2\pi f T_{y1}$$

$$R_y = 1 - \frac{(2\pi f)^2}{\omega_n^2} \quad , \quad S_y = \frac{2\pi f 2\zeta}{\omega_n}$$

である。

次に，周期的実舵角 δ に対する車両のヨー角速度 r の応答 $G_\delta^{r}(j2\pi f)$ は式 (3.78)$'$ に，$s = j2\pi f$ を代入して次のように書くことができる。

$$G_\delta^{r}(j2\pi f) = G_\delta^{r}(0) \frac{1 + j2\pi f T_r}{1 - \dfrac{(2\pi f)^2}{\omega_n^2} + \dfrac{j2\pi f 2\zeta}{\omega_n}} \tag{3.95}$$

この式より，ヨー角速度の周期的実舵角に対する振幅比 $|G_\delta^{r}|$ および位相角 $\angle G_\delta^{r}$ は，次のようになる。

$$\left| G_\delta^{r} \right| = \sqrt{\frac{P_r^2 + Q_r^2}{R_r^2 + S_r^2}} \, G_\delta^{r}(0) \tag{3.96}$$

$$\angle G_\delta^{r} = \tan^{-1}\left(\frac{Q_r}{P_r}\right) - \tan^{-1}\left(\frac{S_r}{R_r}\right) \tag{3.97}$$

ただし

$$P_r = 1 \quad , \quad Q_r = 2\pi f T_r$$

$$R_r = 1 - \frac{(2\pi f)^2}{\omega_n^2} \quad , \quad S_r = \frac{2\pi f 2\zeta}{\omega_n}$$

である。

3.4 車両運動の動的特性　**109**

とくに，車両自体の持つ動的な特性をみるのに，この周期的操舵に対するヨー角速度の応答をみることがよくある．式（3.95）で示されるヨー角速度の応答は，一般に図 3.30 に示すような形になるのが普通である．操舵の周波数が小さいときには，振幅比はほぼ一定の実舵角での定常円旋回時のヨー角速度（旋回角速度）に一致する．周波数が大きくなると，車両が US 特性を有するときにはある周波数で振幅比がピークを示し，それ以上の周波数ではそれが減少する．また，車両が

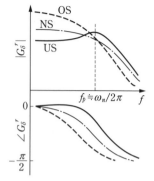

図 3.30　周期的操舵に対するヨー角速度の応答の概念図

NS, OS 特性を有するときには振幅比はピークを持たず，周波数の増大とともにそれは減少する．また，位相角は操舵の周波数が小さければ 0 であるが，どの場合にも周波数が増すとともに位相遅れが大となる．この傾向は，車両が強い OS 特性を示す場合ほど著しい．なお，振幅比にピークが現れるのは，一定の操舵角に対する車両の過渡応答が振動的である場合であり，このピークは，先に示した減衰比 ζ が小さいほど顕著に現れる．したがって，車両が US 特性を示し，走行速度 V が大の

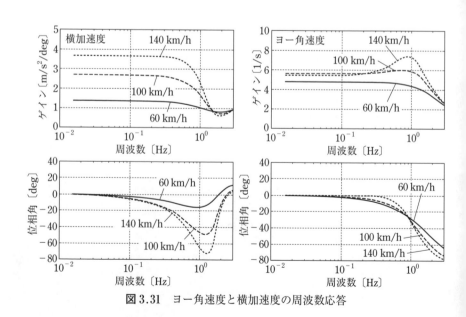

図 3.31　ヨー角速度と横加速度の周波数応答

ときほどこのピークは大となる。また，このピークは操舵の周波数が，車両の固有振動数 ω_n に一致する付近で現れる。

図 3.31 は，周期的な操舵に対するヨー角速度と横加速度の応答を小形の乗用自動車の場合について実際に計算した例である。この図からも車両の走行速度が大きくなると，とくに高周波域の横加速度の位相遅れが大となることがわかる。また，US の車両だから，高速になるとヨー角速度の振幅比にピークが現れ，車両の過渡応答が減衰のよくない振動的な応答になることを物語っている。

さてここで，この横加速度とヨー角速度の応答のあいだの関係を少し詳しくみてみよう。横加速度の操舵に対する伝達関数は，式 (3.87)′ で求めた横変位の伝達関数に s^2 を掛けて求めることができるが，次のようにして求めることもできる。

車両の横加速度は，横すべり角 β とヨー角速度 r を用いて $V(\dot{\beta}+r)$ で表すことができる。つまり，横加速度とヨー角速度の応答のあいだには，横すべり角速度が介在している。したがって次のように書くことができる。

$$
\begin{aligned}
\frac{\ddot{y}(s)}{\delta(s)} &= V\left\{ s\frac{\beta(s)}{\delta(s)} + \frac{r(s)}{\delta(s)} \right\} \\
&= VG_\delta^{\,\beta}(0)\frac{s(1+T_\beta s)}{1+\dfrac{2\zeta s}{\omega_n}+\dfrac{s^2}{\omega_n^{\,2}}} + VG_\delta^{\,r}(0)\frac{1+T_r s}{1+\dfrac{2\zeta s}{\omega_n}+\dfrac{s^2}{\omega_n^{\,2}}}
\end{aligned}
$$

ここで，式 (3.79)〜(3.82) で定義される $G_\delta^{\,\beta}(0)$，T_β，$G_\delta^{\,r}(0)$，T_r を上式に代入して整理すると，

$$
\begin{aligned}
\frac{\ddot{y}(s)}{\delta(s)} &= \frac{1}{1+AV^2}\frac{V^2}{l}\left(\frac{\dfrac{l_r}{V}s - \dfrac{m}{2l}\dfrac{l_f V}{K_r}s + \dfrac{I}{2lK_r}s^2}{1+\dfrac{2\zeta s}{\omega_n}+\dfrac{s^2}{\omega_n^{\,2}}} + \frac{1+\dfrac{m}{2l}\dfrac{l_f V}{K_r}s}{1+\dfrac{2\zeta s}{\omega_n}+\dfrac{s^2}{\omega_n^{\,2}}}\right) \\
&= \frac{1}{1+AV^2}\frac{V^2}{l}\left(\frac{1+\dfrac{l_r}{V}s+\dfrac{I}{2lK_r}s^2}{1+\dfrac{2\zeta s}{\omega_n}+\dfrac{s^2}{\omega_n^{\,2}}}\right)
\end{aligned}
$$

となり，当然，式 (3.87)′ を用いて求めた応答と一致する。

ここで，上述の伝達関数を導く過程における分子のなかにある s の 1 次の項に注目してみよう。ヨー角速度に依存した伝達関数の分子には $m/2l \times l_f V/K_r \times s$ が存在し，これがリード項としてヨー角速度の応答遅れを抑える効果になっている。一方，横すべり角速度に依存した伝達関数の分子には，速度の増加とともに操舵に対し逆方向の横すべり角が生じることに対応する逆符号の $-m/2l \times l_f V/K_r \times s$ が存在する

3.4 車両運動の動的特性　**111**

ため，横加速度の応答ではこれが互いに打ち消し合って消滅している。この項は速度に比例して大きくなり，速度とともに生じるヨー角速度の応答遅れを補償することになる。しかし，横加速度では，ヨー角速度で有効な補償効果が横すべり角速度で打ち消され，残された項は速度とともに小さくなる $l_r/V \times s$ のみとなる。つまり，横加速度においては，この遅れの補償効果は期待できないということになる。

　以上が図 3.31 に示すように，高速になればなるほど操舵に対するヨー角速度の応答の遅れに対して，横加速度の応答の遅れが相対的に大きくなってしまう力学的なメカニズムである。

　このように，操舵に対する横加速度の応答とヨー角速度の応答のあいだに横すべり角速度が介在し，両者の応答の違いに影響を与えるということは，車両運動力学の基本に根ざした重要な性質である。

**例題
3.8**

　車両のステア特性が US，NS，OS である場合，それぞれについて，速度 120 km/h における操舵に対する車両ヨー角速度の周波数応答を MATLAB Simulink を用いて求めよ。そのうえで図 3.30 に示したステア特性の影響を確認せよ。

解

　US の車両のパラメータは例題 3.7 のときと同じとする。また NS のときは $K_f = 68.15$〔kN/rad〕，$K_r = 46.85$〔kN/rad〕，OS のときは $K_f = 72.50$〔kN/rad〕，$K_r = 42.50$〔kN/rad〕とする。

　車両のパラメータと操舵入力としてのスイープタイプの sin 波の設定を図 E3.8(a) に示す。シミュレーションプログラムは図 E3.8(b) に示すとおりであり，スイープタイプの sin 波操舵入力に対する車両応答のシミュレーション結果を図 E3.8(c) に示している。

　操舵入力に対する車両応答のシミュレーションが完了したら，時刻歴としてのシミュレーション結果を図 E3.8(d) のようにセーブする。このデータを用いてフーリエ変換により，図 E3.8(e) に示すように操舵に対するヨー角速度の周波数応答を求める。その結果の一例が図 E3.8(f) であり，すべての結果をまとめたものが図 E3.8(g) である。

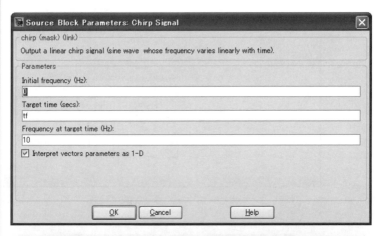

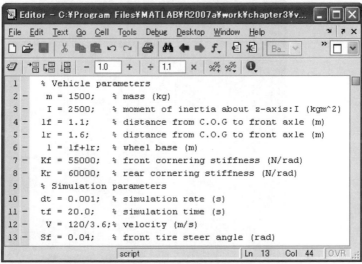

図 E3.8 (a)

3.4 車両運動の動的特性

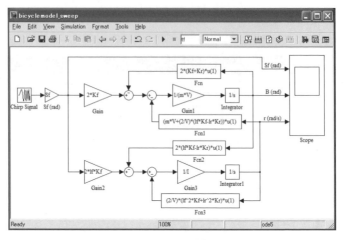

図 E3.8 (b)

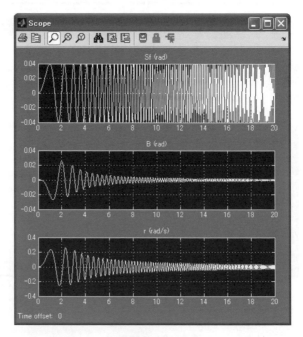

図 E3.8 (c)

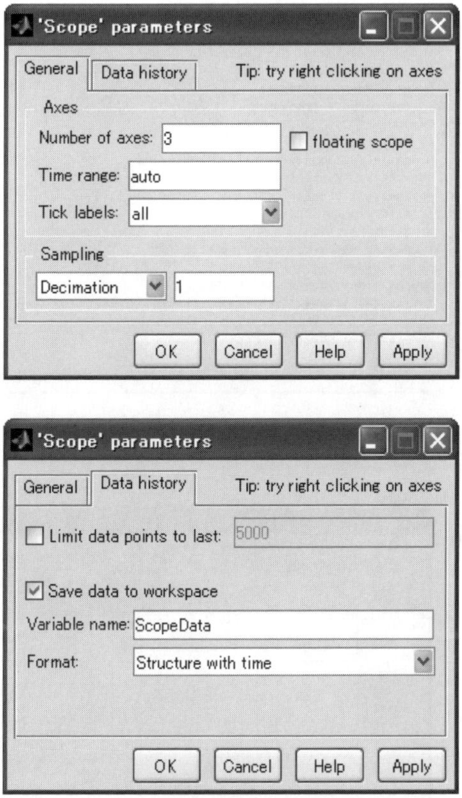
'Scope' parameters
General
Data history
Tip: try right clicking on axes
Axes
Number of axes: 3
floating scope
Time range: auto
Tick labels: all
Sampling
Decimation
1
OK
Cancel
Help
Apply
'Scope' parameters
General
Data history
Tip: try right clicking on axes
Limit data points to last: 5000
Save data to workspace
Variable name: ScopeData
Format: Structure with time
OK
Cancel
Help
Apply

図 E3.8（d）

```
1  - Sf = ScopeData.signals(1,1).values(:,1);% front tire steer angle (rad)
2  -  B = ScopeData.signals(1,2).values(:,1);% side slip Angle (rad)
3  -  r = ScopeData.signals(1,3).values(:,1);% yaw rate (rad/s)
4     %------------------------------------------------------------------%
5     % The frequency response is calculated by using Fourier trasform.
6  - gr = etfe([r,Sf],[],2^15,0.001);
7     % The gain and the phase angle of the frequency response are calculated.
8  - [amp,phase,w] = bode(gr);
9     % An extra dimension is deleted.
10 - amp = squeeze(amp);
11 - phase = squeeze(phase);
12    % Drawing gain-frequency relation.
13 - figure;
14 - a1 = subplot(2,1,1);
15 - graph1 = semilogx(w/(2*pi),20*log10(amp));
16 - set(get(a1,'XLabel'),'String','Frequency (Hz)');
17 - set(get(a1,'YLabel'),'String','Gain (dB)');
18 - axis([0.01 3 6 18]);
19 - grid on;
20    % Drawing phase-frequency relation.
21 - a2 = subplot(2,1,2);
22 - graph2 = semilogx(w/(2*pi),phase);
23 - set(get(a2,'XLabel'),'String','Frequency (Hz)');
24 - set(get(a2,'YLabel'),'String','Phase angle (deg)');
25 - axis([0.01 3 -80 40]);
26 - grid on;
```

図 E3.8 (e)

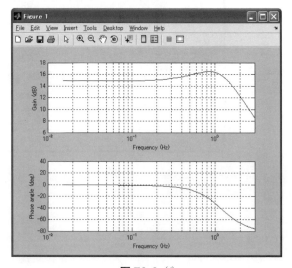

図 E3.8 (f)

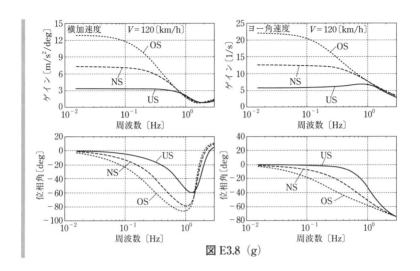

図 E3.8 (g)

3.4.4 タイヤ特性の非線形性の影響

ここまでは，タイヤに働く横力がその横すべり角に比例するという前提のもとに車両運動の動的な特性をみてきた。ここでは，タイヤの横すべり角が大きくなり，横力が必ずしも横すべり角に比例しなくなったとき，それが，車両運動の動的な特性にどのような影響を与えることになるかを考えてみることにする。

タイヤの横力 Y と横すべり角 β のあいだの厳密な関係については，2.3.1 項あるいは 2.4.2 項で述べた。ここでは簡単のために，横すべり角 0 におけるコーナリングパワーが K で，横力が摩擦力 μW で飽和するとして，横力を横すべり角の 2 次式で近似してみると

$$Y = K\beta - \frac{K^2}{4\mu W}\beta^2 \qquad (3.98)$$

が得られる。このようすを**図 3.32** に示す。

いま，重量 mg の車両が $\ddot{y}$（単位は G：重力加速度，3.3.3 項で用いた $\ddot{y}$ と同じ意味に用いる）の横加速度の円旋回をしていると考えると式 (3.49) と同様に，前後輪に働く横方向の力は，その大きさのみを考えれば

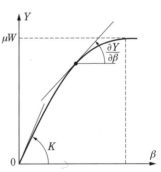

図 3.32 タイヤ特性の非線形性の近似

$$2Y_f(\beta_f) = \frac{l_r mg}{l} \ddot{y} = 2\left(K_f \beta_f - \frac{K_f^2}{4\mu \dfrac{l_r mg}{2l}} \beta_f^2\right) \tag{3.99}$$

$$2Y_r(\beta_r) = \frac{l_f mg}{l} \ddot{y} = 2\left(K_r \beta_r - \frac{K_r^2}{4\mu \dfrac{l_f mg}{2l}} \beta_r^2\right) \tag{3.100}$$

と書くことができる。ただし，β_f，β_r は前後輪の横すべり角である。

ここで，たとえば式 (3.99) の両辺を $\mu l_r mg/l$ で割り算すれば

$$\frac{\ddot{y}}{\mu} = 2\frac{K_f}{\mu \dfrac{l_r mg}{l}} \beta_f - \left(\frac{K_f}{\mu \dfrac{l_r mg}{l}} \beta_f\right)^2$$

となる。したがって次式が得られる。

$$1 - \frac{\ddot{y}}{\mu} = 1 - 2\frac{K_f}{\mu \dfrac{l_r mg}{l}} \beta_f + \left(\frac{K_f}{\mu \dfrac{l_r mg}{l}} \beta_f\right)^2$$

$$= \left(1 - \frac{K_f}{\mu \dfrac{l_r mg}{l}} \beta_f\right)^2$$

この式を用いて旋回状態における単位横すべり角あたりの横力，つまり等価的なコーナリングパワー $\partial Y_f/\partial \beta_f$，$\partial Y_r/\partial \beta_r$ を求めれば次のようになる。

$$\frac{\partial Y_f}{\partial \beta_f} = K_f\left(1 - \frac{K_f}{\mu \dfrac{l_r mg}{l}} \beta_f\right) = K_f \sqrt{1 - \frac{\ddot{y}}{\mu}} \tag{3.101}$$

$$\frac{\partial Y_r}{\partial \beta_r} = K_r\left(1 - \frac{K_r}{\mu \dfrac{l_f mg}{l}} \beta_r\right) = K_r \sqrt{1 - \frac{\ddot{y}}{\mu}} \tag{3.102}$$

さらに $\ddot{y}/\mu \ll 1$ であれば

$$\frac{\partial Y_f}{\partial \beta_f} \approx K_f\left(1 - \frac{\ddot{y}}{2\mu}\right) \tag{3.103}$$

$$\frac{\partial Y_r}{\partial \beta_r} \approx K_r\left(1 - \frac{\ddot{y}}{2\mu}\right) \tag{3.104}$$

となる。つまり，旋回中の車両の等価的なコーナリングパワーは，旋回横加速度とともに減少し，横加速度が限界，つまり路面とタイヤのあいだの摩擦係数に近づく

118　第3章　車両運動の基礎

に従い急激な減少を示すことがわかる。また，$\ddot{y}$ が μ に比べ小さい範囲では，ほぼ直線的に減少すると考えてよい。以上のようすを図で示したものが**図 3.33** である。

次に，このようなタイヤ特性が非線形性を示す領域での車両運動の性質をみてみよう。いま，$\ddot{y}$ の横加速度の旋回状態からの微小な操舵 δ に対する車両の微少な運動を考えてみる。このときの運動方程式は次のようになる。

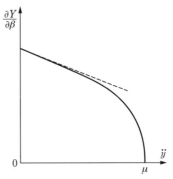

図 3.33 等価コーナリングパワーの横加速度の増加に伴う減少

$$m\left\{g\ddot{y}+V\left(\frac{d\beta}{dt}+r\right)\right\}=2Y_f\left(\beta_f+\delta-\beta-\frac{l_f r}{V}\right)+2Y_r\left(\beta_r-\beta+\frac{l_r r}{V}\right) \tag{3.105}$$

$$I\frac{dr}{dt}=2l_f Y_f\left(\beta_f+\delta-\beta-\frac{l_f r}{V}\right)-2l_r Y_r\left(\beta_r-\beta+\frac{l_r r}{V}\right) \tag{3.106}$$

ここで，δ, β, r が微小だから

$$Y_f\left(\beta_f+\delta-\beta-\frac{l_f r}{V}\right)=Y_f(\beta_f)+\frac{\partial Y_f}{\partial \beta_f}\left(\delta-\beta-\frac{l_f r}{V}\right)$$

$$Y_r\left(\beta_r-\beta+\frac{l_r r}{V}\right)=Y_r(\beta_r)+\frac{\partial Y_r}{\partial \beta_r}\left(-\beta+\frac{l_r r}{V}\right)$$

であり，旋回状態のつりあいから

$$mg\ddot{y}=2Y_f(\beta_f)+2Y_r(\beta_r)$$
$$2l_f Y_f(\beta_f)-2l_r Y_r(\beta_r)=0$$

が成り立つ。これらを式 (3.105)，(3.106) に代入して整理すれば，結局次式を得る。

$$mV\frac{d\beta}{dt}+2\left(\frac{\partial Y_f}{\partial \beta_f}+\frac{\partial Y_r}{\partial \beta_r}\right)\beta+\left\{mV+\frac{2\left(l_f\frac{\partial Y_f}{\partial \beta_f}-l_r\frac{\partial Y_r}{\partial \beta_r}\right)}{V}\right\}r=2\frac{\partial Y_f}{\partial \beta_f}\delta \tag{3.107}$$

3.4 車両運動の動的特性

$$2\left(l_f\frac{\partial Y_f}{\partial \beta_f}-l_r\frac{\partial Y_r}{\beta_r}\right)\beta+I\frac{dr}{dt}+\frac{2\left(l_f{}^2\frac{\partial Y_f}{\partial \beta_f}+l_f{}^2\frac{\partial Y_r}{\partial \beta_r}\right)}{V}r=2l_f\frac{\partial Y_f}{\partial \beta_f}\delta$$

$$(3.108)$$

　これが，タイヤ特性が非線形性を示す領域における，いわゆる微少攪乱理論に基づいて線形化された，平衡点まわりの微少運動に関する運動方程式である。つまり，タイヤ特性が非線形な領域では，3.2節で導いた基本的な車両の運動方程式 (3.12) (3.13) において，タイヤのコーナリングパワー K_f, K_r の代わりに，式 (3.101), (3.102) あるいは式 (3.103), (3.104) で与えられる等価的なコーナリングパワー $\partial Y_f/\partial \beta_f$, $\partial Y_r/\partial \beta_r$ を用いることによって，その運動が記述できるということである。

　そこで，この等価的なコーナリングパワーを $\ddot{y}/\mu\ll1$ のとき

$$\frac{\partial Y_f}{\partial \beta_f}=K_f{}^*=K_f\left(1-\frac{\ddot{y}}{2\mu}\right)$$

$$\frac{\partial Y_r}{\partial \beta_r}=K_r{}^*=K_r\left(1-\frac{\ddot{y}}{2\mu}\right)$$

として，このときの車両運動の動的特性を示すいくつかのパラメータを求めてみる。まず，スタビリティファクタは

$$A^*=\frac{m}{2l^2}\frac{l_rK_r{}^*-l_fK_f{}^*}{K_f{}^*K_r{}^*}=\frac{m}{2l^2}\frac{l_rK_r-l_fK_f}{K_fK_r}\left(1+\frac{\ddot{y}}{2\mu}\right)$$

$$=A\left(1+\frac{\ddot{y}}{2\mu}\right)$$

$$(3.109)$$

となる。また，固有振動数 $\omega_n{}^*$ は

$$\omega_n{}^*=\frac{2\sqrt{K_f{}^*K_r{}^*}\,l}{mk}\frac{\sqrt{1+A^*V^2}}{V}$$

$$=\frac{2\sqrt{K_fK_r}\,l}{mk}\frac{\sqrt{1+AV^2}}{V}\left[1-\left(1+\frac{1}{1+AV^2}\right)\frac{\ddot{y}}{4\mu}\right]$$

$$=\omega_n\left[1-\left(1+\frac{1}{1+AV^2}\right)\frac{\ddot{y}}{4\mu}\right]$$

$$(3.110)$$

となり，式 (3.85) で得られる近似的なヨー角速度の応答時間は

120　第3章　車両運動の基礎

$$t_e^* = \frac{1}{\omega_n^{*2} T_r^*}$$
$$= \frac{1}{\omega_n^2 T_r}\left(1 + \frac{1}{1+AV^2}\frac{\ddot{y}}{2\mu}\right)$$
$$= t_e\left(1 + \frac{1}{1+AV^2}\frac{\ddot{y}}{2\mu}\right) \tag{3.111}$$

となる。

 以上のようにして,タイヤ特性が非線形性を示す領域においては,動的な特性が車両の横加速度 $\ddot{y}$ とともに変化するようすを理解することができる。図 3.34 は,タイヤ特性の非線形性の影響をみるために,いくつかの横加速度で円旋回をしている状態の車両運動の動的特性を,その状態からの操舵に対する横加速度とヨー角速度の周波数応答でみた例である。タイヤコーナリング特性の飽和傾向に起因して,旋回横加速度とともに動的特性が大きく変化している。

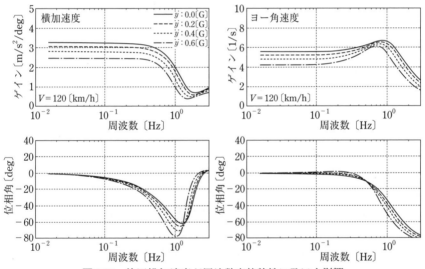

図 3.34 旋回横加速度が周波数応答特性に及ぼす影響

―――――――――――――― 第 3 章の問題 ――――――――――――――

1) 図 3.4(b) を参照し，車両速度が 40 km/h 以上，ヨー角速度が 0.1 rad/sec 以下で，車両のトレッドが 1.4 m であるとすれば，左右輪の横すべり角は等しいとみなして，二輪モデルを用いて車両運動を考えることが妥当であることを確認せよ。

2) 式 (3.26)〜(3.28) から式 (3.29)，(3.30) を導け。

3) 低速で定常円旋回をしているときの横すべり角は，式 (3.33) の第三の式で記述できることを幾何学的に示せ。

4) 式 (3.34) を幾何学的に証明せよ。

5) 式 (3.39) を用いて，一定の舵角に対する US 車両の定常円旋回時のヨー角速度がピーク値に達する速度を求めよ。なお，この速度を**キャラクタリスティックスピード**とよぶことがある。また，このときのピーク値が NS 車両のヨー角速度の 2 分の 1 になることを示せ。

6) 式 (3.40) を用いて，定常円旋回時の横すべり角が 0 となる速度を求めよ。また，$m = 1\,500$ 〔kg〕，$l_f = 1.1$ 〔m〕，$l_r = 1.6$ 〔m〕，$K_r = 60$ 〔kN/rad〕のとき，その具体的な値を計算せよ。

7) 式 (3.43) を用いて，スタビリティファクタの値を具体的に計算せよ。ただし，$m = 1\,500$ 〔kg〕，$l_f = 1.1$ 〔m〕，$l_r = 1.6$ 〔m〕，$K_f = 55$ 〔kN/rad〕，$K_r = 60$ 〔kN/rad〕とせよ。

8) 式 (3.45) を用いてスタティックマージンを計算せよ。ただし，車両パラメータは 7) と同じにせよ。

9) 例題 3.8 と同じ車両パラメータを用いて，OS 車両の安定限界速度を計算せよ。

10) スタティックマージンがほぼ 0 とみなしてよい場合には，車両の固有振動数 ω_n の逆数は，式 (3.74) で表される車両の応答時間にほぼ等しいことを確認せよ。

11) 式 (3.110) を用いて，乾いた路面上（$\mu = 1.0$）での横加速度 2.0 m/s^2 の円旋回により，車両の固有振動数が何 % ぐらい低下するかを調べよ。

12) MATLAB Simulink を用いて，0.5 Hz，振幅 0.04 rad の 1 周期のサイン状の操舵に対する車両応答のシミュレーションを行え。車両パラメータは例題 3.6 と同じとし，走行速度はそれぞれ 60，100，140 km/h とせよ。

13) 式 (3.24) を用い，舵角を 0 として，ヨー角速度の外乱 Δr_C によって生じる横すべり角の定常値を求めよ。

14) 式 (3.25) を用いて，13) で計算された横すべり角により生じる復元ヨーモーメントを原因とするヨー角速度の定常値 Δr_R を求めよ。ただし舵角は 0 を保つ

ものとせよ。

15) 14) の結果から，比 $\Delta r_R/\Delta r_C$ が求められる。この比が 1.0 より大きいということは結果が原因より大きいということを意味する。そしてこの結果が次の原因となってさらに大きな結果をもたらす。これがくり返されて自動車の運動は結局不安定となる。$\Delta r_R/\Delta r_C = 1.0$ となる車両の速度を求め，この速度が式 (3.42) で求められる安定限界速度と一致することを確認せよ。

───────────── 参考文献 ─────────────

1) D. W. Whitcomb and W. F. Milliken, jun. : Design Implication of a General Theory of Automobile Stability and Control, Proc . I. Mech. E.（A. D.), 1956

2) J. R. Ellis : VEHICLE DYNAMICS, LONDON BUSINESS BOOK LTD., London, 1969（Chapter 3)

第4章
外乱による車両の運動

4.1 はじめに

前章では，とくに操舵に対する車両の運動をみることによって車両自体の持つ基本的な運動力学的性質を明らかにした。これからも容易に理解できるように，車両が地上に設置された軌道などに直接拘束されることなく，操舵によって自由に平面内を運動することが可能であるということの代償として，車両に対する横方向の外力により，車両は本来不必要な横方向の運動を生じる可能性を背負わなければならない。つまり，車両が平面内を自由に運動するという本来的な可能性を有するがゆえに，同時に**外乱**による好ましくない運動を避けることができないのが，われわれが本書で対象とする車両運動の特徴のひとつである。

本章では，さらに詳しく車両の運動の性質を知るために車両に対してなんらかの横方向の力が，外乱として働いたときの車両の運動の基本的な性質について検討することにする。

なお，ここではとくに，外乱に対する車両自体の持つ運動力学的な性質を理解するために，車両の実舵角はつねに 0 に保たれているものとし，外乱によって生じる運動に応じ，車両の運動を制御すべくなんらかの操舵が行われるようなことは一切ないものとする。

4.2 重心点に働く横力による運動

たとえば，車両が横方向に傾斜のある路面を走行すれば，**図4.1**のように，車両重心点に重力の横方向成分として横力が働く。ここでは，このように車両重心点に横方向の力 Y が働いたときに車両の示す運動をみることにする。

4.2.1 ステップ状の横力による運動

いま，横力 Y による車両運動の性質をみるために，ある理想的な形をした横力に対する車両の応答をみてみよう。普通，このような場合の理想的な横力のひとつと

124 第4章 外乱による車両の運動

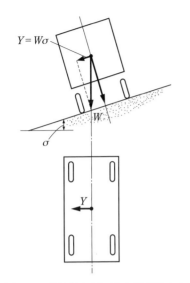

図4.1 車両重心点に働く横方向の力　　図4.2 ステップ状の横力

して，ステップ状の横力が考えられる．そこで，ここではまず直進走行している車両の重心点に，図4.2に示されるような横力が働いたときを考えることにする．

このような横力が十分長い時間車両に働けば，たとえY_0の値が小さくても，最終的には，車両は初めの直進状態から大きく逸脱して運動することになる．このようなときの車両の運動は，3.2.1項で用いた車両に固定した座標系で記述したほうが便利である．

そこで，実舵角が0に固定されていて重心点に横力Yが働いたときの車両の運動方程式は，式 (3.12)，(3.13) を用いて一般に次のように書くことができる．

$$\begin{cases} mV\dfrac{d\beta}{dt} + 2(K_f + K_r)\beta + \left[mV + \dfrac{2}{V}(l_f K_f - l_r K_r)\right] r = Y & (4.1) \\[2mm] 2(l_f K_f - l_r K_r)\beta + I\dfrac{dr}{dt} + \dfrac{2(l_f^2 K_f + l_r^2 K_r)}{V} r = 0 & (4.2) \end{cases}$$

ただし，横力Yの大きさは極端に大きくはなく，車両が運動しても$|\beta| \ll 1$がつねに成り立つものとする．

このときの車両のYに対する応答は，式 (4.1)，(4.2) をラプラス変換して$\beta(s)$，$r(s)$を求めることによって，次のように書くことができる．

4.2 重心点に働く横力による運動

$$\beta(s) = \frac{\begin{vmatrix} \dfrac{Y_0}{s} & mV + \dfrac{2}{V}(l_f K_f - l_r K_r) \\[2mm] 0 & Is + \dfrac{2(l_f^2 K_f + l_r^2 K_r)}{V} \end{vmatrix}}{\begin{vmatrix} mVs + 2(K_f + K_r) & mV + \dfrac{2}{V}(l_f K_f - l_r K_r) \\[2mm] 2(l_f K_f - l_r K_r) & Is + \dfrac{2(l_f^2 K_f + l_r^2 K_r)}{V} \end{vmatrix}}$$

$$= \frac{Y_0}{mV} \frac{s + a_\beta}{s(s^2 + 2\zeta\omega_n s + \omega_n^2)} \tag{4.3}$$

$$r(s) = \frac{\begin{vmatrix} mVs + 2(K_f + K_r) & \dfrac{Y_0}{s} \\[2mm] 2(l_f K_f - l_r K_r) & 0 \end{vmatrix}}{\begin{vmatrix} mVs + 2(K_f + K_r) & mV + \dfrac{2}{V}(l_f K_f - l_r K_r) \\[2mm] 2(l_f K_f - l_r K_r) & Is + \dfrac{2(l_f^2 K_f + l_r^2 K_r)}{V} \end{vmatrix}}$$

$$= \frac{Y_0}{mIV} \frac{a_r}{s(s^2 + 2\zeta\omega_n s + \omega_n^2)} \tag{4.4}$$

ここに

$$a_\beta = \frac{2(l_f^2 K_f + l_r^2 K_r)}{IV} \quad , \quad a_r = -2(l_f K_f - l_r K_r)$$

であり，ω_n，ζ は式（3.67），（3.68）で与えられるものである。ただし，Y_0/s は，図 4.2 のような Y のラプラス変換である。

（1）定常状態 ────

ここでまず，図 4.2 のような横力が働いたとき，車両はどのような定常状態に達することになるかをみてみよう。

ラプラス変換の公式を機械的に用いれば，β, r の定常状態での値は，次のようになる。

$$\beta = \lim_{s \to 0} s\beta(s) = \frac{Y_0}{mV} \frac{a_\beta}{\omega_n^2}$$

$$= \frac{l_f^2 K_f + l_r^2 K_r}{2l^2 K_f K_r \left[1 - \dfrac{m(l_f K_f - l_r K_r)}{2l^2 K_f K_r} V^2 \right]} Y_0 \tag{4.5}$$

126　第 4 章　外乱による車両の運動

$$r = \lim_{s \to 0} sr(s) = \frac{Y_0}{mIV} \frac{a_r}{\omega_n^2}$$

$$= \frac{-(l_f K_f - l_r K_r) V}{2l^2 K_f K_r \left[1 - \frac{m(l_f K_f - l_r K_r)}{2l^2 K_f K_r} V^2\right]} Y_0 \quad (4.6)$$

　この式からわかるように，β はどのような場合にもつねに正であり，r は $l_f K_f < l_r K_r$，つまり車両が US 特性を示すときには正，$l_f K_f > l_r K_r$，すなわち OS 特性を示すときには負となる。ただし，OS のときには $V < V_C$ でなければならない。

　この式 (4.5)，(4.6) の物理的意味を，ここで詳しくみてみることにする。まず車両が US 特性を示すものとしよう。このときの定常状態における車両の走行状態と力のつりあいは，図 4.3 のようになるはずである。

　横方向の外力 Y_0 が車両に働いていれば，車両の重心点 P は $\beta > 0$ の横すべり角を生じながら走行する。これが車両重心点の並進運動である。この β によって，前後輪には $2K_f \beta$，$2K_r \beta$ の力が働く。ところで，この 2 つの力の合力の着力点は，3.3.2 項 (3) で述べたように NSP であり，その大きさは $2(K_f + K_r)\beta$ となる。また，力の向きは Y_0 と反対向きである。車両が US 特性を示すならば，図 4.3 のように，NSP は車両の重心点 P より後方にあるから，この力は車両の P 点回りに反時計回りのヨーイングモーメントを発生する。

　車両運動が定常であるためには，このモーメントにつりあうモーメントが車両に働いていなければならない。このモーメントはタイヤに働く力による以外にないから，タイヤと路面間には β 以外の新たな相対的横方向の運動成分が必要である。

　ところで，車両のもう 1 つの運動の自由度は，P 点回りのヨーイング運動である

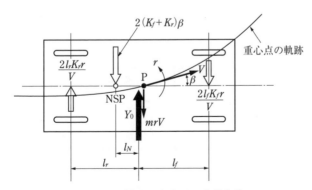

図 4.3　US 特性を示す車両の定常状態

4.2　重心点に働く横力による運動　　**127**

から，図4.3のように反時計回りに車両がヨーイングすることにより，前後輪にはさらに $l_f r/V$, $l_r r/V$ の横すべり角が生じ，互いに逆向きの $l_f K_f r/V$, $l_r K_r r/V$ の力が働き，先のモーメントにつりあうヨーイングモーメントを得ることができる．これが US のときに式 (4.6) の r が正となり，車両は反時計回りの円旋回を続ける理由である．

またこのとき，車両重心点には mrV の遠心力が Y_0 の向きと反対の向きに働くことになる．そしてこれらの力がすべてつりあい，車両は，その前方を旋回円の外側に出す姿勢を保ちながら定常円旋回をすることになる．

次に，車両が NS 特性を示すものとしよう．このときの車両の走行状態と力のつりあいは，図4.4のようになるであろう．

NS であれば，NSP と P 点は一致するから車両重心点の横すべり角 β，つまり重心点の並進運動によって前後タイヤに発生する力の合力 $2(K_f + K_r)\beta$ の着力点と Y_0 の着力点が一致する．このため，この力は重心点回りのヨーイングモーメントにならないから，車両はヨーイング運動をする必要もなく，したがって，重心点に遠心力が働くこともない．これが NS のときに式 (4.6) の r が 0 になる理由である．このようにして外力 Y_0 とタイヤに働く力の合力がつりあい，車両は横すべりを生じながら並進運動のみを続けることになる．

次に，車両が OS 特性を示すものとしよう．このときの定常状態における車両の走行状態と力のつりあいが図4.5に示されている．

まず，車両重心点に外力 Y_0 が働いており，この重心点は β の横すべり角を生じながら走行している．この β によって前後輪には $2K_f \beta$, $2K_r \beta$ の力が働き，その合力の着力点は NSP である．車両が OS 特性を示すということは，NSP が P 点より前方にあることだから，β によって生じた力 $2(K_f + K_r)\beta$ は，車両重心点の回りに時計回りのヨーイングモーメントを発生させることになる．車両の運動が定常状態

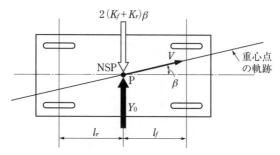

図 4.4　NS 特性を示す車両の定常状態

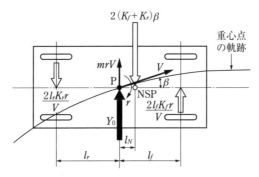

図4.5 OS特性を示す車両の定常状態

にあるためには、このモーメントにつりあうモーメントが必要である。このモーメントは、USのときとちょうど逆に、車両が時計回りのヨーイング運動をすることによって前後タイヤに発生する横力 $l_f K_f r/V$, $l_r K_r r/V$ により得られることになる。式 (4.6) の r が OS のときに負となる理由がここにある。そして、このとき車両の重心点には Y_0 の向きと同じ向きに遠心力 mrV が働く。このようにして、車両が OS 特性を有するときには、図4.5 に示したように、車両はその前方を旋回円の内側に入れる姿勢で、US のときとは逆方向の定常円旋回をすることになる。

このような横力 Y_0 による車両の定常円旋回時の横すべり角 β と、旋回角速度 r が、車両の走行速度とともにどのように変わるかを、式 (4.5),(4.6) を用いて定性的にみたものが図4.6(a),(b) である。

このように、車両が OS 特性を示すときほど、速度とともに、車両は外乱に対して敏感になることがわかる。

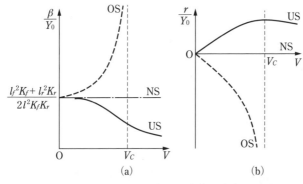

図4.6 横力 Y_0 による定常円旋回と速度の関係

4.2 重心点に働く横力による運動　**129**

（2）過渡状態 ─────

　これまでは，車両の重心点に図4.2のような横力 Y が働いたときの車両運動の定常状態を観察してきた。次に，このような横力が働いたときにどのような過渡状態を経て，上述した定常状態に達することになるかをみることにする。

　横力 Y による車両の運動の過渡状態は，式 (4.3)，(4.4) を逆ラプラス変換すれば具体的に求めることができる。つまり，$\zeta > 1$ で車両が非振動的応答を示すときには

$$\beta(t) = \frac{Y_0}{mV}\left[\frac{a_\beta}{\omega_n^2} + \frac{a_\beta - (\zeta + \sqrt{\zeta^2-1})\omega_n}{2(\zeta + \sqrt{\zeta^2-1})\sqrt{\zeta^2-1}\,\omega_n^2}e^{\left(-\zeta - \sqrt{\zeta^2-1}\right)\omega_n t}\right.$$
$$\left. - \frac{a_\beta - (\zeta - \sqrt{\zeta^2-1})\omega_n}{2(\zeta - \sqrt{\zeta^2-1})\sqrt{\zeta^2-1}\,\omega_n^2}e^{\left(-\zeta + \sqrt{\zeta^2-1}\right)\omega_n t}\right] \tag{4.7}$$

$$r(t) = \frac{Y_0}{mIV}\left[\frac{a_r}{\omega_n^2} + \frac{a_r}{2(\zeta + \sqrt{\zeta^2-1})\sqrt{\zeta^2-1}\,\omega_n^2}e^{\left(-\zeta - \sqrt{\zeta^2-1}\right)\omega_n t}\right.$$
$$\left. - \frac{a_r}{2(\zeta - \sqrt{\zeta^2-1})\sqrt{\zeta^2-1}\,\omega_n^2}e^{\left(-\zeta + \sqrt{\zeta^2-1}\right)\omega_n t}\right] \tag{4.8}$$

となり，$\zeta = 1$ のときには

$$\beta(t) = \frac{Y_0}{mV}\left[\frac{a_\beta}{\omega_n^2} + \left(\frac{\omega_n - a_\beta}{\omega_n}t - \frac{a_\beta}{\omega_n^2}\right)e^{-\omega_n t}\right] \tag{4.7}'$$

$$r(t) = \frac{Y_0}{mIV}\left[\frac{a_r}{\omega_n^2} + \left(\frac{-a_r}{\omega_n}t - \frac{a_r}{\omega_n^2}\right)e^{-\omega_n t}\right] \tag{4.8}'$$

となる。また，$\zeta < 1$ で振動的応答を示すときには

$$\beta(t) = \frac{Y_0}{mV}\left[\frac{a_\beta}{\omega_n^2} + \frac{1}{\omega_n^2\sqrt{1-\zeta^2}}\sqrt{(a_\beta - \zeta\omega_n)^2 + (1-\zeta^2)\omega_n^2}\right.$$
$$\left. \times e^{-\zeta\omega_n t}\sin\left(\sqrt{1-\zeta^2}\,\omega_n t + \Psi_\beta\right)\right] \tag{4.7}''$$

　ただし

$$\Psi_\beta = \tan^{-1}\left(\frac{\sqrt{1-\zeta^2}\,\omega_n}{a_\beta - \zeta\omega_n}\right) - \tan^{-1}\left(\frac{\sqrt{1-\zeta^2}}{-\zeta}\right)$$

$$r(t) = \frac{Y_0}{mIV}\left[\frac{a_r}{\omega_n^2} + \frac{a_r}{\omega_n^2}e^{-\zeta\omega_n t}\sin\left(\sqrt{1-\zeta^2}\,\omega_n t + \Psi_r\right)\right] \tag{4.8}''$$

ただし

$$\Psi_r = \tan^{-1}\left(\frac{\sqrt{1-\zeta^2}}{-\zeta}\right)$$

となる。

　しかし，これだけでは車両の横力 Y による過渡的な運動を具体的に理解できないから，もう少し現実に即して考えてみよう。

　まず車両が US 特性を示すときを考える。直進している車両に，ある時点でステップ状の横力が重心点に加われば，車両はまずその力によって重心点の横すべり角 β を生じる。この時点では車両は上記以外の運動は示さないから，前後タイヤの横すべり角はともに β に等しく，前後タイヤにはその合力の着力点が NSP に一致するような力が発生する。このようすを示したものが図 4.7(a) である。

　車両が US 特性を示すから，この力は，車両重心点回りに反時計回りのヨーイングモーメントとなり，このモーメントによって車両はヨーイング運動を開始する。このヨーイング運動の方向は，先に生じた車両重心点の横すべり角を減少させる方向である。前後タイヤにはヨーイング運動によって新たな横すべり角が生じ，互いに逆向きの横力が発生する。この力によるモーメントは，先に発生した β によるモーメントと逆向きになる。またこのとき，重心点には Y_0 と逆向きの遠心力が働く。このようすを図 4.7(b) に示す。このように，車両が反時計回りのヨーイング運動を開始すると，車両重心点の横すべり角が小さくなり，遠心力が横力と逆向きに働くから，これらの力とつりあうためのタイヤに働くすべての力の合力は図 4.7(a) の時点に比べ小さくなるはずである。さらに着力点は，NSP から P 点に向かって移動して車両に働くモーメントは図 4.7(a) の時点に比べて小さくなるはずである。

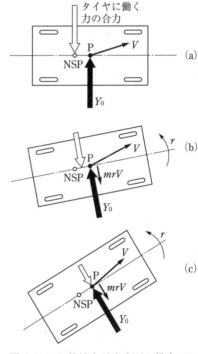

図 4.7　US 特性を示す車両の横力 Y による運動の推移

このように，車両が US 特性を示すときの車両の横力 Y に対する過渡運動は，その力の影響がより小さくなるような運動となる。つまり，横力 Y によって，車両が運動することにより，その横力 Y の車両への影響が小さくなってしまうということができる。このようにして，車両の運動は，図 4.7(c) に示されるような定常状態に至るということになる。

次に，車両が NS 特性を示すとすれば，先にも述べたように横力 Y が重心点に働き，横すべり角が生じてもそのときにタイヤに働く合力の着力点 NSP と横力 Y の着力点 P は一致するから，車両にヨーイングモーメントが働くことはなく，したがって，車両はヨーイング運動をすることがない。これは，式 (4.1)，(4.2) において，$l_f K_f = l_r K_r$ のときには r は β とはまったく無関係に決まり，横力 Y が重心点に働くかぎり，r はなんら影響を受けることがないということに対応している。つまり，NS ならば，車両は横力 Y に対して横すべり運動を続けるのみである。

次に，車両が OS 特性を示すものとしよう。このときも，他の場合と同じように，まず，横力 Y が加われば車両の重心点に横すべり β が生じる。この時点での前後タイヤの横すべり角も β に等しいから前後タイヤには，その合力の着力点が NSP に一致するような力が働く。このようすを図 4.8(a) に示す。

車両が OS 特性を示すから，この力は，重心点回りに時計回りのモーメントとなり，このモーメントによって車両はヨーイング運動を開始する。このヨーイング運動の方向は，先に生じた重心点の横すべり角を増大させる方向である。また，このとき車両重心点には，横力 Y_0 と同じ向きの遠心力が働く。このようすを図 4.8(b) に示す。このように，車両が時計回りのヨーイング運動を開始すると，車両重心点の横すべり角はさらに大きくなり，遠心力が横力 Y_0 と同じ向きに働くから，これらの力とつりあうためのタイヤに働くすべての力の合力は，図 4.8

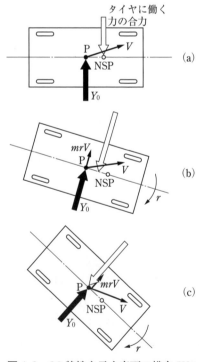

図 4.8 OS 特性を示す車両の横力 Y による運動の推移

(a) の時点よりさらに大きくなる。この合力の着力点は，NSP から P 点に向かって移動するが，合力が増加するから，車両が US のときのように，車両に働くモーメントは，図 4.8(a) の時点よりずっと小さくなるとはいえない。

このように，車両が OS 特性を示すときには，横力 Y により車両が運動することによって，必ずしも US のときのようにその横力 Y の車両への影響が小さくなってしまうとはいえず，むしろ逆に車両が運動することによって，ますます横力 Y による運動を助長してしまうことがありうる。とくに，遠心力は車両の走行速度とともに急激に大きくなる。このため，ある速度以上では，車両がヨーイングすることによって生じる遠心力が過大となり，車両が横力によって運動を生じると，ますます車両に働くヨーイングモーメントが大になる一方で，ついには車両がスピンするに至る可能性がある。この速度の限界が，3.4.1 項 (1) で求めた安定限界を示す速度 V_C であり，式 (4.5)，(4.6) の分母を 0 にする速度でもある。

車両の走行速度が V_C 以下であれば，最終的には，タイヤに働くすべての合力の着力点は P 点に一致し，このときの合力と，遠心力と横力 Y_0 がつりあい，図 4.8 (c) に示されるような定常状態に達することになる。

先にも述べたように，車両が OS 特性を示すときには，数学的には不安定でなくても，つまり，$V < V_C$ であっても，車両重心点に働く横力によって車両が運動を生じた場合，その運動が，横力による運動を助長してしまう要因を持つ。そして，$V > V_C$ で，この要因が卓越して数学的に不安定となり，力学系の定常状態は存在しないことになる。

以上に述べてきたような，車両の横力 Y による運動を，車両の各ステア特性に応じて定性的に示せば，図 4.9 のようになる。

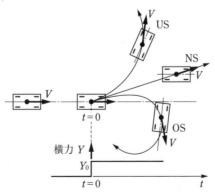

図 4.9　ステップ状の横力による車両の運動

4.2　重心点に働く横力による運動　　**133**

例題	重心点に働くステップ状の外乱横力に対する応答の時刻歴を，さらに具
4.1	体的に知り，図 4.9 に概念的に示した車両の応答に及ぼすステア特性の影

響を確認するために，MATLAB Simulink ソフトウェアを用いて，4.0 kN
の重心点に働くステップ状の横力に対する車両応答のシミュレーションを
実施せよ。ただし，走行速度を 80 km/h とし，舵角はつねに 0 とし，ヨー
角速度と横すべり角の時刻歴とともに車両重心点の軌跡を計算せよ。なお，
US，NS，OS それぞれの車両のパラメータは，例題 3.7 の場合と同じとせ
よ。

解　　シミュレーションは，例題 3.6 で用いた運動方程式と基本的には同じも
のを用いて行う。ただし，この場合には $\delta = 0$ であり，横すべりに関する運
動に横力 Y_0 が追加され，具体的には次式が得られる。

$$mV\frac{d\beta}{dt} = -2(K_f + K_r)\beta - \{mV + \frac{2}{V}(l_f K_f - l_r K_r)\}r + Y_0$$

$$I\frac{dr}{dt} = -2(l_f K_f - l_r K_r)\beta - \frac{2(l_f^2 K_f + l_r^2 K_r)}{V}r$$

さらに，車両の軌跡を計算するために例題 3.2 で導入した次式が必要で
ある。

$$\frac{dX}{dt} = V\cos(\beta + \theta)$$

$$\frac{dY}{dt} = V\sin(\beta + \theta)$$

$$\frac{d\theta}{dt} = r$$

　　上に示した 5 つの式から，**図 E4.1**(a) に示すような積分型のブロックダ
イアグラムが得られる。

　　シミュレーションに用いた車両パラメータの例が図 E4.1(b) に示されて
おり，図 E4.1(c) がシミュレーションプログラム，図 E4.1(d) がシミュ
レーション結果の一例である。

　　図 E4.1(e) に，シミュレーション結果のまとめとして，重心点に働くス
テップ状の横力に対する車両の応答に及ぼす車両のステア特性の影響が示
されている。

134　　第 4 章　外乱による車両の運動

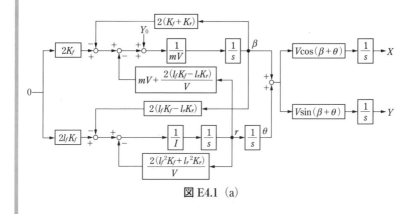

図 E4.1 (a)

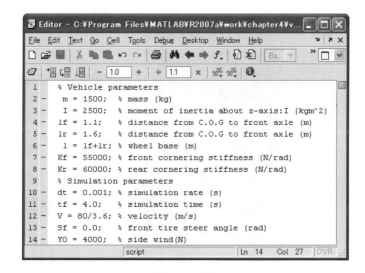

図 E4.1 (b)

4.2 重心点に働く横力による運動　　**135**

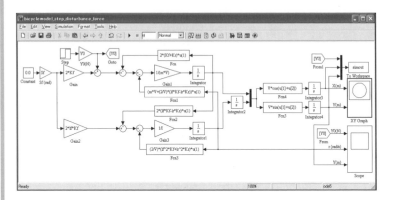

図 E4.1 (c)

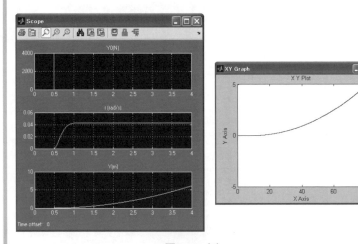

図 E4.1 (d)

136 第4章 外乱による車両の運動

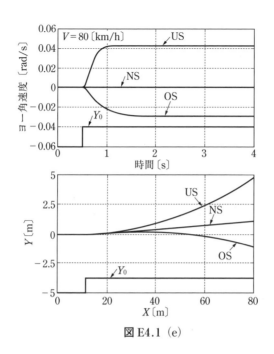

図 E4.1 (e)

4.2.2 パルス状の横力による運動

これまでは，理想的なステップ状の横力が車両の重心点に働いたときの車両の運動をみてきた．しかし，実際の車両の走行を考えると，このような横力が十分長い時間重心点に働くということは実現的でない．むしろ，直線路を車両が走行しているときに，その直線路の一部が部分的に横方向に傾斜しており，その区間を走行するとき，瞬間的に車両重心点に横力が働くというような場合が多い．

そこで，このことを考慮してここでは図 4.10 に示すような横力が車両重心点に働いたときに，車両が示す運動をみてみることにする．

このとき，車両の横方向にかかる力積 $Y_0 \Delta t$ は，現実に考えられる範囲ではそれほど大きくなることはないから，車両は，この力が働いても働く前の直進走行から大きく進行方向が逸脱するようなことはないものとする．このような場合には，車両の運動を絶対空間に固定した座標で記述したほうが便利である．

そこで，実舵角が 0 に固定されていて重心点に横力 Y が働いたときの車両の運動方程式は，式

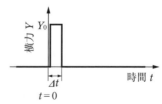

図 4.10 パルス状の横力

(3.21), (3.22) を用いて次のように書くことができる。ただし，$|\theta| \ll 1$ である。

$$
\begin{cases}
m\dfrac{d^2y}{dt^2} + \dfrac{2(K_f + K_r)}{V}\dfrac{dy}{dt} + \dfrac{2(l_fK_f - l_rK_r)}{V}\dfrac{d\theta}{dt} \\
\qquad\qquad\qquad\qquad\qquad - 2(K_f + K_r)\theta = Y \qquad (4.9) \\[2mm]
\dfrac{2(l_fK_f - l_rK_r)}{V}\dfrac{dy}{dt} + I\dfrac{d^2\theta}{dt^2} + \dfrac{2(l_f{}^2K_f + l_r{}^2K_r)}{V}\dfrac{d\theta}{dt} \\
\qquad\qquad\qquad\qquad\qquad - 2(l_fK_f - l_rK_r)\theta = 0 \qquad (4.10)
\end{cases}
$$

いま，$\varDelta t$ が車両の運動する時間に比べ十分小さいときは，近似的に横力 Y のラプラス変換 $Y(s)$ は $Y_0\varDelta t$ とみなしてよいから，車両の Y に対する応答は，上式をラプラス変換して $y(s)$，$\theta(s)$ を求めることによって

$$
y(s) = \frac{\begin{vmatrix} Y_0\varDelta t & \dfrac{2(l_fK_f - l_rK_r)}{V}s - 2(K_f + K_r) \\[2mm] 0 & Is^2 + \dfrac{2(l_f{}^2K_f + l_r{}^2K_r)}{V}s - 2(l_fK_f - l_rK_r) \end{vmatrix}}{\begin{vmatrix} ms^2 + \dfrac{2(K_f + K_r)}{V}s & \dfrac{2(l_fK_f - l_rK_r)}{V}s - 2(K_f + K_r) \\[2mm] \dfrac{2(l_fK_f - l_rK_r)}{V}s & Is^2 + \dfrac{2(l_f{}^2K_f + l_r{}^2K_r)}{V}s - 2(l_fK_f - l_rK_r) \end{vmatrix}}
$$

$$
= \frac{Y_0\varDelta t}{m}\frac{s^2 + a_{y1}s + a_{y2}}{s^2(s^2 + 2\zeta\omega_n s + \omega_n{}^2)} \qquad (4.11)
$$

$$
\theta(s) = \frac{\begin{vmatrix} ms^2 + \dfrac{2(K_f + K_r)}{V}s & Y_0\varDelta t \\[2mm] \dfrac{2(l_fK_f - l_rK_r)}{V}s & 0 \end{vmatrix}}{\begin{vmatrix} ms^2 + \dfrac{2(K_f + K_r)}{V}s & \dfrac{2(l_fK_f - l_rK_r)}{V}s - 2(K_f + K_r) \\[2mm] \dfrac{2(l_fK_f - l_rK_r)}{V}s & Is^2 + \dfrac{2(l_f{}^2K_f + l_r{}^2K_r)}{V}s - 2(l_fK_f - l_rK_r) \end{vmatrix}}
$$

$$
= \frac{Y_0\varDelta t}{mIV}\frac{a_r}{s(s^2 + 2\zeta\omega_n s + \omega_n{}^2)} \qquad (4.12)
$$

となる。ただし

$$
a_{y1} = \frac{2(l_f{}^2K_f + l_r{}^2K_r)}{IV}, \quad a_{y2} = \frac{-2(l_fK_f - l_rK_r)}{I}, \quad a_r = -2(l_fK_f - l_rK_r)
$$

この式より，車両が到達する定常状態を求めれば

138　第4章　外乱による車両の運動

$$y = \lim_{s \to 0} sy(s) = \pm\infty \qquad (l_f K_f \neq l_r K_r \text{のとき})$$

$$= \frac{l_f^2 K_f + l_r^2 K_r}{2l^2 K_f K_r} VY_0 \Delta t \quad (l_f K_f = l_r K_r \text{のとき}) \qquad (4.13)$$

$$\theta = \lim_{s \to 0} s\theta(s) = \frac{-(l_f K_f - l_r K_r) VY_0 \Delta t}{2l^2 K_f K_r \left[1 - \dfrac{m(l_f K_f - l_r K_r)}{2l^2 K_f K_r} V^2\right]} \qquad (4.14)$$

となる.とくに式(4.13)においては$l_f K_f < l_r K_r$,つまり車両がUSのときには$y = +\infty$,$l_f K_f > l_r K_r$,つまりOSのときに$y = -\infty$となる.また,式(4.14)からわかるように,θはUSのときに正,OSのときに負,NSのときに0となる.

また,車両運動の過渡状態では,横力YがY_0を保っているあいだ,つまり$0 \leq t \leq \Delta t$のときは,先のステップ状の横力が働いたときと同じ挙動を示す.$t = \Delta t$で横力Yが0になると車両重心点の横すべりは急に小さくなり,タイヤに働く横力は車両のヨーイング運動によるものが卓越する.この力は,車両のヨーイング運動を制するような方向に働くから,ヨーイング運動も次第に小さくなり,最終的には車両は元の進行方向に対して,USのときは正,OSのときは負で一定のヨー角θを保ちながら直進走行をすることになる.また,このため,絶対座標に対する車両の横変位yは,USのときに正,OSのときに負の方向に増え続けることになる.

なお,車両がNS特性を示すときには,ヨー角はまったく生じず,一定の横変位が生じたあと元の進行方向を保って直進することになる.

以上に述べたような,横力Yに対する車両の運動を概念的に,それぞれ車両のステア特性に応じて示すと図4.11のようになる.

4.2.3 外乱による運動とステア特性

これまで述べてきたように,車両重心点に働く横力による車両の運動は,3.3.2項で知った車両の定常円旋回の特性を示すステア特性に大きく左右されることがわかった.

ところで,これまでの重心点に働く横方向の外力による車両運動の検討から,車両のステア特性の概念を次のように整理して理解することができる.

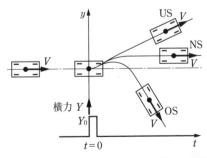

図4.11 パルス状の横力による車両の運動

いま，走行中の車両がなんらかの原因でヨー角速度 r を持ったとしよう．そうすれば，車両重心点に mrV の遠心力が働くことになる．これまでの重心点に働く外力による車両の運動においてみてきたように，この遠心力によって生じる車両重心点の横すべりのために前後タイヤに横方向の力が働く．そして，この合力の着力点が NSP である．もし，NSP が車両重心点より後方にあれば，この力は，先に生じた角速度 r の旋回運動を抑制する．つまり，US 特性とは，ある外乱などによって生じる運動を自らの運動によって抑制するメカニズムを内包するものである．

これに対して，NSP が車両重心点より前にあれば，この力は旋回運動を助長する働きをする．つまり，OS 特性とは，ある外乱などによって生じる運動を自らの運動によって助長する要因を内包する性質と理解することができる．このことが OS 特性を有する車両ほど方向安定性の劣る車両といわれることの運動力学的な説明になる．

車両が NS 特性であるということは，重心点の横すべりのために前後輪に働く力は，旋回運動になんら影響を及ぼさない性質であることは明らかである．

上記のことがらを，具体的に図 4.12 に示してある．

このように，車両のステア特性は，単にある実舵角に対する車両の定常円旋回の特性を示すだけでなく，外乱などによる車両運動の基本的な性質にかかわる重要な特性であることがわかる．

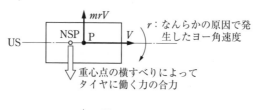

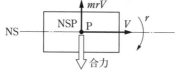

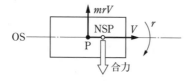

図 4.12　外乱による運動とステア特性

ところで，4.2.1 項より，ある一定の速度 V で走行している車両の重心点に一定の横力 Y_0 が働いていれば，式 (4.6) で示される角速度 r の円旋回を行うから，このとき車両重心点の加速度 $\ddot{y}$ は

$$\ddot{y} = Vr = \frac{-\dfrac{m(l_f K_f - l_r K_r)}{2l^2 K_f K_r}V^2}{1 - \dfrac{m(l_f K_f - l_r K_r)}{2l^2 K_f K_r}V^2}\frac{Y_0}{m} \tag{4.15}$$

となる。一方，横力 Y_0 は，次のような加速度の単位でその大きさを示すことができる。

$$\ddot{y}_0 = \frac{Y_0}{m} \tag{4.16}$$

この $\ddot{y}$ と $\ddot{y}_0$ との比を**アンダステア率** (under-steer rate) U_R として，この値で車両のステア特性をみる場合がある[1]。

$$U_R = \frac{\ddot{y}}{\ddot{y}_0} \tag{4.17}$$

U_R が 100% の車両ということは，上記より一定の横力 Y_0 が車両重心点に働いているときの重心点の加速度が Y_0/m となり，円旋回の半径が mV^2/Y_0 となることである。また U_R が 0 の車両とは NS の車両のことであり，U_R が負の車両は OS の車両である。

このように，車両のステア特性は実舵角に対する定常円旋回の性質ではなく，実舵角が 0 で重心点に一定の外力が働いているときの定常円旋回の性質でみることもある。

式 (4.15)，(4.16) を式 (4.17) に代入すれば，アンダステア率 U_R は，式 (3.43) のスタビリティファクタ A を用いて，具体的に次のように書くことができる。

$$U_R = \frac{AV^2}{1 + AV^2} \tag{4.18}$$

この式からわかるように，$A > 0$ のときには，どのような速度 V に対しても U_R は 1 より小さな正の値になる。つまり，車両が US 特性であれば，慣性質量 m の車両の重心点に，大きさ Y_0 の横方向の外力が加えられているときの横加速度は，どのような走行速度でもつねに Y_0/m より小さい。これに対して，$A < 0$ のときは U_R は負となり，$AV^2 < -0.5$ を満たす速度ではその絶対値が 1 以上となる。つまり，車両が OS 特性なら，質量 m の車両に Y_0 の外力が加えられているときの横加速度が，

4.2 重心点に働く横力による運動　**141**

ある走行速度までは Y_0/m 以下であるが，ある速度以上になると Y_0/m より大きくなるということがわかる。

このように，車両が OS 特性を有するほど外乱に対する方向安定性が劣ることを示した。このことは，直進している車両の重心点回りに，外乱としてヨーイングモーメントが働いたあとの運動を調べてもよくわかる。

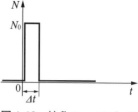

図 4.13 外乱モーメント N

いま，直進している車両の重心点回りに，突発的になんらかの原因によって図 4.13 に示すようなヨーイングモーメントが働いたとする。この外乱によって，車両の進行方向がどの程度変えられてしまうかをみてみよう。

図に示すようなモーメントによる車両の運動は，次式で示される。

$$m\frac{d^2y}{dt^2} + \frac{2(K_f+K_r)}{V}\frac{dy}{dt} + \frac{2(l_fK_f-l_rK_r)}{V}\frac{d\theta}{dt} - 2(K_f+K_r)\theta = 0$$

$$\frac{2(l_fK_f-l_rK_r)}{V}\frac{dy}{dt} + I\frac{d^2\theta}{dt^2} + \frac{2(l_f^2K_f+l_r^2K_r)}{V}\frac{d\theta}{dt} - 2(l_fK_f-l_rK_r)\theta = N$$

上式をラプラス変換し，ヨー角 θ の定常状態での値，すなわち外乱 N により，車両は最終的にどれだけの進行方向の変化を受けるかを計算すれば，次のようになる。

$$\theta = \lim_{s\to 0}[s\theta(s)] = \frac{(K_f+K_r)V}{2l^2K_fK_r\left[1 - \dfrac{m(l_fK_f-l_rK_r)}{2l^2K_fK_r}V^2\right]}N_0\Delta t$$

ただし，Δt は車両の運動に比較して十分小さいとして N のラプラス変換を $N_0\Delta t$ としている。

上式を用いて，車両の各ステア特性に応じた N による進行方向の変化と V の関係を概念的に図に描けば図 4.14 のようになる。この図より，車両が OS 特性を示すときほど外乱モーメント N による進行方向の変化が大で，強い US 特性を示す車両ほど進行方向変化が小さいことがわかる。

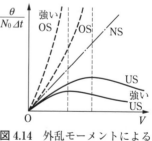

図 4.14 外乱モーメントによる進行方向の変化 θ

4.3 横風による車両の運動

高速で走行する車両は，とくに走行中横風を受けて横方向の運動をすることがよ

くある．そこで，ここでは直進走行中の車両に，横風を想定した理想的な横方向の力とヨーイングモーメントが働いたときの車両の運動の基本的な性質をみることにする．

なお，横風による車両の運動に関するさらに進んだ具体的な研究は，とくに自動車の高速化に伴い数多くなされている[2]．

4.3.1 横風による力

いま，速度 V で直進している車両が図 4.15 のように風速 w の横風を受けたとすれば，一般に，車両には次のような横力 Y_W とヨーイングモーメント N_W が働く．

$$Y_W = C_y \frac{\rho}{2} S(V^2 + w^2) \tag{4.19}$$

$$N_W = C_n \frac{\rho}{2} l S(V^2 + w^2) \tag{4.20}$$

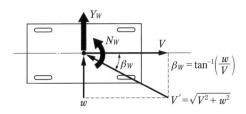

図 4.15　横風が車両に及ぼす力

ここに，C_y は**横力係数**，C_n は**ヨーイングモーメント係数**であり，いずれも対気横すべり角 β_W の関数である．また，ρ は空気の密度，S は車両の前面面積であり，l は車両の代表的寸法で普通ホイールベースをとる．図 4.16 は，通常の乗用自動車の横力係数とヨーイングモーメント係数の対気横すべり角に対する関係である[3]．この図からもわかるように，C_y，C_n は β_W とともに増加すると同時に車体の形状によって大きく変わってくる．なお，C_y，C_n は実用上，車両重心点ではなく前後輪間の中点に関する値として実測される場合が多いから注意を要する．

ところで，車両に働く横力 Y_W の着力点を車両の横風に対する**空力中心**（aerodynamic center，以下 AC と書く）という．この AC と車両重心点間の距離を l_W とすれば，横風によって車両に働くヨーイングモーメント N_W は，次のように書くことができるはずである．ただし，l_W は AC が車両重心点より後方にあるときに正とする．

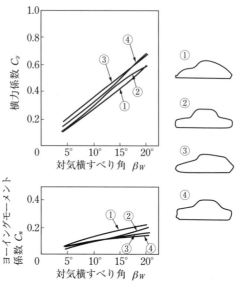

図 4.16 横力係数とヨーイングモーメント係数の対気横すべり角に対する関係[3]

$$N_W = -l_W Y_W$$

そこで，ここでは横風による車両の運動として図 4.17 のように車両重心点から l_W だけ離れた AC に，Y_W なる力が働いたときの車両の運動をみることにする。

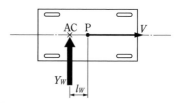

図 4.17 車両に働く横風による力 Y_W

なお，厳密にいえば C_y, C_n が β_W によってかわり，β_W は車両の運動とともに変化するから，たとえ一定の横風を受けたとしても Y_W, l_W は一定値ではなく，車両の運動とともに変化する。しかし，車両の運動がそれほど大きくないとすれば，車両運動が定常状態に至るまで，Y_W, l_W は，車両の運動には無関係とみなしてもよい。

そこで，ここでは以後の解析を簡単にするために，Y_W, l_W は車両の運動には依存しないとみることにする。

4.3.2 一定風速の横風を受けたときの運動

ここではまず，図 4.18 に示すような一定風速の横風を受けたときの車両の運動をみることにする。このときには，車両の AC にステップ状の横力 Y_W が働くものとする。

このときの車両の運動は，4.2.1 項と同じような理由で車両に固定した座標で記述したほうが便利であるから，式 (3.12)，(3.13) を用いれば車両の運動方程式は次のようになる．

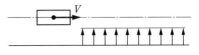

図 4.18　一定風速の横風

$$\begin{cases} mV\dfrac{d\beta}{dt} + 2(K_f + K_r)\beta + \left[mV + \dfrac{2}{V}(l_f K_f - l_r K_r)\right]r = Y_W & (4.21) \\ 2(l_f K_f - l_r K_r)\beta + I\dfrac{dr}{dt} + \dfrac{2(l_f^2 K_f + l_r^2 K_r)}{V}r = -l_W Y_W & (4.22) \end{cases}$$

車両の Y_W に対する応答は，4.2.1 項のときと同じように式 (4.21)，(4.22) をラプラス変換して $\beta(s)$，$r(s)$ について解くことにより，次のようになる．

$$\beta(s) = \dfrac{Y_{W0}}{mV} \dfrac{s + b_\beta}{s(s^2 + 2\zeta\omega_n s + \omega_n^2)} \tag{4.23}$$

$$r(s) = \dfrac{-l_W Y_{W0}}{I} \dfrac{s + b_r}{s(s^2 + 2\zeta\omega_n s + \omega_n^2)} \tag{4.24}$$

ただし

$$b_\beta = \dfrac{2(l_f^2 K_f + l_r^2 K_r) + 2l_W(l_f K_f - l_r K_r)}{IV} + \dfrac{ml_W V}{I}$$

$$= \dfrac{2}{IV}\left[l_f^2 K_f + l_r^2 K_r - l_W l_N (K_f + K_r)\right] + \dfrac{ml_W V}{I}$$

$$b_r = \dfrac{2(K_f + K_r)}{mV} + \dfrac{2(l_f K_f - l_r K_r)}{ml_W V}$$

$$= \dfrac{2(l_W - l_N)}{ml_W V}(K_f + K_r)$$

であり，Y_{W0} はステップ状の横力の大きさである．この式より β，r の定常状態での値を求めれば

$$\beta = \dfrac{\left[(l_f^2 K_f + l_r^2 K_r) - l_W l_N (K_f + K_r)\right] + \dfrac{ml_W}{2}V^2}{2l^2 K_f K_r \left[1 - \dfrac{m(l_f K_f - l_r K_r)}{2l^2 K_f K_r}V^2\right]} Y_{W0} \tag{4.25}$$

$$r = \dfrac{(l_N - l_W)(K_f + K_r)V}{2l^2 K_f K_r \left[1 - \dfrac{m(l_f K_f - l_r K_r)}{2l^2 K_f K_r}V^2\right]} Y_{W0} \tag{4.26}$$

となる．ここで l_N は

$$l_N = -\frac{l_f K_f - l_r K_r}{K_f + K_r} \tag{3.44}$$

であり，車両の NSP と重心点の距離である．

ここで，とくに式（4.26）より $l_N > l_W$ のとき $r > 0$，$l_N = l_W$ のとき $r = 0$，$l_N < l_W$ のとき $r < 0$ となることがわかる．ただし，l_N や l_W は NSP や AC が車両重心点より後方にあるとき正である．また，$l_f K_f - l_r K_r > 0$ のときは $V < V_C$ とする．

これは，直進中の車両が一定風速の横風を受け続けたとき，最終的に車両はその空力中心 AC が NSP より前方にあるときは反時計回りの旋回に入り，AC と NSP が一致するときには車両は旋回運動をせず，AC が NSP より後方にあるときには時計回りの旋回に入ることを示している．そしてこのとき，車両重心点が AC や NSP に対して相対的にどのような位置になるかは，直接的な影響を及ぼさない．図 4.19 は，これを具体的に示すために一定風速の横風を受けたときの車両の運動を，通常の中型乗用自動車を例にとり計算機を用いて計算した結果である．

ところで，横加速度の定常値は Vr であるから，式（4.26）より単位横風横力あたりの横加速度の定常値は次式で表される．

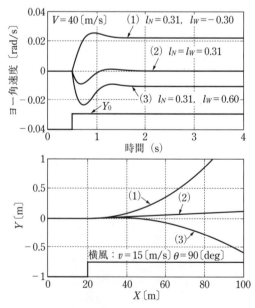

図 4.19　一定風速の横風を受けたときの車両運動

$$S_W = \frac{Vr}{Y_{W0}} = \frac{(l_N - l_W)(K_f + K_r)V^2}{2l^2 K_f K_r \left[1 - \dfrac{m(l_f K_f - l_r K_r)}{2l^2 K_f K_r}V^2\right]} \tag{4.27}$$

土屋ら[4] これを横風感度係数とよび，横風に対する車両の敏感さを表す指数にすることを提案している。

| 例題 4.2 | 一定風速の横風を受けながら車両が直進するために必要な実舵角を求めよ。またこのとき，車両は進行方向に対してどのような姿勢を保ちながら直進することになるかを調べよ。 |

| 解 | 一定風速の横風を受けたあとに車両が得るヨー角速度は式（4.26）で与えられる。また，ある一定の実舵によって車両が得るヨー角速度は式（3.39）で与えられる。したがって，式（4.26），（3.39）より |

$$\frac{(l_N - l_W)(K_f + K_r)V}{2l^2 K_f K_r \left[1 - \dfrac{m(l_f K_f - l_r K_r)}{2l^2 K_f K_r}V^2\right]} Y_{W0} + \frac{1}{1 - \dfrac{m(l_f K_f - l_r K_r)}{2l^2 K_f K_r}V^2} \frac{V}{l}\delta_0$$

$$= 0$$

を満足する δ_0 の実舵角を一定風速の横風を受けたあとに与えれば，車両のヨー角の変化が 0 で車両は直進することになる。つまり

$$\delta_0 = \frac{l_W - l_N}{2l}\left(\frac{1}{K_f} + \frac{1}{K_r}\right)Y_{W0}$$

となる。これによれば AC が NSP より前方にあれば，車両が直進するためには実舵角を負，つまり風上に向かって操舵する必要があり，AC が NSP より後方にあるときには実舵角を正，つまり風下に向かって操舵する必要があることがわかる。

次に，車両の進行方向に対して車両のとる姿勢とは，定常状態における車両の横すべり角である。いま，これを β とすれば，横風による力とコーナリングフォースはつりあわなければならないから

$$-2K_f(\beta - \delta_0) - 2K_r\beta + Y_{W0} = 0$$

である。この式に，先に求めた δ_0 を代入して β を求めれば

$$\beta = \frac{l_f + l_W}{2(l_f + l_N)}\frac{Y_{W0}}{K_f + K_r}$$

となる。

4.3.3 瞬間的な突風を受けたときの運動

次に，車両が短い時間の突風を受けたときを考えてみよう．このときには，等価的に車両の AC に図 4.20 に示すような横力 Y_W が働くと考えてみる．

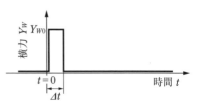

図 4.20 突風による横力 Y_W

このときの車両の運動は，4.2.2 項と同じ理由から絶対空間に固定した座標で記述したほうが便利であるから，式 (3.21)，(3.22) を用いれば，車両の運動方程式は次のようになる．

$$\begin{cases} m\dfrac{d^2y}{dt^2} + \dfrac{2(K_f+K_r)}{V}\dfrac{dy}{dt} + \dfrac{2(l_fK_f-l_rK_r)}{V}\dfrac{d\theta}{dt} \\ \qquad\qquad\qquad\qquad -2(K_f+K_r)\theta = Y_W \quad (4.28) \\ \dfrac{2(l_fK_f-l_rK_r)}{V}\dfrac{dy}{dt} + I\dfrac{d^2\theta}{dt^2} + \dfrac{2(l_f^2K_f+l_r^2K_r)}{V}\dfrac{d\theta}{dt} \\ \qquad\qquad\qquad\qquad -2(l_fK_f-l_rK_r)\theta = -l_WY_W \quad (4.29) \end{cases}$$

いま，Δt が十分小さいとして，4.2.2 項のときと同じように式 (4.28)，(4.29) をラプラス変換して $y(s)$，$\theta(s)$ を求めれば次のようになる．

$$y(s) = \frac{Y_{W0}\Delta t}{m}\frac{s^2+b_{y1}s+b_{y2}}{s^2(s^2+2\zeta\omega_n s+\omega_n^2)} \quad (4.30)$$

$$\theta(s) = \frac{-l_W Y_{W0}\Delta t}{I}\frac{s+b_r}{s(s^2+2\zeta\omega_n s+\omega_n^2)} \quad (4.31)$$

ただし

$$b_{y1} = \frac{2(l_f^2K_f+l_r^2K_r)-2l_W(l_fK_f-l_rK_r)}{IV}$$

$$= \frac{2(l_f^2K_f+l_r^2K_r)+2l_Nl_W(K_f+K_r)}{IV}$$

$$b_{y2} = -\frac{2(l_fK_f-l_rK_r)+2l_W(K_f+K_r)}{I}$$

$$= \frac{2(l_N-l_W)(K_f+K_r)}{I}$$

である．なお，b_r は式 (4.24) のときと同様である．

この式より，y，θ の定常状態での値を求めれば次のようになる．

$$y = \pm\infty \qquad\qquad (l_N - l_W \neq 0 \text{ のとき})$$

$$= \frac{l_f^2 K_f + l_r^2 K_r + l_N l_W (K_f + K_r)}{2l^2 K_f K_r \left[1 - \dfrac{m(l_f K_f - l_r K_r)}{2l^2 K_f K_r} V^2\right]} V Y_{W0} \Delta t \qquad (l_N - l_W = 0 \text{ のとき})$$

$$\tag{4.32}$$

$$\theta = \frac{(l_N - l_W)(K_f + K_r) V}{2l^2 K_f K_r \left[1 - \dfrac{m(l_f K_f - l_r K_r)}{2l^2 K_f K_r} V^2\right]} Y_{W0} \Delta t \tag{4.33}$$

この式より，定常状態での車両の運動は次のように整理される。ただし，$l_f K_f - l_r K_r > 0$ のときは $V < V_C$ とする。

$l_N - l_W > 0$ のとき　$y = +\infty$，$\theta =$ 正の一定値

$l_N - l_W = 0$ のとき　$y =$ 正の一定値，$\theta = 0$

$l_N - l_W < 0$ のとき　$y = -\infty$，$\theta =$ 負の一定値

これは，直進している車両が横方向の突風を受けたあとに，もし AC が NSP より前方にあれば車両は風下に向きを変え風下に向かって直進走行をし，AC と NSP が一致すれば車両はいったん風下に流されるが，その向きを変えることなく元の進行方向と同じ方向に直進走行する。AC が NSP より後方にあればいったん風下に流されたあと，車両は風上に向きを変え風上に向かって直進走行をすることを示している。

例題 4.3　風速 25 m/s の突風に 0.4 秒間遭遇したときの車両運動を，MATLAB Simulink を使ってシミュレーションせよ。ただし，車両は 40 m/s の速度で走行しているものとし，例題 3.6 と同じ車両諸元を用いよ。また NSP と AC は図 4.19 の場合と同じように 3 ケース設定せよ。

解　車両に働く横力は，C_y を図 4.16 から推定し，$S = 1.5$〔$\mathrm{m^2}$〕，$\rho = 1.29$〔$\mathrm{kg/m^3}$〕として式 (4.19) を用いれば，$Y_W = 2.07$〔kN〕となる。

突風に対する車両の運動は式 (4.28)，(4.29) で記述できる。これを書き替えれば

$$m\frac{dv}{dt} = -\frac{2(K_f + K_r)}{V} v - \frac{2(l_f K_f - l_r K_r)}{V} r + 2(K_f + K_r)\theta + Y_W$$

$$I\frac{dr}{dt} = -\frac{2(l_f K_f - l_r K_r)}{V} v - \frac{2(l_f^2 K_f + l_r^2 K_r)}{V} r + 2(l_f K_f - l_r K_r)\theta$$

$$\quad + l_W Y_W$$

4.3　横風による車両の運動　　**149**

$$\frac{dy}{dt} = v$$

$$\frac{d\theta}{dt} = r$$

となる。

これを用いれば，図 E4.3(a) のような積分形のブロック線図が得られる。図 E4.3(b) がシミュレーションで用いたパラメータの設定画面であり，図 E4.3(c) が上のブロック線図に基づいたシミュレーションプログラムである。

シミュレーションの結果の一部を示したものが図 E4.3(d) であり，結果をまとめたものが図 E4.3(e) である。

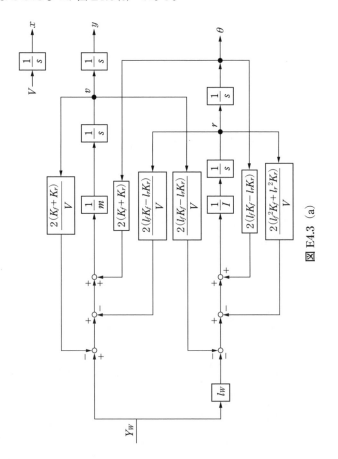

図 E4.3 (a)

```
1       % Vehicle parameters
2  -    m = 1500;   % mass (kg)
3  -    I = 2500;   % moment of inertia about z-axis:I (kgm^2)
4  -    lf = 1.1;   % distance from C.O.G to front axle (m)
5  -    lr = 1.6;   % distance from C.O.G to front axle (m)
6  -    l = lf+lr;  % wheel base (m)
7  -    Kf = 55000; % front cornering stiffness (N/rad)
8  -    Kr = 60000; % rear cornering stiffness (N/rad)
9       % Simulation parameters
10 -    dt = 0.001; % simulation rate (s)
11 -    tf = 4.0;   % simulation time (s)
12 -    V = 40;     % velocity (m/s)
13 -    Sf = 0.0;   % front tire steer angle (rad)
14 -    v = 25;     % side wind velocity (m/s)
15 -    cy = 0.96;
16 -    p = 1.29;
17 -    s = 1.5;
18 -    Yw = cy*0.5*p*s*(V^2+v^2);
19 -    lw = -0.30;
```

図 E4.3 (b)

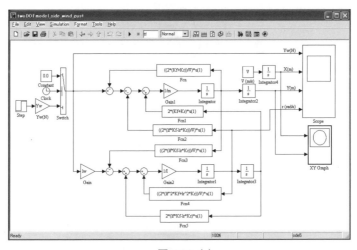

図 E4.3 (c)

4.3 横風による車両の運動　　**151**

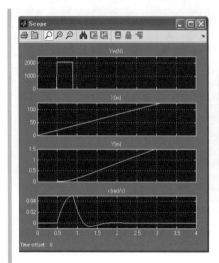
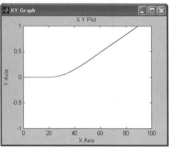

図 E4.3 (d)

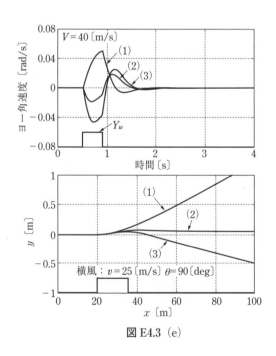

図 E4.3 (e)

152　第 4 章　外乱による車両の運動

4.4 外乱による車両運動のまとめ

これまでみてきたように，車両重心点に横方向の外力が働いたあとの車両の運動は，重心点 P と NSP の前後関係に，横風による外力が働いたあとの車両の運動は，AC と NSP の前後関係に大きく左右される。

これらのようすをまとめれば，表 4.1 のようになる。

また，車両の重心点まわりにヨーモーメントが生じるようななんらかの外乱が車両に働いた場合，その結果生じるヨー角あるいはヨー角速度の変化は

表 4.1 外力を受けたあとの車両の運動

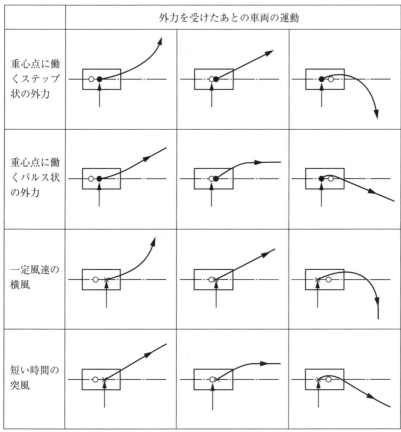

● 重心点 P 　 ○ NSP 　 ×AC

4.4 外乱による車両運動のまとめ　　**153**

$$\dfrac{(K_f + K_r)\,V}{2l^2 K_f K_r \left[1 - \dfrac{m(l_f K_f - l_r K_r)}{2l^2 K_f K_r}\,V^2\right]}$$

に比例することがわかる。したがって一般にこの値が小さい車両ほど，外乱に対して鈍感，つまり外乱の影響を受けにくい安定性の高い車両ということができる。

――――――――――― 第4章の問題 ―――――――――――

1) 速度 V で走行中の車両の重心点に，$Y_0 = 2.0$〔kN〕の横力が働き続けたときの，定常状態における重心点の横すべり角 β とヨー角速度 r を求め，これを用いて β-V，r-V 曲線を描け。ただし，車両パラメータは例題3.3と同様とせよ。

2) 1) のヨー角速度の値がピークとなる車両の走行速度を求めよ。

3) 一定の横力が重心点に働き続けても，車両が直進走行を保つために必要な前輪舵角を求めよ。

4) 3) に関連し，直進している車両の進行方向に対する車両の姿勢角（横すべり角）を求めよ。

5) 走行中の車両の重心点に 2.0 kN の横方向の力が 1.0 秒間働いたときの車両運動を MATLAB Simulink を用いてシミュレーションし，車両の応答に及ぼす速度の影響を比較せよ。車両のパラメータは例題3.6と同じとせよ。

6) 速度 100 km/h で走行中の車両が 10 m/s の横風を受けたときの，車両に働く横力とヨーモーメントの大きさを計算せよ。ある車両についての横力とヨーモーメント係数を設定するときは図4.16を参照し，$\rho = 1.25$〔kg/m³〕，$l = 2.7$〔m〕，$S = 1.5$〔m²〕とせよ。

7) 横風を受けた結果，風上に姿勢を変えて車両が運動するようなことにならないようにするためには，空力中心が重心点より後方にある車両ほど強い US を持つ必要があることを確認せよ。

---------- 参考文献 ----------

1) W. Bergman : Bergman Gives New Meaning to Understeer and Oversteer, SAE Journal, Vol. 73, No. 12, 1965

2) たとえば古くは，自動車技術 Vol. 14, No. 5, 1960，"自動車の空力特性特集"に，また，自動車技術 Vol. 32, No. 4, 1978，"操縦性，安定性，空力特性小特集"などに研究の成果がよくまとめられている。

3) 市村：乗用車の空力特性，自動車技術，Vol. 32, No. 4, 1978

4) 土屋，岩瀬：自動車の横風感受性について，日本機械学会論文集，Vol. 39, No. 324, 1973

第5章

操舵系と車両の運動

5.1 はじめに

　前章までにおいては，車両の前輪実舵角は任意に与えられるものという前提のもとに車両の運動を論じてきた。しかし，厳密にいえば，車両の前輪実舵角は車上のハンドルを通して操作されるから，必ずしも任意に与えうるとはかぎらない。つまり，前輪から車上のハンドルまでの機構も運動の自由度を持ち，あるひとつの運動状態として，前輪実舵角も決まるとみなければならない。普通，この前輪からハンドルまでの機構を**操舵系**とよんでいる。ここでは，この操舵系の力学的特性が，車両自体の運動性能に及ぼす影響をみるために，まず，操舵系の運動方程式を導く。そして，次にこれを用いて，操舵系の特性が車両運動に及ぼす影響について検討を加える。通常の車両の走行状態においては，ハンドルに運転者の手が添えられている。そこで，この添えられた運転者の手の効果についても理論的に説明を加えることにする。

5.2 操舵系の力学モデルと運動方程式

　普通の車両の操舵系は，基本的には**図5.1**のような構成になっていると考えてよい。つまり，ハンドルの回転は**ハンドルシャフト**および**ギヤボックス**を介して**タイロッド**に伝えられ，さらに**ナックルアーム**を通して**キングピン**回りの前輪の回転として現れる。

　いま，操舵系の運動をすべてキングピン回りの回転運動に換算して考えることにすれば，**図5.2**のような操舵系の等価力学モデルを想定することができる。キングピン回りに換算したハンドルに相当する慣性モーメント I_h を持つ回転体が，ハンドルシャフト，ギヤボックスの取り付けなどを考慮した操舵系のキングピン回りの等価弾性係数 K_S を持つ回転軸を介して，キングピン回りの前輪の慣性モーメント I_S に相当する回転体と結合されている。このとき，ハンドルシャフトおよびキングピンに，等価粘性摩擦が存在すると考え，粘性摩擦係数をそれぞれ C_h，C_S とする。ハ

156 第5章 操舵系と車両の運動

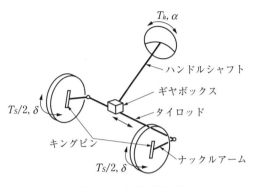
図5.1 車両の操舵系

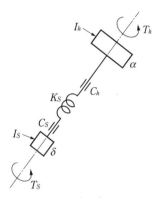
図5.2 操舵系の力学モデル

ンドルのキングピン回りに換算した回転角を α, 前輪実舵角を δ とすれば,操舵系は等価的に α と δ に関する二自由度のねじり振動系を構成するということになる。なお, I_S, C_S は,左右輪の合計を示している。

ところで,ハンドルには,人によって与えられるトルク T_h が外力として働くとみることができる。一方,走行中の車両のハンドルにある角度を与えると,そのハンドルが元に復元するようなトルクが働く。これは車両の前輪に働くコーナリングフォースが,キングピン回りにモーメントとして働くからである。操舵系からみた場合には,このモーメントが外力として前輪に働くとみなければならない。第2章で詳しく述べたように,前輪の接地面に働くコーナリングフォースの着力点は,接地面の中心よりやや後方になる。また,前輪のキングピン軸方向の延長と地面とが交わる点は,接面中心より前方になるのが普通である。この模様を図5.3に示している。

この図からも理解できるように,前輪に反時計回りの方向の横すべり角 β_f が生じていれば,コーナリングフォースはキングピン回りに反時計回りのモーメントとして働く。ゆえに,前輪タイヤのコーナリングパワーを K_f とすれば,タイヤに働くキングピン回りのモーメント $T_S/2$ は

$$\frac{T_S}{2} = (\xi_n + \xi_c) K_f \beta_f = \xi K_f \beta_f \quad (5.1)$$

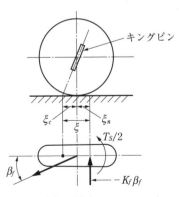
図5.3 前輪に働くセルフアライニングモーメント

5.2 操舵系の力学モデルと運動方程式

となる。ただし

$$\xi = \xi_n + \xi_c$$

であり，ξ_n がニューマチックトレール，ξ_c がキャスタトレール（caster trail）とよばれるものである。そして，$2\xi K_f$ が操舵系の**復元モーメント係数**である。

ここで，前輪の横すべり角 β_f を車両の運動を記述する変数を用いて表せば，第3章でみたように $\beta_f = \beta + l_f r/V - \delta$ となるから，モーメント T_S は，次のように書くことができる。

$$T_S = 2\xi K_f \left(\beta + \frac{l_f}{V} r - \delta \right) \tag{5.2}$$

このモーメントが操舵系からみたときに外力として前輪に働くことになる。

以上を考慮すれば，キングピン回りに換算したハンドルの回転運動を，次式で記述できることがわかる。

$$I_h \left(\frac{d^2\alpha}{dt^2} + \frac{dr}{dt} \right) + C_h \frac{d\alpha}{dt} + K_S(\alpha - \delta) = T_h \tag{5.3}$$

また，同じくキングピン回りの前輪の回転運動は次のようになる。

$$I_S \left(\frac{d^2\delta}{dt^2} + \frac{dr}{dt} \right) + C_S \frac{d\delta}{dt} - K_S(\alpha - \delta) = 2\xi K_f \left(\beta + \frac{l_f}{V} r - \delta \right) \tag{5.4}$$

ここで，とくに式 (5.3)，(5.4) の慣性項に dr/dt の入る理由は，操舵系が運動をしている車両の上に設置されているのに対し，α および δ は，車両に対するハンドルまたは前輪の回転角であり，絶対空間に対する回転角加速度は，車両のヨーイング運動を考慮すれば，$d^2\alpha/dt^2 + dr/dt$ あるいは $d^2\delta/dt^2 + dr/dt$ となるからである。通常の車両の運動においては，$d^2\alpha/dt^2 \gg dr/dt$，$d^2\delta/dt^2 \gg dr/dt$ と考えてよい。したがって，操舵系の運動は，次式によって記述することができると考えてさしつかえない。

$$\begin{cases} I_h \dfrac{d^2\alpha}{dt^2} + C_h \dfrac{d\alpha}{dt} + K_S(\alpha - \delta) = T_h \tag{5.5} \\[4mm] I_S \dfrac{d^2\delta}{dt^2} + C_S \dfrac{d\delta}{dt} + K_S(\delta - \alpha) = 2\xi K_f \left(\beta + \dfrac{l_f}{V} r - \delta \right) \tag{5.6} \end{cases}$$

5.3 操舵系の特性が車両運動に及ぼす影響

5.3.1 ハンドル角を規定するときの操舵系の特性が車両運動に及ぼす影響

前節で述べたように，操舵系は α と δ の2つの運動の自由度を持つ力学系とみることができる。本項ではこのうちのハンドル角 α が，1つの運動状態として定まるのではなく，あらかじめ与えられた任意の値に規定されるものとして，その運動が規制されるときの操舵系の特性が車両運動に及ぼす影響をみることにする。現実には，この条件はたとえば，車両の運動に無関係にハンドル角を強引に一定値に固定したり，あるいはハンドルの慣性力，粘性力，復元力などにまったく無関係に，ある定められたパターンのハンドル角の操作を行うというような場合に相当する。先にも述べたように，前章までは，前輪の実舵角があらかじめ定められた任意の値に規定されるものとした。このように，車両の実舵角やハンドル角を規定した状態を**フィクストコントロール**（fixed control）とよぶことがある。

ところで，ハンドル角 α が1つの運動状態として決まるのではなく，あらかじめ与えられた値をとるから，先の式 (5.5) は無意味となり，操舵系の運動は式 (5.6) のみで記述することができることになる。

$$I_S \frac{d^2\delta}{dt^2} + C_S \frac{d\delta}{dt} + K_S(\delta - \alpha) = 2\xi K_f \left(\beta + \frac{l_f}{V}r - \delta \right) \tag{5.6}$$

なお，ここで α は変数ではなく既知の量であり，α に対して，式 (5.6) を通して前輪の実舵角 δ が決まる。実舵角 δ に対する車両自体の運動は，第3章より

$$\begin{cases} mV\dfrac{d\beta}{dt} + 2(K_f + K_r)\beta + \left[mV + \dfrac{2}{V}(l_f K_f - l_r K_r) \right]r = 2K_f\delta & (3.12) \\[3mm] 2(l_f K_f - l_r K_r)\beta + I\dfrac{dr}{dt} + \dfrac{2(l_f^2 K_f + l_r^2 K_r)}{V}r = 2l_f K_f\delta & (3.13) \end{cases}$$

となる。したがって，式 (5.6)，(3.12)，(3.13) を連立させたものが，操舵系を考慮した場合のハンドル角 α に対する運動を記述することになる。

いま，操舵系の静的特性の影響をみるために，ハンドル角 α を固定するかあるいは急激なハンドル角の操作を考えないとすれば，$d^2\delta/dt^2$，$d\delta/dt$ は小さく，かつ I_S や C_S は小さな値であるから，式 (5.6) において，$I_S(d^2\delta/dt^2)$，$C_S(d\delta/dt)$ を無視しても現実性を失わず，前輪の実舵角は，次式によって決まると考えてよい。

$$K_S(\delta - \alpha) = 2\xi K_f \left(\beta + \frac{l_f}{V}r - \delta \right) \tag{5.7}$$

式 (5.7) より δ を求めれば，次のようになる．

$$\delta = \frac{K_S}{K_S + 2\xi K_f}\alpha + \left(1 - \frac{K_S}{K_S + 2\xi K_f}\right)\left(\beta + \frac{l_f}{V}r\right)$$

ここで

$$e = \frac{K_S}{K_S + 2\xi K_f} = \frac{1}{1 + \dfrac{2\xi K_f}{K_S}} \tag{5.8}$$

と置けば

$$\delta = e\alpha + (1-e)\left(\beta + \frac{l_f}{V}r\right) \tag{5.9}$$

となる．この δ を先の式 (3.12)，(3.13) に代入して整理すれば，最終的に次式を得ることができる．

$$\begin{cases} mV\dfrac{d\beta}{dt} + 2(eK_f + K_r)\beta + \left[mV + \dfrac{2}{V}(l_f eK_f - l_r K_r)\right]r = 2eK_f\alpha & (5.10) \\[4mm] 2(l_f eK_f - l_r K_r)\beta + I\dfrac{dr}{dt} + \dfrac{2(l_f^2 eK_f + l_r^2 K_r)}{V}r = 2l_f eK_f\alpha & (5.11) \end{cases}$$

この式 (5.10)，(5.11) が，操舵系の静的な特性を考慮したときのハンドル角 α に対する車両の運動を示すことになる．この式と式 (3.12)，(3.13) で示される前輪実舵角 δ に対する車両の運動方程式を比較してみると，ちょうど式 (5.10)，(5.11) は，式 (3.12)，(3.13) における前輪のコーナリングパワー K_f を eK_f に置き替えたものになっていることがわかる．つまり，ハンドル角 α に対する車両の運動は，前輪実舵角に対する車両の運動に比べ，等価的にコーナリングパワーを K_f から eK_f に替えたときの特性を有するということができる．この事実は藤井によって初めて指摘されたものである[1]．式 (5.8) より，e の値は 1 より小さいから，これは結局，等価的に前輪のコーナリングパワーが小さくなったことに相当し，操舵系の復元モーメント係数が大きく，操舵系の剛性が小さいほど，この効果が大きくなることがわかる．前輪のコーナリングパワーが小さくなれば，車両のステア特性は US 側に変わるから，操舵系の特性を考慮すれば，車両はより US 傾向を示すことになり，操舵系の復元モーメントが大きく，剛性が小さいほど車両の US 傾向が強くなり，方向安定性は良くなるということができる．

通常は，前輪の実舵角を固定したり，あらかじめ与えられた任意の値に規定したりすることはできないから，前輪の実舵角に対する車両の運動をみたときに理論的に多少 OS 傾向を示す車両でも，操舵系の復元モーメントや剛性まで考慮すれば，実

際上は US 傾向を示すことがあることは，上記の議論を通じて理解することができる。つまり，車両の実質的な US，OS 特性は，タイヤの特性と前後車輪の位置のみで決まるのではなく，上記のような操舵系の特性にも大きく依存することになるのである。なお，操舵系の復元モーメント T_S によって生じる前輪のステア角 $\alpha - \delta$ のことを，操舵系の**コンプライアンスステア**とよぶことがある。

例題 5.1

前輪タイヤそのもののコーナリングパワー K_f が 80 kN/rad であるとして，ニューマティックトレールとキャスタトレールの和 ξ が 0.035 m，ステアリング系の剛性 K_S が 10.0 kNm/rad のとき，ステアリング系のコンプライアンスステアにより，等価的な前輪タイヤのコーナリングパワーがどの程度になるかを計算せよ。また，この等価的なコーナリングパワーの低下が，車両のステア特性に及ぼす影響を検討せよ。ただし，車両のパラメータは次のようなものとする。$m = 1\,500$ 〔kg〕，$l_f = 1.1$ 〔m〕，$l_r = 1.6$ 〔m〕，$K_r = 60$ 〔kN/rad〕。

解

式 (5.8) を用いて

$$e = \frac{1}{1 + \dfrac{2\xi K_f}{K_S}} = \frac{1}{1 + \dfrac{2 \times 0.035 \times 80\,000}{10\,000}} \fallingdotseq 0.64$$

つまり，等価的なコーナリングパワーは，タイヤ自体のコーナリングパワーの 64 ％に低下し，$0.64 \times 80.0 = 51.0$ 〔kN/rad〕となる。

次に，式 (3.43) を用いて，スタビリティファクタを計算する。

前輪タイヤそのもののコーナリングパワーを使ってこれを計算すると

$$A = -\frac{m}{2l^2} \frac{l_f K_f - l_r K_r}{K_f K_r}$$

$$= -\frac{1\,500}{2 \times 2.7^2} \frac{1.1 \times 80\,000 - 1.6 \times 60\,000}{80\,000 \times 60\,000} \fallingdotseq 0.00017$$

となるのに対し，ステアリング系のコンプライアンスステアの影響を考慮して，前輪については等価的なコーナリングパワーの値を用いると

$$A = -\frac{1\,500}{2 \times 2.7^2} \frac{1.1 \times 51\,000 - 1.6 \times 60\,000}{51\,000 \times 60\,000} \fallingdotseq 0.00134$$

となる。

5.3 操舵系の特性が車両運動に及ぼす影響　　**161**

例題 5.1 で示したように，ステアリング系のコンプライアンスステアは，等価的に前輪のコーナリングパワーを減少させ，車両のステア特性に大きな影響を及ぼすことがよくわかる。式 (5.8) の e の値は，通常およそ 0.5〜0.7 となる。これは，前輪のコーナリングパワーは，コンプライアンスステアの影響により，タイヤ自体のコーナリングパワーの 50〜70 ％に低減することを意味しており，無視することはできない。

したがって，とくにことわりのないかぎり，本書で用いている前輪のコーナリングパワー K_f とは，このコンプライアンスステアを考慮したものを意味すると考えるべきである。

ところで，われわれはこれまで操舵系の静的特性をみるために，ハンドル角 α を固定するか，あるいは急激なハンドル角の操作をしないという条件のもとで式 (5.6) の $I_S(d^2\delta/dt^2)$ や $C_S(d\delta/dt)$ を無視して考えてきた。しかし，ハンドル角の操作を比較的速く行うとすれば，厳密にいえば，これらを無視することはできない。このときの操舵系の特性を考慮したハンドル角 α に対する車両の運動方程式は，式 (5.6)，(3.12)，(3.13) を多少変形して，次のように書くことができる。

$$
\begin{cases}
mV\dfrac{d\beta}{dt} + 2(K_f + K_r)\beta + \left[mV + \dfrac{2}{V}(l_f K_f - l_r K_r)\right]r - 2K_f\delta = 0 & (5.12)\\[3mm]
2(l_f K_f - l_r K_r)\beta + I\dfrac{dr}{dt} + \dfrac{2(l_f^2 K_f + l_r^2 K_r)}{V}r - 2l_f K_f\delta = 0 & (5.13)\\[3mm]
-2\xi K_f\beta - \dfrac{2l_f\xi K_f}{V}r + I_S\dfrac{d^2\delta}{dt^2} + C_S\dfrac{d\delta}{dt} + (K_S + 2\xi K_f)\delta = K_S\alpha & (5.14)
\end{cases}
$$

この式より，キングピン回りの前輪の慣性項や粘性項は，ハンドル角 α に対する前輪実舵角 δ の応答に遅れを生じさせる効果があり，したがってハンドル角 α に対する車両の応答にも遅れが生じることが予想される。この効果は，とくに操舵系の剛性や復元モーメント係数が小さいほど大きくなるはずである。図 5.4 は操舵系の剛性を替えて，周期的なハンドル角 α に対する車両のヨー角速度 r の応答を実験によってみた例であり[2]，式 (5.12)〜(5.14) から予想されるように，操舵系の剛性を低下させるとハンドル角に対する車両の運動に遅れが生じてしまうことがよくわかる。

われわれは先の議論で，操舵系の剛性は小さいほど車両は等価的に US 傾向を示すことを知った。第 3 章においては，US 傾向を示す車両ほど実舵角に対する車両の応答には遅れが少ないことも知った。しかし，操舵系の剛性が小さいときには US 傾向は示すが，とくに前輪の慣性や粘性が無視しえない場合，逆にハンドル角に対

する車両の応答の遅れは大となるから，過度に操舵系の剛性を小さくすることは好ましいことではないことがわかる．これに対して，操舵系の復元モーメント係数については，先の議論よりこれを大きくするほど等価的に車両は US 傾向を示し，さらに，式 (5.12)～(5.14) よりこれを大きくしてもハンドル角に対する車両の運動に遅れを生じさせることはないと考えられる．したがって，操舵系の復元モーメント係数 $2\xi K_f$ は，過度なハンドル操作力にならない範囲内で，できるかぎり大きいことが望ましいということができる．

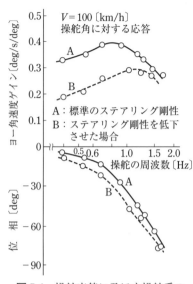

図 5.4 操舵応答に及ぼす操舵系の剛性の影響

例題 5.2　3.4.4 項では，タイヤの横すべり角が大きく必ずしもコーナリングフォースが横すべり角に比例的でない領域での車両の運動特性を，横加速度 $\ddot{y}$ とともに減少する等価的なコーナリングパワーを用いて解析できることを示した．しかし，そこでは横すべり角が大きくなるとコーナリングフォースが飽和的になることのみ考慮され，ニューマチックトレールが横加速度とともに減少して，操舵系の剛性を考慮した等価的コーナリングパワーに影響する点は考慮されていない．

2.3.3 項および 3.4.4 項を参照して，ニューマチックトレール ξ' が横すべり角に比例的に減少し，コーナリングフォースが飽和する点で 0 になるものとして

$$\xi' = \xi\left(1 - \frac{K_f}{\mu \dfrac{l_r}{l} W}\beta_f\right)$$

と近似し，操舵系の剛性を考慮した，大きな横すべり域での等価的なコーナリングパワーを求めよ．

解　式 (3.101) より，ξ は

$$\xi' = \xi\sqrt{1 - \frac{\ddot{y}}{\mu}}$$

とも書くことができる。また，横すべり角が大きいことを考慮し，等価コーナリングパワーは $K_f\sqrt{1-\ddot{y}/\mu}$ であるから，ステアリング系の剛性を考慮したときのコーナリングパワーの調整の係数 e の横すべり角が大きい場合の値 e' は式（5.8）より

$$e' = \frac{1}{1 + \dfrac{2\xi K_f}{K_S}\left(1 - \dfrac{\ddot{y}}{\mu}\right)} = e\frac{1}{1 - (1-e)\dfrac{\ddot{y}}{\mu}}$$

となる。したがって，操舵系の剛性を考慮した大きな横すべり域でのコーナリングパワー $\partial Y_f'/\partial\beta_f$ は

$$\frac{\partial Y_f{}'}{\partial\beta_f} = e'\frac{\partial Y_f}{\partial\beta_f} = eK_f\frac{\sqrt{1 - \dfrac{\ddot{y}}{\mu}}}{1 - (1-e)\dfrac{\ddot{y}}{\mu}}$$

で与えられる。$0 < e < 1$ であるから，$\ddot{y}/\mu$ が小さいとすれば

$$\frac{\partial Y_f{}'}{\partial\beta_f} = eK_f\left\{1 - \left(e - \frac{1}{2}\right)\frac{\ddot{y}}{\mu}\right\}$$

となる。上式と式（3.101），（3.102）あるいは式（3.103），（3.104）を比較すればわかるように，操舵系の剛性を考慮すると，大きな横すべり域では，前輪のコーナリングパワーの減少よりも後輪のコーナリングパワーの減少が大きく，車両が OS 傾向になる可能性がある。

　横すべりが小さい範囲の運動においては，操舵系の剛性の減少は，車両の運動特性を US 傾向にするという事実と比較して注目すべき点である。

5.3.2　ハンドル角を規定しないときの操舵系の特性が車両運動に及ぼす影響

　前項では，ハンドル角と前輪実舵角という操舵系の２つの運動の自由度のうち，ハンドル角が１つの運動状態として定まるのではなく，あらかじめ与えられた値に規定されるものとして，その運動が規制されるときの操舵系の特性が車両運動に及ぼす影響をみた。

　ここでは上記のように，あらかじめハンドル角 α が与えられるのではなく，ハンドル角も運動の自由度を持ち，１つの運動状態としてその値が決まるものとして操

舵系の特性が車両運動に及ぼす影響をみることにする。現実にはこの条件は，たとえば車両の運動中，運転者がハンドルからまったく手を離している場合，あるいは運転者はハンドル角には関係なくハンドルに，ある定められたトルクを与える場合などに相当する。このように，ハンドル角をあらかじめ規定することのない状態を**フリーコントロール**（free control）とよぶことがある。

このような場合の操舵系の特性を考慮した車両の運動については，たとえば坂下らの簡潔な形の説明がある[3]。ここでは，これを参考にしながら考えてみることにしよう。

フリーコントロールのときの車両と操舵系の運動方程式は，次のようになる。

$$mV\frac{d\beta}{dt} + 2(K_f + K_r)\beta + \left[mV + \frac{2}{V}(l_f K_f - l_r K_r)\right]r = 2K_f\delta \tag{3.12}$$

$$2(l_f K_f - l_r K_r)\beta + I\frac{dr}{dt} + \frac{2(l_f^2 K_f + l_r^2 K_r)}{V}r = 2l_f K_f\delta \tag{3.13}$$

$$I_h\frac{d^2\alpha}{dt^2} + C_h\frac{d\alpha}{dt} + K_S(\alpha - \delta) = T_h \tag{5.5}$$

$$I_S\frac{d^2\delta}{dt^2} + C_S\frac{d\delta}{dt} + K_S(\delta - \alpha) = 2\xi K_f\left(\beta + \frac{l_f}{V}r - \delta\right) \tag{5.6}$$

ここで，前輪のキングピン回りの慣性モーメント I_S は，ハンドルの慣性モーメント I_h に比べて小さいからこれを無視し，さらに粘性摩擦係数 C_h，C_S も小さいものとして無視すれば，式 (5.5)，(5.6) は次のようになる。

$$I_h\frac{d^2\alpha}{dt^2} + K_S(\alpha - \delta) = T_h \tag{5.5'}$$

$$K_S(\delta - \alpha) = 2\xi K_f\left(\beta + \frac{l_f}{V}r - \delta\right) \tag{5.6'}$$

式 (5.5)′ に，式 (5.6)′ を代入すれば

$$I_h\frac{d^2\alpha}{dt^2} - 2\xi K_f\left(\beta + \frac{l_f}{V}r - \delta\right) = T_h \tag{5.5''}$$

となる。

ところで，式 (5.6)′ は式 (5.7) と同じものであり，この式より δ を求めれば式 (5.9) と同じく

$$\delta = e\alpha + (1 - e)\left(\beta + \frac{l_f}{V}r\right)$$

を得る。ここで，操舵系の剛性は十分大きいものとして $K_S = \infty$ とすれば，式 (5.8)

5.3 操舵系の特性が車両運動に及ぼす影響　**165**

より $e = 1$ となるから

$$\delta = \alpha \tag{5.6}''$$

となる。

したがって、フリーコントロールのときの操舵系を含めた車両の運動方程式は、式 (3.12), (3.13), (5.5)″, (5.6)″ より次のような比較的簡単な形で書くことができる。

$$\begin{cases} mV\dfrac{d\beta}{dt} + 2(K_f + K_r)\beta + \left[mV + \dfrac{2}{V}(l_f K_f - l_r K_r) \right] r - 2K_f \alpha = 0 & (5.15) \\[3mm] 2(l_f K_f - l_r K_r)\beta + I\dfrac{dr}{dt} + \dfrac{2(l_f{}^2 K_f + l_r{}^2 K_r)}{V} r - 2l_f K_f \alpha = 0 & (5.16) \\[3mm] -2\xi K_f \beta - \dfrac{2\xi l_f K_f}{V} r + I_h \dfrac{d^2\alpha}{dt^2} + 2\xi K_f \alpha = T_h & (5.17) \end{cases}$$

ここで、さらに解析を容易にして、操舵系の車両運動に及ぼす影響をみるために、車両自体は、次のような仮定が成り立つものとして簡単化する。

$$K_f = K_r = K$$

$$l_f = l_r = \frac{l}{2}$$

$$I = mk^2 = ml_f l_r = m\left(\frac{l}{2}\right)^2$$

これを式 (5.15)〜(5.17) に代入すれば、運動方程式は次のようになる。

$$\begin{cases} mV\dfrac{d\beta}{dt} + 4K\beta + mVr - 2K\alpha = 0 & (5.15)' \\[3mm] m\left(\dfrac{l}{2}\right)^2 \dfrac{dr}{dt} + \dfrac{l^2 K}{V} r - lK\alpha = 0 & (5.16)' \\[3mm] -\dfrac{2\xi K}{I_h}\beta - \dfrac{\xi l K}{I_h V} r + \dfrac{d^2\alpha}{dt^2} + \omega_S{}^2 \alpha = \dfrac{T_h}{I_h} & (5.17)' \end{cases}$$

ただし

$$\omega_S{}^2 = \frac{2\xi K_f}{I_h} = \frac{2\xi K}{I_h} \tag{5.18}$$

であり、ω_S は**操舵系の固有振動数**である。

さて、簡単化して導かれた運動方程式 (5.15)′, (5.16)′, (5.17)′ をラプラス変換して、その特性方程式を求めれば

166　第 5 章　操舵系と車両の運動

$$\frac{4}{m^2 l^2 V} \begin{vmatrix} mVs + 4K & mV & -2K \\ 0 & m\left(\dfrac{l}{2}\right)^2 s + \dfrac{l^2 K}{V} & -lK \\ -\omega_S^2 & -\dfrac{l\omega_S^2}{2V} & s^2 + \omega_S^2 \end{vmatrix}$$

$$= A_4 s^4 + A_3 s^3 + A_2 s^2 + A_1 s + A_0 = 0 \tag{5.19}$$

となる。ここに

$$\left.\begin{aligned} A_0 &= \frac{4K}{ml}\omega_S^2 \\[2mm] A_1 &= \frac{4K}{mV}\omega_S^2 \\[2mm] A_2 &= \omega_S^2 + \frac{16K^2}{m^2 V^2} \\[2mm] A_3 &= \frac{8K}{mV} \\[2mm] A_4 &= 1 \end{aligned}\right\} \tag{5.20}$$

である。

ところで，運動が安定であるためには，特性方程式 (5.19) の係数が，次の Routh の安定条件を満足しなければならない。

$$A_0,\ A_1,\ A_2,\ A_3,\ A_4 > 0 \tag{5.21}$$

$$\begin{vmatrix} A_1 & A_0 & 0 \\ A_3 & A_2 & A_1 \\ 0 & A_4 & A_3 \end{vmatrix} = A_1 A_2 A_3 - A_0 A_3^2 - A_1^2 A_4 > 0 \tag{5.22}$$

A_0, A_1 は式 (5.18) より $\xi > 0$ のときに正となり，A_2, A_3, A_4 はつねに正である。したがって，まず運動が安定であるためには，トレール ξ が正でなければならない。

式 (5.20) を式 (5.22) に代入して整理すれば

$$\frac{32K^2}{m^2 V^2} + \omega_S^2 - \frac{16K}{ml} > 0 \tag{5.23}$$

となる。この式が，走行速度 V に無関係に成り立つためには

$$\omega_S^2 - \frac{16K}{ml} > 0 \tag{5.24}$$

が成り立たねばならない。ここで

5.3 操舵系の特性が車両運動に及ぼす影響　**167**

$$\omega_y{}^2 = \frac{16K}{ml} = \frac{4lK}{m\left(\dfrac{l}{2}\right)^2} \tag{5.25}$$

と置けば，式 (5.25) の右辺の分母は車両のヨー慣性モーメントに相当する量であり，分子は前後輪のコーナリングパワー，すなわち横剛性による単位ヨー角あたりのモーメントに相当する量である．したがって，ω_y はいわば車両のヨーイング固有振動数とよべる車両固有の量である．この ω_y を用いて式 (5.24) を書き替えれば

$$\omega_S{}^2 - \omega_y{}^2 > 0 \tag{5.26}$$

となるから，走行速度に無関係に，フリーコントロールにおける操舵系を含めた車両の運動が安定であるためには操舵系の固有振動数 ω_S が，式 (5.25) で定義される車両自体のヨーイング固有振動数 ω_y よりも大きくなければならないということができる．

もし $\omega_S < \omega_y$ ならば，運動が安定から不安定に移る安定限界速度 V_{Cr} が存在し，それは式 (5.23) の左辺を0とおいて V を求めることにより次のようになる．

$$V_{Cr} = \sqrt{\frac{2lK}{m}\frac{1}{1-(\omega_S/\omega_y)^2}} \tag{5.27}$$

走行速度 V が V_{Cr} 以下であれば安定であるが，V_{Cr} を超えると運動は不安定になってしまう[4]．

ω_S は，式 (5.18) よりトレール ξ によって大きく変化する．そこで，式 (5.27) を用いて，トレール ξ と安定限界速度の関係を，通常の乗用自動車について試算した例を図5.5に示す．

以上より，ξ は過度なハンドル操作力にならない範囲内でできるかぎり大きいほ

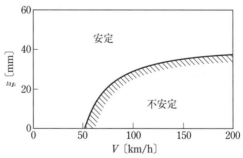

図5.5　トレール ξ と安定限界速度の関係

うがよく，操舵系の ω_S はできるかぎり大きいことが望ましいから，I_h は小さいほうがよい。また，K_S も大きいほど ω_S が大になる。

5.3.3 人の手や腕の効果

前項までは，解析の都合上，ハンドル角が完全に固定されていたり，あるいは完全に自由な状態を仮定して操舵系の特性が車両運動に及ぼす影響をみてきた。しかし，現実の車両の場合，運転者が積極的に車両の運動を制御しないときでも，ハンドルには運転者の手や腕が軽く添えられ，ハンドル角が完全に固定されているわけでもなく，逆に完全に自由の状態に置かれているわけでもないのが普通である。

ここでは，このような運転者の手や腕の車両自体の運動状態に与える効果を，簡単な仮定のもとに理論的に整理してみることにする。ただし，ここではあくまで，運転者は車両運動を制御するという機能は果たしているものではないとする。積極的な制御機能の役割を果たす場合については，第9章で総合的に扱う。

いま，ハンドルに運転者の手が添えられ，この手や腕が，等価的なばねの役割をしているものとする。つまり，人の手が与えるハンドル角を α_h，真のハンドル角を α としたとき，ハンドルには人の手や腕によって次のようなトルク T_h が働くものとする。

$$T_h = K_h \ (\alpha_h - \alpha) \tag{5.28}$$

ただし，K_h は人の手や腕の等価ばね定数である。

5.3.2項の扱いのように，操舵系を簡単化して考え，式（5.28）を式（5.17）に代入すれば，人の手や腕の効果を含めた車両と操舵系の運動方程式は，次のように書くことができる。

$$mV\frac{d\beta}{dt} + 2(K_f + K_r)\beta + \left[mV + \frac{2}{V}(l_f K_f - l_r K_r)\right]r - 2K_f\alpha = 0 \tag{5.15}$$

$$2(l_f K_f - l_r K_r)\beta + I\frac{dr}{dt} + \frac{2(l_f^2 K_f + l_r^2 K_r)}{V}r - 2l_f K_f\alpha = 0 \tag{5.16}$$

$$-2\xi K_f\beta - \frac{2\xi l_f K_f}{V}r + I_h\frac{d^2\alpha}{dt^2} + (2\xi K_f + K_h)\alpha = K_h\alpha_h \tag{5.29}$$

さて，式（5.29）より操舵系の固有振動数は

$$\omega_S = \sqrt{\frac{2\xi K_f + K_h}{I_h}} \tag{5.30}$$

となる。したがって，人の手や腕は操舵系の固有振動数 ω_S を大にする効果がある。5.3.2項においては，ω_S はできるかぎり大きいほうが，車両運動は安定になること

5.3 操舵系の特性が車両運動に及ぼす影響　169

を示した。このような点からみれば，K_h は大きいほうがよい。

ところで，操舵系の慣性力が無視しうるような車両の運動状態においては，式 (5.29) より

$$-2\xi K_f \beta - \frac{2\xi l_f K_f}{V} r + (2\xi K_f + K_h)\alpha = K_h \alpha_h \tag{5.31}$$

が成り立つ。式 (5.31) より α を求めれば

$$\alpha = \frac{K_h}{2\xi K_f + K_h}\alpha_h + \left(1 - \frac{K_h}{2\xi K_f + K_h}\right)\left(\beta + \frac{l_f}{V}r\right)$$

となる。ここで

$$e_h = \frac{K_h}{2\xi K_f + K_h} = \frac{1}{1 + \dfrac{2\xi K_f}{K_h}} \tag{5.32}$$

と置けば

$$\alpha = e_h \alpha_h + (1 - e_h)\left(\beta + \frac{l_f}{V}r\right) \tag{5.33}$$

となる。この α を式 (5.15)，(5.16) に代入して整理すれば

$$\left\{ \begin{array}{l} mV\dfrac{d\beta}{dt} + 2(e_h K_f + K_r)\beta + \left[mV + \dfrac{2}{V}(l_f e_h K_f - l_r K_r)\right]r = 2e_h K_f \alpha_h \\[4mm] 2(e_h l_f K_f - l_r K_r)\beta + I\dfrac{dr}{dt} + \dfrac{2(l_f{}^2 e_h K_f + l_r{}^2 K_r)}{V}r = 2l_f e_h K_f \alpha_h \end{array} \right. \tag{5.34}$$
$$\tag{5.35}$$

となる。これを元の式 (5.15)，(5.16) と比べてみると前輪のコーナリングパワーが K_f から等価的に $e_h K_f$ に変わっている。つまり，ハンドル角 α を完全に固定した場合に比べ，手や腕の効果を考慮した場合は e_h は 1 より小さいから，等価的に前輪のコーナリングパワーが減少したことになる。前輪のコーナリングパワーが小さいほど，車両のステア特性は US 傾向を示し，方向安定性が良くなる。したがって，このような点からみれば，e_h が小さい，つまり K_h が小さいほうがよい。

以上のように，K_h に対しては，車両運動の安定性という点から 2 つの相反する要求がなされる。これが現実に，人は通常の自動車の高速走行などにおいて，ハンドルを完全に固定するほど強くハンドルを握って K_h を大きくしていることもなく，逆にまったくハンドルから手を離すようなことをして K_h を 0 にしているわけでもない，適度な強さでハンドルを握っている，ということの理論的な妥当性である。

つまり，ハンドルに軽く添えられた運転者の手や腕の効果は，車両の運動をより安定なものにしているということができる[1]。

第5章の問題
---

1) ステアリング系のコンプライアンスステアが，等価的に前輪のコーナリングパワー K_f を eK_f に減少させることになることを理解するために，式 (5.9)，(3.12)，(3.13) から式 (5.10)，(5.11) を自から導いてみよ。

2) ξ, K, I_h, がそれぞれ 0.04 m，60.0 kN/rad，20.0 kgm^2 のとき，ステアリング系の固有振動数を計算せよ。

3) 次のようなパラメータの値の下に，フリーコントロールの車両がどのような速度でも安定となるために必要な，キングピン回りの等価的なステアリング系の慣性モーメントの上限を計算せよ。$\xi = 0.04$〔m〕，$m = 1\,500$〔kg〕，$l = 2.7$〔m〕，$K = 60$〔kN/rad〕。

4) フリーコントロールの車両が，どのような速度でもつねに安定となる一般的な条件は，近似的に次のように書くことができることを示せ。

$$\frac{I_h}{I} < \frac{\xi}{2l}$$

参考文献
---

1) 藤井：自動車の運動に対するかじ取装置の弾性の影響，日本機械学会論文集，Vol. 22，No. 119，1956

2) 西井，樋口：操縦性・安定性を構成する要因，自動車技術，Vol. 26，No. 7，1972

3) 坂下，岡田：操舵系の特性を考慮した自動車の操縦性・安定性にかかわる線形理論，自動車技術，Vol. 18，No. 4，1964

4) 岡田：操縦性・安定性における基礎的理論，自動車技術，Vol. 26，No. 7，1972

第6章

車体のロールと車両の運動

6.1 はじめに

前章までにおけるわれわれの車両運動の扱いは，車体に車輪が剛の状態で取り付けられ，互いに相対的な変位がまったくないという前提に立ったものである。この前提は，車両の基本的な運動の性質を知るうえではほとんど問題ないことが経験上確かめられている。

しかし，通常の車両の場合には，車体と車輪はとくに乗り心地を良くするための目的で，上下方向に柔らかい弾性結合となっている。このような車体と車輪の結合の機構を一般に**懸架装置**あるいは**懸架系（サスペンション）**といい，車体側を**ばね上**，車輪側を**ばね下**とよんでいる。車体と車輪のあいだに懸架装置が存在するために，車輪と車体は上下方向に相対的な変位が可能であることはもちろんのこと，車両の横方向運動を生じる横方向の力の作用線と重心点の間にオフセットがあると，その力のモーメントにより，車体の回転運動が生じる。一般に，これを車体の**ロール**とよんでいる。つまり，車両の懸架装置を考慮すれば，車体はローリング運動の自由度を持ち，この運動は車両の横方向の運動に伴って生じるということができる。

近年，このような車体の運動が好ましいものであるということが，自動運転の車両運動制御や電気自動車の運動性能評価における重要な要件になってきている。

この章では，車体のロールのメカニズムを明らかにし，さらに車体のローリング運動を含む車両の運動方程式を導き，懸架系の特性や車体のロールが車両運動に及ぼす影響について検討することにする。

6.2 ローリングの幾何学

車体のロールに関しては，古く R. Eberan が**ロールセンタ**なる車体の幾何学的な瞬間回転中心を想定し，これがつねに固定されているものと仮定した考え方に基づいて取り扱った[1]。この考え方は，車体のロールの簡便な取り扱いの方法として，一般に利用されている。ここでは，この考え方に基づいて，車両に一定の横力が働い

172　第6章　車体のロールと車両の運動

て，一定横加速度の円旋回をしているときの車体のロールのメカニズムを明らかにしていくことにする。

6.2.1 ロールセンタとロール[2),3)]

一般に，車両のあらゆる方向のばね上とばね下の相対的な変位や角変位は，このばね上とばね下のあいだに介在する懸架系の機構に依存する。なお，懸架系の機構の基本的な構造原理については，6.4節において改めて触れることにする。

さて，ロールセンタとは，前軸または後軸を含む車両前後方向（x方向）に垂直な前後断面内における，車体とばね下の相対的な回転運動の中心のことである。この定義に従って，おもな懸架系の機構に応じて，ロールセンタがどのようになるかをみてみよう。

図6.1は，車軸懸架方式の場合を示している。この場合には，車体のA_1，B_1の2点は，ばねによってばね下に対して上下方向のみ変位が可能であり，ばね上がロールしてもばね下は車輪を含めて剛であるから不動である。よって，ロールセンタはO点となることがわかる。つまり，ばね上とばね下はO点を中心に相対的な回転運動を生じることになる。

図6.2は，独立懸架方式の代表的な**ウィッシュボーン型**とよばれる懸架方式の場合を示している。独立懸架の名のとおり，左右輪はそれぞれ独立に車体に対して変位することができる。いま，車体を固定したとすれば，左右ばね下の車体に対するこの面内の相対的な回転中心はそれぞれO_1，O_2となる。O_1点はA_1A_2とA_3A_4の延長線の交点であり，O_2点はB_1B_2とB_3B_4の延長線の交点である。次に，車体を自由にし，車輪をA，B点で接地させ，地面とともにA点B点の運動を固定すれば，ばね下はA，B点のまわりで回転するしかない。これにより，O_1，O_2点はそれぞれ

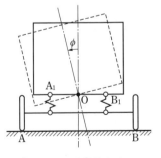

図6.1 車軸懸架方式のロールセンタ

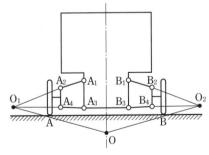

図6.2 ウィッシュボーン型のロールセンタ

O_1A,O_2B に直角方向に移動する。O_1,O_2 点は車体上の点でもあるから,その移動の方向から車体の回転中心は O_1A と O_2B の交点である O 点となる。すなわち,車体とばね下の相対的な回転中心,ロールセンタは O 点になる。

このような考え方に基づいて,他の独立懸架方式の場合のロールセンタをみたものが図 6.3, 6.4 に示されている。

このように,ばね上とばね下間に介在する懸架系の機構によって,車体のロールセンタ位置が違ってくることがわかる。普通,車両とその懸架装置は左右対称であるから,ロールセンタはどの場合でもその対称軸上にあり,懸架系の構成によってその高さが異なることになる。

ところで,このロールセンタは瞬間回転中心であり,その位置がつねに固定しているとはかぎらない。ここに示した O 点は,ロール角が 0 のときのロールセンタであり,車体がロールすればそれに従ってロールセンタも厳密にいえば移動することになる。このようすを理解するために,**ウィッシュボーン型**と**スイングアクスル型**の懸架方式について,ロール角が生じたときのロールセンタ O′ を幾何学的に求めた

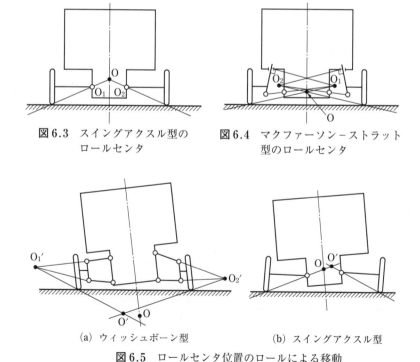

図 6.3 スイングアクスル型の
ロールセンタ

図 6.4 マクファーソン－ストラット
型のロールセンタ

(a) ウィッシュボーン型

(b) スイングアクスル型

図 6.5 ロールセンタ位置のロールによる移動

ものが図 6.5 である。

しかし，ロール角がそれほど大きくなければ，このロールセンタの移動量は小さいから，先に求めた各方式の O 点にロールセンタは固定されているとみなしてもさしつかえない。もちろん，このような固定されたロールセンタの概念を持ち込まなくても，車体のロールのメカニズムを理解することは可能である。しかし，ロールセンタを固定して考えたほうが理解しやすいし，この前提は基本的な車両の運動を理解するうえで問題はない。

そこでここでは，Eberan の考え方に従ったロールセンタの概念に基づくことにすれば，車両の前後懸架系の機構に従って前後それぞれのロールセンタが決まり，この 2 点がタイヤとサスペンション機構を一体化したばね下と車体を結合する点となる。つまり，このロールセンタは車体に対するばね下の相対的な回転運動の中心となり，車両運動中にタイヤに働く横力がばね下を通して車体に働く着力点となる。このようすを図 6.6(a) に示す。

少し先になるが，この図は上で議論したロールセンタを前提に，後述する 6.5.1 項における検討に基づいて導かれた，運動方程式の導入のための力学モデルであり，そのために必要な座標系や運動の記述のための変数なども定義されており，先にそれを読んでもらってもよいが，図のみを参照しながらこのまま読み続けても支障はない。

なお，この図のなかで使われている，本節でとくに必要になる主要な寸法や距離を示すための記号は，x 軸と前後ロールセンタ間の距離 h_{Pf}, h_{Pr}, 前後輪のトレッド d_f, d_r, 車体重心点と前後ロールセンタを結ぶ直線間の鉛直距離 h_P, 重心地上高 h_G, 水平面内での前後車軸と重心点間の距離 l_f, l_r などである。

ところで，前後のロールセンタ O_f と O_r を結ぶ線を "ロール軸" と称し，あたかも車体がこの軸のまわりにロール運動をするかのような誤解を与えかねない表現が少なからず見受けられるが，それは適切ではない。空間内を自由に運動する剛体に力とモーメントが働けば，重心点が並進運動をするとともに重心点まわりに回転運動が生じる。また，働く力の作用線が重心を通るときには重心まわりのモーメントが 0 だから回転運動は生じない。「旋回中，重心点に遠心力が働くから車体のロールが生じる」と考えるのは正しくない。さらに，特別な軸まわりに剛体が回転するのは，固定軸のような特別な軸が存在する場合のみである。特別な軸を車体は持たず，どんな軸まわりにも回転可能だから，どの軸まわりにロール回転するかではなく，どの方向の回転のことをロールとよぶのかである。これらのことは，6.5 節における運動の記述の基本になることがらである。

6.2 ローリングの幾何学 **175**

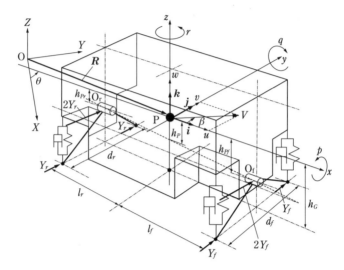

図6.6(a) ロールを含む車両の運動力学モデル

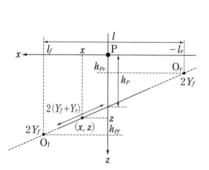

図6.6(b) 運動中のタイヤ横力着力点

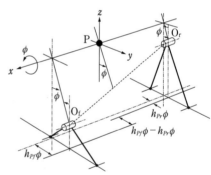

図6.6(c) 車体のロールによる前後ばね下と
ロールセンタの相対位置変化

じつは,過渡状態を含めた時々刻々の車両運動中に,車体に働く全タイヤ横力の合力の着力点は,つねにこの O_f と O_r を結ぶ線上にあるということができる. いま, 図6.6(b) に示すように,前後のロールセンタと重心点を含む鉛直な車体の横断面内に x-z 座標系をとる. 前後のロールセンタ O_f と O_r に働く前後タイヤ横力 $2Y_f$, $2Y_r$ の合力 $2(Y_f+Y_r)$ の着力点座標を (x, z) とすれば, x-z 平面に垂直な横力の合力による x 軸と z 軸まわりのモーメントはそれぞれ,次式を満足しなければならない.

$$2z(Y_f+Y_r) = 2h_{Pf}Y_f + 2h_{Pr}Y_r \quad , \quad 2x(Y_f+Y_r) = 2l_f Y_f - 2l_r Y_r$$

上の2式は

$$(z - h_{Pf}) Y_f + (z - h_{Pr}) Y_r = 0 \quad , \quad (x - l_f) Y_f + (x + l_r) Y_r = 0$$

となるから，Y_f，Y_r が 0 でないならば，

$$\begin{vmatrix} z - h_{Pf} & z - h_{Pr} \\ x - l_f & x + l_r \end{vmatrix} = 0$$

つまり，

$$z = \frac{h_{Pf} - h_{Pr}}{l} x + \frac{h_{Pf} l_r + h_{Pr} l_f}{l} \tag{6.1}$$

となり，(x, z) 点は O_f と O_r を結ぶ直線上の点であることを示している。

したがって，ロールセンタ O_f と O_r を結ぶ線は，運動中に働く全タイヤ横力の車体に働く合力の着力点が，その上を時々刻々移動する直線であるということができる。つまり，車体ロールの原因となる外力の着力点であるわけだから，図 6.6(a) のロールを含む車両の運動力学モデルを前提とするならば，O_f と O_r を結ぶ直線のまわりに車体がロールするかのような表現は適切ではない。車体に固定した座標系の z 軸まわりの運動がヨー運動であるから，それに直交する前後方向である x 軸まわりの運動をロール運動とよぶべきである（1.2節を参照）。

図 6.6(c) は走行中車体が ϕ だけロールしたときの，車体に対する前後ばね下の横方向相対位置を概念的に示したものである。x 方向に対して前後の傾斜を持つ $O_f O_r$ が，この車体の回転に伴う前後のばね下の相対横変位の差により，$O_f O_r$ は図のように x 方向に対して左右の角変位も生じる。皆川は現実の走行中の車両においても，ロールすればこの左右の角変位が生じることを指摘している[2]。

車両が停車して剛のタイヤを装着した車輪が回転していなければ，車輪は横方向に変位することができない。したがって，前後のばね下に相対横変位が生じないから，理論的に停車している前後ロールセンタ高さに差のある車両はロールすることはできない，ということは注意に値する。

6.2.2 ロール剛性と荷重移動

いま，タイヤに横力が働き，車両が一定の横加速度で定常的な円旋回をしているものとする。ところで，前後のロールセンタは図 6.6 に示すように x 軸より下にあるのが普通である。そのため，車体に働くタイヤ横力は，重心を通る x 軸回りのローリングモーメントとなり，ある一定の車体ロール角が生じる。車体がロールすれば，懸架装置左右の上下方向ばねは一方は伸び，他方は縮むことによって，タイヤ

力によるロールモーメントとつりあうモーメントを発生する。単位ロール角あたりによる，このばねの伸びおよび縮みによって発生するロールモーメントの大きさを**ロール剛性**とよぶ。

ここで，前後の懸架装置のロール剛性をそれぞれ $K_{\phi f}$, $K_{\phi r}$, 車両全体のロール剛性を $K_{\phi} = K_{\phi f} + K_{\phi r}$, また車両重量を W_P, 車両の横加速度を $\ddot{y}$ とすれば（単位はG），車両重心に働く慣性力は $\ddot{y} W_P$ となる。一方，前後輪タイヤには $2Y_f$, $2Y_r$ の横力が働き，この２つの力が O_f と O_r を着力点として車体に働く横力となり，慣性力とつりあうということである。

つまり，定常旋回時には，この２つの力の合力の大きさが $2(Y_f + Y_r) = \ddot{y} W_P$ で，ヨーモーメントが０であるから，その着力点は重心を通る鉛直軸上になる。そこで式 (6.1) の x を０と置き，そのときの z の値を h_P とすれば

$$z = h_P = \frac{h_{Pf} l_r + h_{Pr} l_f}{l}$$

となる。このように定常円旋回時のタイヤ横力の着力点は，前後のロールセンタを結ぶ直線と z 軸との交点になる。

以上より，車体に働くタイヤ横力によるロールモーメントが $2h_P(Y_f + Y_r) = h_P \ddot{y} W_P$，車体ばね下間に働く上下方向の力も，前後ロールセンタを通して伝わるとすれば，車体のロール角 ϕ の傾きで生じる重力のオフセットによるロールモーメントが，前軸で $h_{Pf} \phi l_r W_P / l$，後軸で $h_{Pr} \phi l_f W_P / l$，合計 $h_{Pf} \phi l_r W_P / l + h_{Pr} \phi l_f W_P / l = (h_{Pf} l_r + h_{Pr} l_f) / l \phi W_P = h_P \phi W_P$，左右のばね反力によるモーメントが $-K_{\phi} \phi$ であるから，

$$h_P \ddot{y} W_P + h_P W_P \phi - K_{\phi} \phi = 0$$

または，

$$\phi = \frac{h_P \ddot{y} W_P}{K_{\phi} - h_P W_P} \tag{6.2}$$

となる。

ところで，図 6.6(c) のように車体がロールすれば，前後輪ともに左右輪の一方は荷重が増し，他方は荷重が減少する。これをロールによる**荷重移動**という。簡単のため地面に接したばね下はロールせず（キャンバ変化 0），**図 6.7** に示すように，この荷重移動量を前後それぞれ ΔW_f, ΔW_r とすれば，前後ばね下に働く力によるそれぞれのロールセンタまわりのロールモーメントのつりあいから，次式が成立しなければならない。ただし，h_f, h_r はそれぞれ前後ロールセンタの地上高であり，前後の荷重移動はないものと考える。

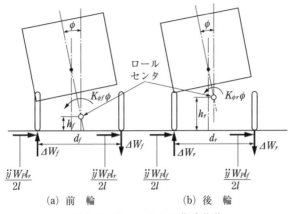

図 6.7 ロールによる荷重移動

$$K_{\phi f}\phi = \Delta W_f d_f - \frac{\ddot{y}W_P l_r}{l}h_f \tag{6.3}$$

$$K_{\phi r}\phi = \Delta W_r d_r - \frac{\ddot{y}W_P l_f}{l}h_r \tag{6.4}$$

ここで，式 (6.3)，(6.4) に式 (6.2) を代入すれば，次式を得る．

$$\Delta W_f = \frac{\ddot{y}W_P}{d_f}\left\{\frac{K_{\phi f}h_P}{K_\phi - W_P h_P} + \frac{l_r}{l}h_f\right\} \tag{6.5}$$

$$\Delta W_r = \frac{\ddot{y}W_P}{d_r}\left\{\frac{K_{\phi r}h_P}{K_\phi - W_P h_P} + \frac{l_f}{l}h_r\right\} \tag{6.6}$$

この式が一定の横加速度で走行する車両の，ロールによる左右輪の荷重移動を与えることになる．この式より，当然前後ロールセンタを結ぶ線に対する車体重心の高さ h_P が大きいほど，前後輪の荷重移動が大きくなることがわかる．さらに，前輪の荷重移動は全ロール剛性に対する前輪のロール剛性の比に，後輪のそれは後輪のロール剛性の比に比例して生じることがわかる．また，式 (6.5)，(6.6) の最後に，荷重移動がそれぞれ前後のロールセンタ地上高に直接依存する項がある．

6.2.3 キャンバ変化とロールステア

車体がロールすることによりばね下，つまり車輪もロールし，地面に対する傾きが変化することがある．これを，ロールによる車輪の対地**キャンバ変化**という．また，車体がロールすることにより，車輪は車体に対して相対的に上下方向に変位する．このとき，懸架系の機構によって，車輪は上下方向に移動しながら車体に対し

て水平面内で角変位を生じることがある。これを，**ロールステア**とよんでいる。

　ロールによるキャンバ変化やロールステアは，先にも述べたように車両の懸架系の機構に依存するものであり，車両の懸架装置はこれらを前もって考慮し，積極的にこれを取り入れたり，あるいはこれを避けたりしながら設計される。ここでは，種々の懸架系の機構に従ってキャンバ変化やロールステアのメカニズムについて詳述することは避け，キャンバ変化やロールステアに関する基本的なことがらをみることにする。なお，このようなキャンバ変化やロールステアを総称して，ロールによる**アライメント変化**とよぶことがある。

　車軸懸架方式の場合には，車体がロールしても基本的には車輪のキャンバ変化は生じない。車体のロールにより変化が生じるのは，独立懸架方式の場合であり，懸架系の機構に従って車体のロールする方向と同じ方向に対地キャンバ変化の生じる場合と，車体のロールする方向と反対方向にキャンバ変化が生じる場合の2つがある。このようすを図6.8に示している。

　独立懸架方式の懸架装置は，基本的には空間的なリンク機構を構成するから，車体のロール角，あるいは車輪接地点の車体に対する相対的な上下方向の移動によるキャンバ角の変化は，幾何学的なリンク解析によって求めることができる。ここでは，その方法について詳しく立ち入ることは避けるが，普通一般には，たとえばウィッシュボーン型の懸架装置のときには図6.8(a)のロール方向と同じ方向のキャンバ変化を生じ，スイングアクスル型のときには，ロール角があまり大きくなければ図6.8(b)のロール方向と反対向きにキャンバ変化を生じることがわかっている。

　図6.9は，ウィッシュボーン型懸架装置の車輪の車体に対する上下移動によるキャンバ角変化の計算値と実測値の例である[4]。この関係は，同じ形式の懸架装置でもリンクの配置によってかなり変わってくるものであるが，この図からロール角がそれほど大きくない場合には，車体のロール角とキャンバ変化はほぼ比例的な関係

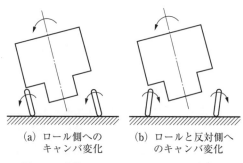

(a) ロール側へのキャンバ変化　　(b) ロールと反対側へのキャンバ変化

図6.8　車体ロールによるキャンバ変化

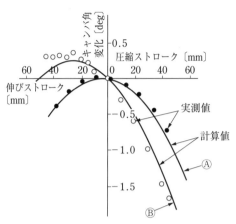

図 6.9 キャンバ角変化の実測値と計算値[4]

を有するとみなしてよい。しかし，ロール角が大きくなるとこのような線形性は保障されず，非線形性が現れることがわかる。これは，他の形式の懸架装置の場合についても総じていえることであり，このキャンバ変化の非線形性が，大きな横加速度で大きなロール角を伴う円旋回などの運動には，大きな影響を及ぼす要因のひとつとなる。このように，大きな横加速度を伴う運動を考えなければ，ロール角に比例したキャンバ変化が，車体のロールに従って図 6.8(a) または (b) の方向に生じると考えてよいだろう。

| 例題 6.1 | 図 6.2 や図 6.3 に示されるようなサスペンション系について，車輪のキャンバ角が車体のロールに対して同方向に生じるか，あるいは逆方向に生じるかを決する幾何学的な条件を検討せよ。 |

| 解 | 正方向（反時計回り）の車体つまりばね上のロールに対し，車体の左半分のすべての点は下方向に変位する。一方，ばね下はタイヤの接地点，たとえば図 6.2 の A 点のまわりに回転する。これがキャンバ変化である。したがって，ばね下の正のキャンバ変化に対し左車輪のセンターラインに対するばね下の左半分は下方向に，右半分は上方向に変位する。また，負のキャンバ変化に対しては左半分が上方に，右半分は下方に変位する。

図 6.2 や図 6.3，6.4 の瞬間回転中心 O_1 は，車体つまりばね上と左ばね下の両方に固定された共通点である。したがって，ロール運動時ばね上の |

ロールとばね下のキャンバ変化に応じてつねに同じ方向に変位しなければならない。

以上のことから，もし O_1 点が車体の中心に対して左側にあり，かつ左車輪中心線に対して右側にあれば，そのサスペンションは車体のロールに対して逆方向の車輪のキャンバ変化をもたらす。これをネガティブキャンバという。また，もし O_1 点が，車体の中心に対して左側でかつ左車輪の中心線に対しても左側にあるか，あるいは車体の中心に対しても左車輪の中心線に対しても右側にある場合には，そのサスペンションは車体のロールに対して同方向の車輪のキャンバ変化をもたらすことになる。これをポジティブキャンバという。

車体がロールすることによってどのようなロールステアが生じるかも，キャンバ変化と同じように懸架系の機構に依存する。

車軸懸架方式の場合は，板ばねを用いてばね上とばね下を結合することが多い。このような場合車体がロールし，左右の車輪が車体に対して相対的に上下に変位すれば，車軸のばね取り付け点が幾何学的に前後に移動し，車軸は車体に対して水平面内の角変位を生じる。これが，車軸懸架方式のときのロールステアである。なお，このような車軸懸架方式のロールステアをとくにロールによる**アクスルステア**とよぶことがある。

独立懸架方式は，先にも述べたように空間的なリンク機構とみなしてよいから，車体のロールに対するロールステア量は，キャンバ変化と同じように幾何学的なリンク解析によって求めることができる。とくに，独立懸架方式の場合には，同一の懸架方式でもそのリンクの配置によってロール角に対するロールステアの方向およびその大きさが大きく変わる。これを考慮して，積極的にロールステアを取り入れたり，避けたり，リンク系の配置でステア量をコントロールして設計されるのが普通である。なお，独立懸架方式の場合にも，ロール角が小さければロール角に比例したロールステアが生じると

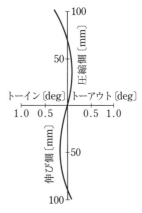

図 6.10 ロールステア（サスペンションストロークによるトー角変化）

みてよいが，その方向はリンク配置によってまったく逆になる場合もある。

独立懸架方式の場合ロールステアのことを，サスペンションの上下ストロークによる**トー角変化**とよぶことがある。**図 6.10** にサスペンションストロークに対するトー角変化の例が示されている。車両の内側に向かってステアされる場合を**トーイン**，その逆を**トーアウト**とよぶ。

6.3 車体のロールと車両のステア特性

車両の定常円旋回をみることによって，車両自体の運動性能を基本的に左右する車両のステア特性を知ることができる。

ところで，車両が定常円旋回をしていれば車両の重心点に一定の遠心力が働くから，懸架装置を考慮すれば車体はある一定のロール角を生じる。前節では，このような車体のロールのメカニズムを幾何学的に明らかにした。そこで本節では，この知識を基に，車体にロール角が伴う車両の定常円旋回を考えることにより，車体のロールが車両のステア特性にどのような影響を与えることになるかを考えてみることにする。また，補足的に懸架装置の横方向の剛性が車両のステア特性に及ぼす影響についても触れることにする。

6.3.1 荷重移動の影響

第 2 章で述べたように，タイヤのコーナリングフォースは一般に荷重に対して飽和曲線的である。したがって，左右の荷重移動がある場合の左右輪のコーナリングフォースの和は，荷重移動を考えない場合よりも減少することになり，かつこれが大きいほどコーナリングフォースの減少量も大となる。

図 6.11 にタイヤの荷重移動とコーナリングフォースの変化の関係を概念的に示してある。いま，荷重 W の両輪からなる車軸において，$\varDelta W$ の左右の荷重移動が生じたとすれば，それぞれのコーナリングフォースは $\overline{P_1 A_1}$，$\overline{P_2 A_2}$，となり，その和は $2\,\overline{BA}$ となる。それに対し，荷重移動のない場合のそれは $2\,\overline{PA}$ であるから，荷重移動によ

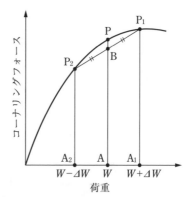

図 6.11 荷重移動とコーナリングフォース

るその車軸のコーナリングフォースの減少は，ちょうど$2\overline{\mathrm{PB}}$に相当することになる．

ところで，車体がロールすれば前後輪においてそれぞれ式 (6.5), (6.6) で示される ΔW_f, ΔW_r の左右の荷重移動が生じる．したがって，車体がロールすればそれを考えない場合に比べ前後輪のコーナリングフォースは，ΔW_f, ΔW_r の大きさに応じて減少する．ゆえに，もしロールを考えない場合と同じ速度で同じ半径の定常円旋回をするためには，同じ大きさの遠心力につり合うコーナリングフォースを得るべく，前後輪の横すべり角は ΔW_f, ΔW_r の大きさに応じて大にならねばならない．車両のステア特性は，前後輪の横すべり角の相対的な大小関係で定義された．ゆえに，$\Delta W_f > \Delta W_r$ であれば車両のステア特性は US 側に，$\Delta W_f < \Delta W_r$ であれば OS 側に変化する．

左右の荷重移 ΔW_f, ΔW_r は，式 (6.5), (6.6) に示されるように前後のロールセンタ高さ，h_f, h_r, 前後のロール剛性比 $K_{\phi f}/K_{\phi r}$, 前後輪トレッド d_f, d_r に左右されてその大きさが決まり，$h_f \to$ 大，$h_r \to$ 小，$K_{\phi f}/K_{\phi r} \to$ 大，$d_f \to$ 小，$d_r \to$ 大であるほど ΔW_f のほうが ΔW_r より大となるから，車両のステア特性は US 傾向に変化する．逆に，$h_f \to$ 小，$h_r \to$ 大，$K_{\phi f}/K_{\phi r} \to$ 小，$d_f \to$ 大，$d_r \to$ 小であるほど OS 傾向に変化することになる．

ここで，さらに詳しくロールに起因した左右の荷重移動によるその車軸の等価的なコーナリング特性の低下についてみておくことにする．

図 6.12 の曲線 OP は，ある垂直荷重 W のタイヤの横すべり角に対するコーナリングフォースを示す．これに対し，荷重が ΔW だけ大きなタイヤのコーナリングフォースは曲線 OP_1，ΔW だけ小さなタイヤのコーナリングフォースは曲線 OP_2 であ

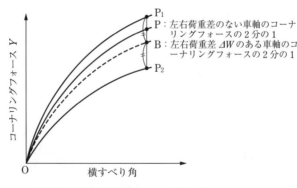

図 6.12　荷重と車軸のコーナリングフォース

るとすると，この曲線の和が左右の荷重差 ΔW があるときのその車軸のコーナリングフォースであり，それは曲線 OB の 2 倍に相当する．

もし，荷重差がなければその車軸のコーナリングフォースは曲線 OP であり，曲線 OP＞曲線 OB となることは前にも述べたとおりである．なお，この 2 つの曲線は，その値を軸荷重で除しても形はかわらない．

さて，$\ddot{y}_1$，$\ddot{y}_2$，$\ddot{y}_3$ の横加速度のとき，その車両の車軸に ΔW_1，ΔW_2，ΔW_3 の左右の荷重移動が生じると考えてみよう．左右の荷重差が ΔW_1，ΔW_2，ΔW_3 だけある車軸のコーナリングフォースを軸荷重で除した曲線は，図 6.13 のように描くことができるはずである．3.3.3 項でも述べたように，コーナリングフォースを軸荷重で除した値は車両の旋回加速度に一致する．したがって，図 6.13 の縦軸が $\ddot{y}_1$ となる点は荷重差が ΔW_1 だけあるときの曲線上に，$\ddot{y}_2$ となる点は ΔW_2 の曲線上に，$\ddot{y}_3$ となる点は ΔW_3 の曲線上に，というように各点を取り，これらの点をつなげば，この曲線が横加速度による左右の荷重移動を考慮したときの車軸の等価なコーナリング特性を示すことになる．

以上から，荷重移動によるタイヤ特性の変化は横加速度が大きく，タイヤ特性の非線形性が問題となるあたりから急激に顕著になると予想される．ここに述べた方法で荷重移動を考慮して前後軸それぞれのコーナリング特性曲線を求め，これを 3.3.3 項で用いた前後タイヤのコーナリング特性として使えば，前後懸架装置による荷重移動の定常旋回特性に及ぼす影響を調べることができる．

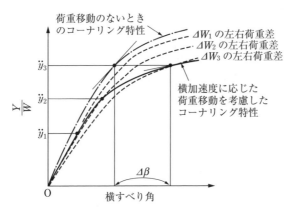

図 6.13　荷重移動による車軸のコーナリング特性の変化

6.3　車体のロールと車両のステア特性

6.3.2 キャンバ変化の影響

車体のロールによる車輪の対地キャンバの変化は，6.2.3項でも述べたように，車体のロールする方向と同じ方向に変化を生じる場合と，反対方向に変化を生じる場合の2つがある。そこで，いまここでは前者を⊕のキャンバ変化，後者は⊖のキャンバ変化とする。

いずれにせよ，車輪が地面に対してキャンバ角を生ずれば，第2章で述べたように車輪にはキャンバ角に比例した横方向の力（キャンバスラスト）が働く。定常円旋回においても車体がロールして車輪にキャンバ角が生じれば，そのときのキャンバスラストも車両重心点に働く遠心力とつり合うべき力のひとつとなる。もし，⊕のキャンバ角が生じたとすれば，キャンバスラストは遠心力の方向に働く。ゆえに，キャンバ角を考えないときと同じ半径で同じ速度の定常円旋回をするためには，車輪の横すべり角はキャンバ角を考えないときに比べさらに大きくなり，キャンバスラストの効果を打ち消すだけのコーナリングフォースを得なければならない。これと逆に，⊖のキャンバ角が生じたとすればキャンバスラストは遠心力と反対の方向に働くから，キャンバ角を考えないときに比べキャンバスラスト分だけコーナリングフォースは小さくてよく，横すべり角は小さいことになる。

ところで，車両のステア特性は，前後輪の横すべり角の相対的な大小関係で決まる。ゆえに，⊕のキャンバ変化は前輪では車両のステア特性をUS側に，後輪ではOS側に変化させる効果を持つ。逆に，⊖のキャンバ変化は車両のステア特性を前輪ではOS側に，後輪ではUS側に変化させる効果を持つことになる。

6.3.3 ロールステアの影響

車両がある一定の実舵角で車体のロールを伴いながら定常円旋回をしているときに，車体のロールにより車輪が実舵角と同じ方向に角変位を持つ場合を⊕のロールステア，実舵角と反対方向に角変位を持つ場合を⊖のロールステアとよぶことにする。

このようなロールステアを伴う車両の定常円旋回を幾何学的に考えてみると，**図6.14** が得られる。ここに，α_f，α_r は前後輪のロールステアである。

ロールステアを考えない場合の定常円旋回の幾何学的関係は，式（3.34）で与えられた。ロールステアがあるときには，図6.14よりこの式は次のように変わる。

$$\rho = \frac{l}{\delta - \beta_f + \beta_r + \alpha_f - \alpha_r} \tag{6.7}$$

この式より，車両のステア特性は前後輪の横すべり角 β_f，β_r の相対的な大小関係

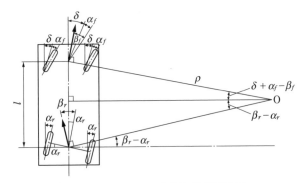

図 6.14 ロールステアを伴う定常円旋回

で決まるだけでなく，前後輪のロールステア角 α_f, α_r の影響を受けることがわかる。一定の実舵角に対する旋回半径が，速度あるいは横加速度ともに増大するときが US, 減少するときが OS であるから，前輪のロールステア α_f は ⊕ のときに車両のステア特性を OS 側に，⊖ のときに US 側に変化させる。これに対して，後輪のロールステア α_r は ⊕ のときに車両のステア特性を US 側に，⊖ のときに OS 側に変化させることになる。

このようなロールステアが，車両のステア特性に及ぼす影響を図式的にみたものが**図 6.15** である。式 (6.7) を変形すれば

$$\delta = \frac{l}{\rho} + \beta_f - \beta_r + \alpha_r - \alpha_f \tag{6.7}'$$

となる。3.3.3 項と同じようにコーナリングフォースを軸荷重で除した前軸と後軸のコーナリング特性が与えられれば，旋回横加速度 $\ddot{y}$ に対して $\beta_f - \beta_r$ が定まる。また，前軸，後軸のロールステア α_f, α_r は横加速度に比例したロール角（またはサスペンションのストローク）で決まるから，横加速度 $\ddot{y}$ に対して α_f, α_r が決まり，$\alpha_r - \alpha_f$ も定まる。

以上より，式 (6.7)' を用いれば，ロールステアを考慮したときの車両のステア特性が，ある一定の旋回半径の円旋回を行うのに必要な実舵角 δ の横加速度 $\ddot{y}$ に対する関係で示されることになる。

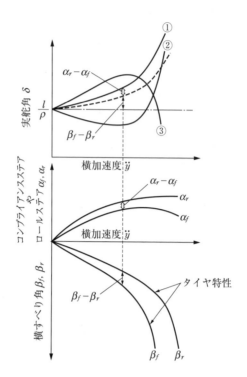

図 6.15 ロールステアを考慮した車両のステア特性

例題 6.2	前後輪のキャンバ変化は 0 で，前後輪がロール角に比例したロールステアを生じるとしたときの車両の定常円旋回を記述する式を導け．ただし，タイヤのコーナリングフォースは，タイヤの横すべり角に比例するものとせよ．
解	3.3 節の例題の解と同じように車両には mV^2/ρ の遠心力が働くから，定常円旋回における前後輪の横すべり角の大きさは，次のようになる．

$$\beta_f = \frac{mV^2 l_r}{2lK_f}\frac{1}{\rho} \quad , \quad \beta_r = \frac{mV^2 l_f}{2lK_r}\frac{1}{\rho}$$

また，式 (6.2) よりこのときのロール角 ϕ は，$K_\phi = K_{\phi f} + K_{\phi r} - W_P h_P$ とすれば

$$\phi = \frac{\ddot{y} W_P h_P}{K_\phi} = \frac{mV^2 h_P}{K_\phi}\frac{1}{\rho}$$

となる．したがって，単位ロール角あたりの前後輪のロールステアを $\partial\alpha_f/\partial\phi$, $\partial\alpha_r/\partial\phi$ とすれば

$$\alpha_f = \frac{\partial\alpha_f}{\partial\phi}\phi = \frac{\partial\alpha_f}{\partial\phi}\frac{mV^2 h_P}{K_\phi}\frac{1}{\rho}$$

$$\alpha_r = \frac{\partial\alpha_r}{\partial\phi}\phi = \frac{\partial\alpha_r}{\partial\phi}\frac{mV^2 h_P}{K_\phi}\frac{1}{\rho}$$

となる．

以上の β_f, β_r, α_f, α_r を式 (6.7) または (6.7)′ に代入して整理すれば

$$\rho = \left[1 + \left\{-\frac{m(l_f K_f - l_r K_r)}{2l^2 K_f K_r} - \frac{mh_P}{lK_\phi}\frac{\partial\alpha_f}{\partial\phi} + \frac{mh_P}{lK_\phi}\frac{\partial\alpha_r}{\partial\phi}\right\}V^2\right]\frac{l}{\delta}$$

を得る．

6.3.4 懸架装置や車体の横剛性とその影響

車体のロールは懸架装置のおかげで生じる．この懸架装置は，上下方向ばかりでなく横方向にも完全に剛の状態で車体と車輪を結合しているわけではないし，車体も完全に剛ではない．

ここでは，車体のロールを可能にしている**懸架装置の横剛性**や，**車体の剛性**の程度が等価的なタイヤ特性に及ぼす影響を考えておく．

図 6.16 は，車体と車輪の結合のようすを水平面内でモデル化したものである．大きさ V の速度で走行している車両に装着された，みかけの横すべり角 β を生じているタイヤに，横力 Y が発生している．この力により車体と懸架装置の等価的な剛性中心位置でタイヤは y の横変位と α の**コンプライアンスステア**を生じ $\dot{y}$ の横方向速度成分を持つ．この結果，実際の横すべり角と横力の関係は次式で示される．

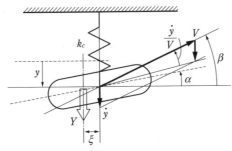

図 6.16 懸架装置と車体の横剛性を考慮したタイヤ横力モデル

6.3 車体のロールと車両のステア特性

$$Y = K(\beta - \alpha - \frac{\dot{y}}{V})$$

ただし，Kがタイヤのコーナリングパワーで，$y = Y/k_c$，$\alpha = \xi Y/K_c$，ξは横剛性中心と横力着力点間の距離，k_c，K_cは水平面内の等価的な車体と懸架装置の横剛性とねじり剛性である．これらを上式に代入して整理すると

$$\frac{eK}{k_c V}\dot{Y} + Y = eK\beta$$

となる．ただし，$e = 1/(1 + \xi K/K_c)$である．上式をラプラス変換して書き直せば

$$K(s) = \frac{Y(s)}{\beta(s)} = \frac{1}{1 + \dfrac{eK}{k_c V}s} eK$$

つまり懸架装置と車体の横剛性によるタイヤの横方向の変位により，タイヤの横力は横すべり角に対して1次遅れの応答をすることになり，コンプライアンスステアによって等価的にタイヤのコーナリングパワーがKからeKに変化するということである．前者は2.5.1項で述べたタイヤの横剛性によるコーナリングフォースの動特性と，後者は5.3.1項で述べた操舵系の剛性の影響とまったく同じことである．

ところで，コンプライアンスステアはタイヤに働く横力に応じて生じるが，旋回中の車両のタイヤに働く横力は旋回横加速度に比例的である．したがって，旋回横加速度に応じて懸架装置のコンプライアンスステアが生じる．つまり，図6.15のα_f，

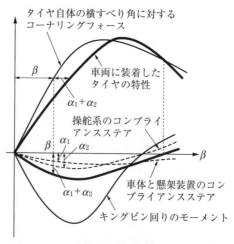

図6.17 コンプライアンスステアを考慮したコーナリング特性

α_r をコンプライアンスステアと考えれば,ロールステアとまったく同じようにコンプライアンスステアが車両のステア特性に及ぼす影響をみることができる.

図 6.17 は,車体と懸架装置の横剛性と操舵系の剛性を同時に考慮した等価的なコーナリング特性を,実際のタイヤのコーナリング特性とコンプライアンスステアから図式的に求めようとしているものである.装着したタイヤに横すべり角 β が生じ,コーナリングフォースとキングピン回りのモーメントが働き,車体,懸架装置と操舵系のコンプライアンスステア α_1, α_2 が生じたとする.実際の横すべり角は β であるが,$\alpha_1+\alpha_2$ のステア角が新たに生じたから,このコーナリングフォースは見かけ上 $\beta+\alpha_1+\alpha_2$ の車輪の横すべりに対して生じるコーナリングフォースになる.このような図式的な扱いをすれば,コンプライアンスステアが横力に,横力が横すべり角に比例的でない場合にも,その影響が検討可能になる.

6.4 懸架系の構造原理

ところで,6.1 節でも述べたように,タイヤが取り付けられたナックルと車体は,懸架装置を介して結合され相対的な運動をする.この結合はさまざまなリンクによって構成され,それによって車両の運動中に車体に対してタイヤがどのような位置と姿勢をとるかが決まり,車両運動に影響を及ぼす.ここではこのような懸架系リンク機構の構造原理について簡単に述べておくことにする.

一般に,空間内における剛体の運動は 3 つの並進運動と 3 つの回転運動,合計 6 つの自由度を持つ.したがって,車体に対するナックルの相対的な位置(あるいは運動)も 6 つの自由度を持つということができる.このようすを図示したものが図 6.18 である.

そこでいま,車体上のある点とナックル側のある点が,両端に球面のロッドエンドを持つ剛なリンクでつなげられたとすると,ナックル側の点は車体側の点からつねに一定の距離を保ったまま運動しなければならないという 1 つの拘束条件を課せられたことになり,車体に対するナックルの運動の自由度は 6−1=5 になる.

このようにしてさらに,この拘束を 2, 3, …… と増やしていき,車体と

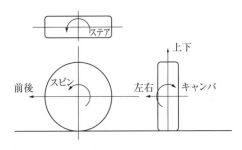

図 6.18 車体に対するタイヤを装着したナックルの相対運動

ナックルがそれぞれ独立した5本の剛なリンクで結合されたとすると，その結果ナックルは5つの拘束条件のもとで車体に対して相対的に運動することになる。この状態をナックルの運動の自由度が6−5＝1であるという。運動の自由度が1ということは，それで決まるたった1つの軌跡をたどってナックルが車体に対して相対運動をするということであり，これが結果として懸架系リンク構造の目的になる。

このような5本の剛なリンクによって車体に対してナックルが拘束されて相対運動をするサスペンションが5リンクサスペンション，あるいはマルチリンクサスペンションといわれている。じつは，原理的にいえばすべてのサスペンションは，等価的にすべからく5リンクサスペンションであるということができる。

たとえば，ダブルウィッシュボーンサスペンションのAアームは，2つの車体側取り付け点からそれぞれAアーム先端のナックル取り付け点までの距離が一定値を保つように運動を拘束するから，2自由度の拘束を与える。したがって，上下2つのAアームにより車体に対するナックルの運動の自由度が6−2×2＝2となる。そして，さらに1本の剛のアームで車体とナックルを結合すれば，2−1＝1の相対的な運動の自由度が実現し，目的とするサスペンションの機能が発揮されることになる。

マクファーソン−ストラット型サスペンションのスライダーのナックル側の点は，車体に固定されたストラットバー軸上をつねに直線運動をしなければならない。つまり，その直線上のナックル側の点を x，y，z とし適当な常数を a，b，c と l，m，n とすれば，

$$\frac{x-a}{l} = \frac{y-b}{m} = \frac{z-c}{n}$$

が成り立たねばならない。これはナックルの運動に2つの条件式による拘束を与えるものであり，運動の自由度は6−2＝4となる。さらに，Aアームと1本の剛のアームが運動を拘束すれば，4−2−1＝1の車体とナックルの相対的な運動の自由度が実現し，サスペンション機能が成り立つことになる。

その他のサスペンション形式についても同様であり，これが懸架系リンク機構の基本的な構造原理である。

6.5 ロールを含む車両の運動の記述

これまでは，一定の横加速度の円旋回時に生じる車体のロールのメカニズムとその車両運動に及ぼす影響を，静的な取り扱いによりもっぱら幾何学的あるいは静力学的にみてきた。次に，それらの知識をもとにさらに一般的に車体のロールを含む

車両運動を論じることのできる，車両の運動方程式を導くことにする．

6.5.1 力学モデル

運動方程式を導くためには，それが対象とする力学モデルの設定が必要になる．第3章では，基本的な車両運動を理解するために車体の鉛直方向の高さを無視して，地面に投影された長方形の剛体の板に4つの車輪が直接装着された力学モデルを想定した．しかし，6.1節で述べたように，実際の車両は

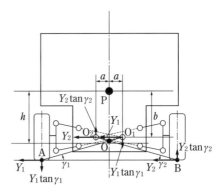

図 6.19 サスペンションと車体の相対運動と剛体のロッドによる置き換え

地面に接した車輪が懸架装置を介して，高さを無視することのできない車体に弾性結合されており，このため車両の運動中に車体のロールが生じる．また，この懸架装置を通して車輪に働く横力が車体に伝わり，車両運動を支配することになる．

このような車両をモデル化する必要があるが，6.4節においてすべての懸架装置は原理的に5リンクで構成された複雑なものであることを述べた．これをそのままモデル化しようとしてもかなり錯綜したものになり，解析的見通しを得るのが困難になる．そこで通常はもう少し簡易で見通しのきく懸架装置のモデル化を行う．

図 6.19 は 6.2.1 項でロールセンタを考えたときと同様にして，ダブルウィッシュボーン型サスペンション機構の例を示したもので，タイヤとサスペンションリンクは左右それぞれ O_1，O_2 で示される瞬間回転中心まわりに，車体に対して相対的な運動をすることになる．このときもし車体ロール角が十分小さいと仮定すると，点 O_1，O_2 は車体に対してほとんど動かず車体に固定された点と考えてよい．

したがって，図に示すように，それぞれ左右のタイヤとサスペンションリンクは一体化して，O_1，O_2 点を支点として車体に対して回転する剛のロッド AO_1，BO_2 とみなすことができる．ただし，A，B 点が左右タイヤの接地点である．

いま，A，B 点に働くタイヤの横方向の力を Y_1，Y_2 とすると，剛体 AO_1，BO_2 を通して車体 O_1，O_2 点に働く横方向の力は Y_1，Y_2 となる．この剛体は O_1，O_2 点で回転が自由でモーメントを伝えず軸力のみが伝わるから，O_1，O_2 点には上下方向の力 Z_1，Z_2 が働き，それが A，B 点では地面からの反力になる．ここでロール角が小さいと考え $\gamma_1 = \gamma_2 = \gamma$ とみなしてよいから

$$Z_1 = Y_1 \tan \gamma_1 = Y_1 \tan \gamma \quad , \quad Z_2 = Y_2 \tan \gamma_2 = Y_2 \tan \gamma \tag{6.8}$$

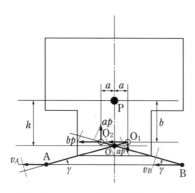
図6.20 ロッドで置き換えられたタイヤとサスペンションの運動

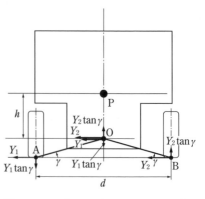
図6.21 タイヤ－サスペンション系の力学モデル

となる。

したがって，タイヤに働く横力により，車体に働く横方向の力の合力は $Y_1 + Y_2$ であり，重心点Pのまわりのロールモーメントは

$$bY_1 + bY_2 + aY_1 \tan\gamma + aY_2 \tan\gamma = (b + a\tan\gamma)(Y_1 + Y_2) = h(Y_1 + Y_2) \tag{6.9}$$

と書くことができる。ただし，h は前後ロールセンタからの重心点の高さである。

また一方，図6.20に示すように重心まわりの車体ロール角速度pによるA，B点の地面内横方向の速度を v_A，v_B とすると，それぞれA点とO_1点，B点とO_2点の軸方向速度成分が等しいから，

$$v_A \cos\gamma = ap\sin\gamma + bp\cos\gamma$$
$$v_B \cos\gamma = ap\sin\gamma + bp\cos\gamma$$

であり，

$$v_A = v_B = (a\tan\gamma + b)p = hp \tag{6.10}$$

となる。つまり車体のロール運動によるタイヤ接地点A，Bの横方向速度は，重心点Pのまわりのロールによる O 点の横方向速度に一致する。したがって，車体はロールセンタO点で接地したかのようにみなされ，その横方向速度に応じたタイヤ横力がO点に働くモデルに等価であるということができる。

以上より，ロールが小さくほとんどロールセンタは動かず $\gamma_1 = \gamma_2 = \gamma$ とみなしてよい範囲の運動であれば，図6.21のようなタイヤ－サスペンション系の力学モデルを想定することができるということである。ここでは地面とタイヤのあいだに働く横方向の力 Y_1，Y_2 は O 点を通して車体に働く横力となり，タイヤに働く上下力

$Y_2 \tan \gamma$ と $-Y_1 \tan \gamma$ が車体の O 点に働く上下力になるとみなしてよい。

以上をふまえれば，6.2.1 項ですでに述べたように，車体のロールを含む車両全体の運動を記述するための車両の力学モデルは，図 6.21 のようなタイヤやサスペンション系が，それぞれ車体の前後にピボット結合された，図 6.6(a) のような力学モデルになる[2]。これが本章で扱う車両運動の運動力学モデルである。

さて，3.2.1 項でも述べたことであるが，一般に固定点や固定軸がなく空間内を自由に運動することのできる剛体の運動は，重心点の並進運動と重心点まわりの回転運動であり，それらは普通，その剛体に固定されて剛体とともに運動する動座標系を用いて記述される。まず，図 6.6(a) に示すような絶対空間に適当に固定され X–Y 面が地面に平行な座標系を X–Y–Z とする。また，車両の重心点 P を原点とし，静止時に地面に平行な車両の前後方向を x 軸（前方を正とする），左右方向を y 軸（左方を正にとる），上下方向を z 軸（上向きを正にとる）とした車両に固定された座標系を x–y–z とする。

x，y，z 方向の単位ベクトルを $\boldsymbol{i}$，$\boldsymbol{j}$，$\boldsymbol{k}$ とし，P 点の x，y，z 方向の運動の速度成分を u，v，w，X–Y–Z 座標に対する位置ベクトルを $\boldsymbol{R}$ とすれば，その速度ベクトルは

$$\dot{\boldsymbol{R}} = u\boldsymbol{i} + v\boldsymbol{j} + w\boldsymbol{k} \tag{6.11}$$

と書くことができる。

また，車両の x，y，z 軸まわりの角速度を p，q，r とすれば車両の角速度ベクトルは

$$\boldsymbol{\omega} = p\boldsymbol{i} + q\boldsymbol{j} + r\boldsymbol{k} \tag{6.12}$$

である。

6.5.2 慣性項

先にも述べたように，剛体としての車両の運動はその重心点の並進運動と，車両重心点まわりの回転運動に分けて考えてよい。

（1）並進運動[5] ────────

式 (6.11) を微分し P 点の加速度ベクトルを求めると

$$\ddot{\boldsymbol{R}} = \dot{u}\boldsymbol{i} + u\dot{\boldsymbol{i}} + \dot{v}\boldsymbol{j} + v\dot{\boldsymbol{j}} + \dot{w}\boldsymbol{k} + w\dot{\boldsymbol{k}} \tag{6.13}$$

ここで，

$$\dot{\boldsymbol{i}} = \boldsymbol{\omega} \times \boldsymbol{i} = r\boldsymbol{j} - q\boldsymbol{k}$$
$$\dot{\boldsymbol{j}} = \boldsymbol{\omega} \times \boldsymbol{j} = p\boldsymbol{k} - r\boldsymbol{i}$$
$$\dot{\boldsymbol{k}} = \boldsymbol{\omega} \times \boldsymbol{k} = q\boldsymbol{i} - p\boldsymbol{j} \tag{6.14}$$

6.5 ロールを含む車両の運動の記述 **195**

であるからこれを式（6.13）に代入すれば

$$\ddot{\boldsymbol{R}} = (\dot{u} - vr + wq)\boldsymbol{i} + (\dot{v} + ur - wp)\boldsymbol{j} + (\dot{w} - uq + vp)\boldsymbol{k} \tag{6.15}$$

となる。いま，ここで対象とする車両の運動は，前後方向に一定速度 V で走行しているときの操舵に対する運動であるとすれば，運動中の車両の前後方向と上下方向の加速度はほとんど 0 で，第 3 章で扱ったときと同じように，対象とする車両の並進運動は横方向（ y 方向）の運動のみとしてよい。そしてそのときの横加速度は 3.2.1 項と同じように

$$a_y = \dot{v} + ur = V(\dot{\beta} + r) \tag{6.16}$$

となる。

したがって，車両横方向の運動の慣性力は

$$Y = mV(\dot{\beta} + r) \tag{6.17}$$

である。

（2）回転運動[5] ────

回転運動中の車体の重心点 P のまわりの角運動量 $\boldsymbol{H}$ は

$$\begin{aligned}
\boldsymbol{H} &= H_x\boldsymbol{i} + H_y\boldsymbol{j} + H_z\boldsymbol{k} \\
&= \boldsymbol{I} \times \boldsymbol{\omega} \\
&= (I_{xx}p - I_{xy}q - I_{xz}r)\boldsymbol{i} + (-I_{yx}p + I_{yy}q - I_{yz}r)\boldsymbol{j} \\
&\quad + (-I_{xz}p - I_{zy}q + I_{zz}r)\boldsymbol{k}
\end{aligned} \tag{6.18}$$

と書くことができる。ただし，$\boldsymbol{I}$ は P 点まわりの車体の慣性テンソルである。

ところで，角運動量の微分が運動中の剛体の慣性モーメントであるから

$$\begin{aligned}
\boldsymbol{M} &= \frac{d}{dt}\boldsymbol{H} = \frac{d}{dt}\left(H_x\boldsymbol{i} + H_y\boldsymbol{j} + H_z\boldsymbol{k}\right) \\
&= \dot{H}_x\boldsymbol{i} + H_x\dot{\boldsymbol{i}} + \dot{H}_y\boldsymbol{j} + H_y\dot{\boldsymbol{j}} + \dot{H}_z\boldsymbol{k} + H_z\dot{\boldsymbol{k}} \\
&= (\dot{H}_x - rH_y + qH_z)\boldsymbol{i} + (\dot{H}_y - pH_z + rH_x)\boldsymbol{j} + (\dot{H}_z - qH_x + rH_y)\boldsymbol{k} \\
&= L\boldsymbol{i} + M\boldsymbol{j} + N\boldsymbol{k}
\end{aligned} \tag{6.19}$$

と書くことができる。

ここでさらに式（6.18）より

$$\begin{aligned}
H_x &= I_{xx}p - I_{xy}q - I_{xz}r \\
H_y &= -I_{yx}p + I_{yy}q - I_{yz}r \\
H_z &= -I_{xz}p - I_{zy}q + I_{zz}r
\end{aligned} \tag{6.20}$$

であるから，これを式（6.19）に代入すれば

196　第 6 章　車体のロールと車両の運動

$$\boldsymbol{M} = L\boldsymbol{i} + M\boldsymbol{j} + N\boldsymbol{k}$$
$$= \left\{ I_{xx}\dot{p} - (I_{yy} - I_{zz})rq + I_{yz}(r^2 - q^2) - I_{xz}(pq + \dot{r}) + I_{xy}(pr - \dot{q}) \right\}\boldsymbol{i}$$
$$+ \left\{ I_{yy}\dot{q} - (I_{zz} - I_{xx})rp + I_{xz}(p^2 - r^2) - I_{xy}(qr + \dot{p}) + I_{yz}(qp - \dot{r}) \right\}\boldsymbol{j}$$
$$+ \left\{ I_{zz}\dot{r} - (I_{xx} - I_{yy})qp + I_{xy}(q^2 - p^2) - I_{yz}(rp + \dot{q}) + I_{xz}(rq - \dot{p}) \right\}\boldsymbol{k}$$

$$(6.21)$$

となる。

ここで，いま対象にしている車両は水平な路面上を前後方向に一定の速度で走行しているから，まず，y 軸まわりの回転運動つまりピッチ運動は生じないとして，これを無視する。また，車体は x-z 面に対して対称と考えれば

$$I_{xy} = I_{yz} = 0$$

としてよい。その結果式（6.21）はかなり簡単に

$$\boldsymbol{M} = L\boldsymbol{i} + N\boldsymbol{k}$$
$$= (I_{xx}\dot{p} - I_{xz}\dot{r})\boldsymbol{i} + (I_{zz}\dot{r} - I_{xz}\dot{p})\boldsymbol{k} \tag{6.22}$$

となる。

つまり，考慮の対象になる車両の回転運動は，z 軸まわりのヨー運動と x 軸まわりのロール運動ということになり，

$$L = I_{xx}\dot{p} - I_{xz}\dot{r}$$
$$N = I_{zz}\dot{r} - I_{xz}\dot{p} \tag{6.23}$$

である。

6.5.3 外力

ここで対象とするロールを含む車両運動を支配する主要な外力は，第 3 章と同じでタイヤに働く横力である。ただし，6.4 節でも述べたように，車体に対してタイヤが相対運動をすれば，懸架系のリンク構造に応じて，車体に対するタイヤのステア角やキャンバ角が生じる。したがって，タイヤに働く横力は，横すべり角に応じたコーナリングフォースとキャンバ角によるキャンバスラストを考えなければならない。また，ロールによるサスペンション反力と重力の着力点変化がロール運動を支配する外力になる。

（1）コーナリングフォース ――――

6.5.1 項の議論からもわかるように，タイヤの接地点，A，B 点と C，D 点の横方向速度は，それぞれロールセンタ O_f，O_r の横方向速度に一致する。したがって，第 3 章と同じように考えれば，前後輪のタイヤの横すべり角 β_f，β_r は，h_{Pf}，h_{Pr} を

6.5　ロールを含む車両の運動の記述　**197**

それぞれ前後車軸位置でのロールセンタと x 軸間の距離として，次のように書くことができる。

$$\beta_f = \frac{v + l_f r + h_{Pf}\dot{\phi}}{V} - \delta - \alpha_f = \beta + \frac{l_f}{V}r + \frac{h_{Pf}\dot{\phi}}{V} - \delta - \alpha_f$$

$$\beta_r = \frac{v - l_r r + h_{Pr}\dot{\phi}}{V} - \alpha_r = \beta - \frac{l_r}{V}r + \frac{h_{Pr}\dot{\phi}}{V} - \alpha_r \tag{6.24}$$

ただし，ロールステア α_f，α_r はロール角に比例的で

$$\alpha_f = \frac{\partial \alpha_f}{\partial \phi}\phi \quad , \quad \alpha_r = \frac{\partial \alpha_r}{\partial \phi}\phi \tag{6.25}$$

と書けるものとする。ロールステア率 $\partial\alpha_f/\partial\phi$, $\partial\alpha_r/\partial\phi$ は単位ロール角あたりのロールステアで，正のロール角に対して正，つまり反時計回りのステア角が生じるときに正の値をとる。なお，左右のタイヤでは車体の上下ストロークに対するステア角の方向が逆であるから，車体のロール角に対する左右タイヤのステア角の方向は同じになる。

したがって，前後タイヤに働くコーナリングフォースは

$$Y_1 + Y_2 = 2Y_f = -2K_f\beta_f = -2K_f\beta_f = -2K_f\left(\beta + \frac{l_f}{V}r + \frac{h_{Pf}\dot{\phi}}{V} - \delta - \frac{\partial\alpha_f}{\partial\phi}\phi\right)$$

$$Y_3 + Y_4 = 2Y_r = -2K_r\beta_r = -2K_r\left(\beta - \frac{l_r}{V}r + \frac{h_{Pr}\dot{\phi}}{V} - \frac{\partial\alpha_r}{\partial\phi}\phi\right) \tag{6.26}$$

となる。ただし，ロールに伴う左右の荷重移動により Y_1，Y_2 および Y_3，Y_4 の一方は増加，他方は減少するが，その和は変化しないとしている。

（2）キャンバスラスト ————

車体のロールによって生じるキャンバ角がロール角に比例するものとすれば，前後輪それぞれ2輪に働くキャンバスラスト $2Y_{cf}$，$2Y_{cr}$ は次のようになる。

$$2Y_{cf} = -2K_{cf}\frac{\partial\phi_f}{\partial\phi}\phi \quad , \quad 2Y_{cr} = -2K_{cr}\frac{\partial\phi_r}{\partial\phi}\phi \tag{6.27}$$

ただし，K_{cf}，K_{cr} は前後輪タイヤのキャンバスラスト係数である。また，$\partial\phi_f/\partial\phi$, $\partial\phi_r/\partial\phi$ は車体の単位ロール角あたりに生じる前後輪のキャンバ角であり，ロール角と同じ方向にキャンバ角が生じるときに正にとるものとする。なお，このとき左右のタイヤでは，ロールステアの場合と同じように，車体に対する上下のストロークによるキャンバ角の方向が逆になるから，車体のロール角に対する左右のキャンバ角の方向は同じになる。また，コーナリングフォースと同様に左右のキャンバスラストの和は，ロールによる荷重移動の影響を受けないとしている。

198 第6章 車体のロールと車両の運動

（3）ばねおよびショックアブソーバ反力と重力───────

　次に，車体がロールすれば懸架装置のばねおよびショックアブソーバの反力を受ける。この反力が車体に対する x 軸まわりのモーメントになる。したがって，ばねの反力によるロールモーメントは $-K_\phi\phi$，ショックアブソーバによるロールモーメントは $-C_\phi d\phi/dt$ である。ただし，K_ϕ，C_ϕ はそれぞれ前後サスペンションのロール剛性係数，ロール粘性減衰係数の和である。

　また，車体がロールすれば車体重力の鉛直な作用線と x 軸のあいだにオフセットが生じる。これによる前後軸位置で車体に働くロールモーメントの和は，6.2.2項ですでにみたように $mgh_P\phi$ となる。

6.5.4 運動方程式

　6.5.3項より，車両に働く横方向つまり y 方向の全外力は

$$\sum F_y = 2Y_f + 2Y_r + 2Y_{cf} + 2Y_{cr} \tag{6.28}$$

となり，車両にかかる全外力による z 軸まわりのヨーイングモーメントは

$$\sum M_z = 2l_f Y_f - 2l_r Y_r + 2l_f Y_{cf} - 2l_r Y_{cr} \tag{6.29}$$

となる。

　また，車体に働く x 軸まわりのローリングモーメントは，サスペンション反力と重力によるモーメント，タイヤに働く横力がサスペンションロッドを通して前後のロールセンタに働くことによるモーメントであるから

$$\sum M_x = 2h_{Pf}(Y_f + Y_{cf}) + 2h_{Pr}(Y_r + Y_{cr}) + (-K_\phi + mgh_P)\phi - C_\phi\dot\phi \tag{6.30}$$

となる。

　したがって，車両の y 軸方向の並進運動，z 軸および x 軸まわりの回転運動，つまりヨーイング運動とローリング運動の運動方程式は

$$Y = \sum F_y \quad , \quad N = \sum M_z \quad , \quad L = \sum M_x \tag{6.31}$$

と書くことができる。

　この式に先に求めた式 (6.17)，(6.23) および式 (6.28)，(6.29)，(6.30) を代入すれば，次式のような車体のローリング運動を含む車両の運動方程式を具体的に得ることができる。なお，ここで $d\phi/dt = p$ であり，あらためて I_{xx}，I_{zz} の代わりに I_ϕ，I を用いている。I は前章までと同じように車両全体のヨーイング慣性モーメント，I_ϕ は x 軸まわりの車体のローリング慣性モーメントである。

$$mV\left(\frac{d\beta}{dt} + r\right) = -2K_f\left(\beta + \frac{l_f}{V}r - \delta + \frac{h_{Pf}}{V}\dot\phi - \frac{\partial\alpha_f}{\partial\phi}\phi\right)$$

6.5　ロールを含む車両の運動の記述　　**199**

$$-2K_r\left(\beta - \frac{l_r}{V}r + \frac{h_{Pr}}{V}\dot{\phi} - \frac{\partial \alpha_r}{\partial \phi}\phi\right)$$

$$-2\left(K_{cf}\frac{\partial \phi_f}{\partial \phi} + K_{cr}\frac{\partial \phi_r}{\partial \phi}\right)\phi \tag{6.32}$$

$$I\dot{r} - I_{xz}\ddot{\phi} = -2l_f K_f\left(\beta + \frac{l_f}{V}r - \delta + \frac{h_{Pf}}{V}\dot{\phi} - \frac{\partial \alpha_f}{\partial \phi}\phi\right)l_f$$

$$+2l_r K_r\left(\beta - \frac{l_r}{V}r + \frac{h_{Pr}}{V}\dot{\phi} - \frac{\partial \alpha_r}{\partial \phi}\phi\right)l_r$$

$$-2\left(l_f K_{cf}\frac{\partial \phi_f}{\partial \phi} - l_r K_{cr}\frac{\partial \phi_r}{\partial \phi}\right)\phi \tag{6.33}$$

$$I_\phi \ddot{\phi} - I_{xz}\dot{r} = -2h_{Pf}\left\{K_f\left(\beta + \frac{l_f}{V}r - \delta + \frac{h_{Pf}}{V}\dot{\phi} - \frac{\partial \alpha_f}{\partial \phi}\phi\right) + K_{cf}\frac{\partial \phi_f}{\partial \phi}\right\}$$

$$-2h_{Pr}\left\{K_r\left(\beta - \frac{l_r}{V}r + \frac{h_{Pr}}{V}\dot{\phi} - \frac{\partial \alpha_r}{\partial \phi}\phi\right) + K_{cr}\frac{\partial \phi_r}{\partial \phi}\right\}$$

$$-(K_\phi - mgh_P)\phi - C_\phi \dot{\phi} \tag{6.34}$$

ここでさらに慣性乗積 I_{xz} は小さいものとして無視し，ロールステアとキャンバス
スラストは運動方程式のなかでまったく同じ形で入っており，その運動に及ぼす影響
は同等であるからキャンバスラストは省略し，式（6.32）～（6.34）の右辺を展開
して整理すれば次式を得る。

$$mV\frac{d\beta}{dt} + 2(K_f + K_r)\beta + \left\{mV + \frac{2(l_f K_f - l_r K_r)}{V}\right\}r$$

$$+ \frac{2(h_{Pf}K_f + h_{Pr}K_r)}{V}\dot{\phi} - 2Y_\phi \phi = 2K_f \delta \tag{6.35}$$

$$2(l_f K_f - l_r K_r)\beta + I\dot{r} + \frac{2(l_f^2 K_f + l_r^2 K_r)}{V}r + \frac{2(h_{Pf}l_f K_f - h_{Pr}l_r K_r)}{V}\dot{\phi} - 2N_\phi \phi$$

$$= 2l_f K_f \delta \tag{6.36}$$

$$2(h_{Pf}K_f + h_{Pr}K_r)\beta + \frac{2(h_{Pf}l_f K_f - h_{Pr}l_r K_r)}{V}r + I_\phi \ddot{\phi}$$

$$+ \left\{C_\phi + \frac{2(h_{Pf}^2 K_f + h_{Pr}^2 K_r)}{V}\right\}\dot{\phi} + K_\phi^* \phi = 2h_{Pf}K_f \delta \tag{6.37}$$

ただし，

$$Y_\phi = \frac{\partial \alpha_f}{\partial \phi} K_f + \frac{\partial \alpha_r}{\partial \phi} K_r$$

$$N_\phi = \frac{\partial \alpha_f}{\partial \phi} l_f K_f - \frac{\partial \alpha_r}{\partial \phi} l_r K_r$$

$$K_\phi^* = K_\phi - mgh_P - 2M_\phi$$

$$M_\phi = \frac{\partial \alpha_f}{\partial \phi} h_{Pf} K_f + \frac{\partial \alpha_r}{\partial \phi} h_{Pr} K_r \tag{6.38}$$

である。

これがここで扱うロールを含めた車両の運動を記述する基本的な運動方程式である。

6.6 車体のロールが車両運動に及ぼす影響

6.6.1 定常円旋回

定常円旋回は先の式 (6.31) において，$\dot{\beta} = \dot{r} = \dot{\phi} = 0$ とおいて記述することができる。キャンバスラストを省略すればそれは次のようになる。

$$mVr = 2Y_f + 2Y_r \quad , \quad 2l_f Y_f - 2l_r Y_r = 0$$

$$2h_{Pf} Y_f + 2h_{Pr} Y_r - (K_\phi - mgh_P)\phi = 0 \tag{6.39}$$

この式から Y_f，Y_r を消去すると

$$\phi = \frac{mh_P V}{K_\phi - mgh_P} r \tag{6.40}$$

となる。これを式 (6.35)，(6.36) に代入し，$\dot{\beta} = \dot{r} = \ddot{\phi} = \dot{\phi} = 0$ とすれば

$$2(K_f + K_r)\beta + \left\{ mV + \frac{2(l_f K_f - l_r K_r)}{V} - \frac{2mh_P V Y_\phi}{K_\phi - mgh_P} \right\} r = 2K_f \delta$$

$$2(l_f K_f - l_r K_r)\beta + \left\{ \frac{2(l_f^2 K_f + l_r^2 K_r)}{V} r - \frac{2mh_P V N_\phi}{K_\phi - mgh_P} \right\} r = 2l_f K_f \delta \tag{6.41}$$

であるから，この式から車体のロールを含む車両運動の定常ヨー角速度を求めると次のようになる。

$$r = \frac{1}{1 + \left\{ -\frac{m(l_f K_f - l_r K_r)}{2l^2 K_f K_r} + \frac{mh_P \left(-\frac{\partial \alpha_f}{\partial \phi} + \frac{\partial \alpha_r}{\partial \phi} \right)}{l(K_\phi - mgh_P)} \right\} V^2} \frac{V}{l} \delta$$

6.6 車体のロールが車両運動に及ぼす影響　**201**

$$= \frac{1}{1 + A^* V^2} \frac{V}{l} \delta \tag{6.42}$$

ただし，A^* は

$$A^* = A + \frac{mh_P\left(-\dfrac{\partial \alpha_f}{\partial \phi} + \dfrac{\partial \alpha_r}{\partial \phi}\right)}{l(K_\phi - mgh_P)} \tag{6.43}$$

で，ロールを考慮したときのスタビリティファクタである。$\partial \alpha_f/\partial \phi$ は負，$\partial \alpha_r/\partial \phi$ は正のとき車両はアンダステア化することがわかる。

6.6.2 操舵に対するロールを伴う車両の応答

さて，それがかなり複雑なものであっても，3.3 節の冒頭で述べたように，いったん運動方程式が与えられれば，これを計算機を用いて数値的に解くことは容易である。運動方程式を定められた一定の条件下で解きその結果をみるということは，たしかにその一定の条件下で運動が具体的にどのようになるかを理解することはできるが，必ずしも背後にある運動にかかわる一般性のある知見にすぐに到達できるとはいえない。

しかし，ここでは過渡状態を含めて操舵に対するロールを含む車両運動が，まずどのようになるかをみるために，MATLAB Simulink ソフトウェアを用いて，各車両速度において 1 周期の sin 状の操舵入力およびステップ入力に対して，車両の横加速度，ヨー角速度，車体ロールの時刻歴が具体的にどうなるかをみた。

その結果が図 6.22(a)，(b) である。なお，このときの車両諸元は表 6.1 のとおりであり，後の数値計算で必要なときにも，基本的にこの諸元を用いている。なお，横加速度が 0.5 G のときの車体のロール角をその車両の**ロール率**とよぶ。そこで，ここでは，入力の操舵角の大きさを各車速で横加速度が最大約 0.5 G となるように調整して計算を進めている。

さて，操舵に対してヨー角速度と横加速度が発生する。ヨー角速度に対して横加速度の応答は速度が大きくなるとともにその遅れが目立ってくるのは，3.4.3 項で述べたようにヨー角速度と横加速度のあいだに横すべり速度が介在するからである。その横加速度つまりタイヤに働く横力が，車体側の着力点である前後軸位置でのロールセンタに対する x 軸の高さ h_{Pf}，h_{Pr} により，車体に働くロールモーメントとなりロール角が生じる。したがって，操舵に対するロール角の応答は，横加速度やヨー角速度の応答に対して遅れを伴うことになる。この傾向は速度とともに顕著になり，それが図 6.22 にもよく現れている。

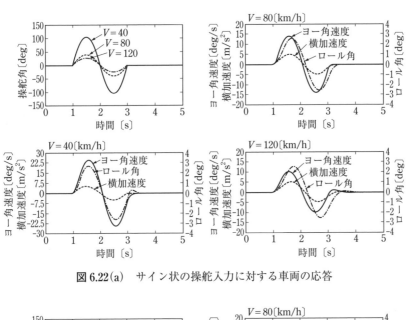

図 6.22(a) サイン状の操舵入力に対する車両の応答

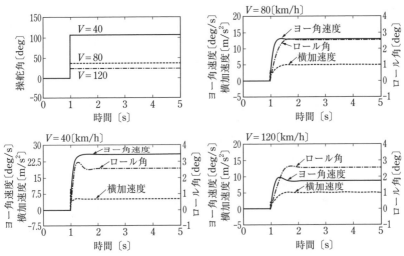

図 6.22(b) ステップ状の操舵入力に対する車両の応答

ステップ操舵入力に対するヨー角速度とロール角速度の応答の時刻歴を用いて，山本と香村はヨー角速度—ロール角速度線図を描き，基本的な車両諸元が操舵時の車両のロール応答とヨー応答の関係に及ぼす影響を，詳細に分析している[6]。操舵に対する車両運動中の車体姿勢が，車両運動性能評価に大きな影響を及ぼしているこ

6.6 車体のロールが車両運動に及ぼす影響　　***203***

表 6.1　車両諸元

記号	内容	値
m	車両質量	$1400\,\mathrm{kg}$
l	ホイールベース	$2.70\,\mathrm{m}$
l_f	前軸重心間距離	$1.08\,\mathrm{m}$
l_r	後軸重心間距離	$1.62\,\mathrm{m}$
K_f	前輪タイヤコーナリングパワー	$55\,\mathrm{kN/rad}$
K_r	後輪タイヤコーナリングパワー	$60\,\mathrm{kN/rad}$
I	ヨー慣性モーメント	$2500\,\mathrm{kgm^2}$
I_ϕ	ロール慣性モーメント	$450\,\mathrm{kgm^2}$
C_ϕ	ロール減衰係数	$6.8\,\mathrm{kNm/rad/s}$
K_ϕ	ロール剛性係数	$77\,\mathrm{kNm/rad}$
h_P	ロールセンタを結ぶ線からの重心鉛直高さ	$0.45\,\mathrm{m}$
h_G	重心地上高	$0.55\,\mathrm{m}$
h_{Pf}	前軸ロールセンタ x 軸間距離	$0.533\,\mathrm{m}$
h_{Pr}	後軸ロールセンタ x 軸間距離	$0.326\,\mathrm{m}$
h_f	前軸ロールセンタ地上高	$0.017\,\mathrm{m}$
h_r	後軸ロールセンタ地上高	$0.224\,\mathrm{m}$

とが指摘されている。重量の大きな電池の搭載などパワープラントのレイアウトが従来の車両と大きく異なる電気自動車の運動性能設計や，自動運転車両の好ましい運動制御などの課題を前にして，さらに高度な車両運動の解析を進めようと考えている読者はぜひ参考にしてほしい。

6.6.3　特性方程式による運動の解析

運動方程式を具体的に解いてその時刻暦をみても必ずしも運動に関する一般的な理解が深まるとはかぎらない。そこで次に得られた基本的な運動方程式をラプラス変換し，特性方程式を求めてみれば次のようになる。

$$
\begin{vmatrix}
mVs + 2(K_f + K_r) & mV + \dfrac{2(l_f K_f - l_r K_r)}{V} & \dfrac{2(h_{Pf}K_f + h_{Pr}K_r)}{V}s - 2Y_\phi \\[3mm]
2(l_f K_f - l_r K_r) & Is + \dfrac{2(l_f^2 K_f + l_r^2 K_r)}{V} & \dfrac{2(h_{Pf}l_f K_f - h_{Pr}l_r K_r)}{V}s - 2N_\phi \\[3mm]
2(h_{Pf}K_f + h_{Pr}K_r) & \dfrac{2(h_{Pf}l_f K_f - h_{Pr}l_r K_r)}{V} & I_\phi s^2 + \left\{C_\phi + \dfrac{2(h_{Pf}^2 K_f + h_{Pr}^2 K_r)}{V}\right\}s + K_\phi^*
\end{vmatrix}
$$
$$= 0 \tag{6.44}$$

一般に s の多項式になる特性方程式の係数を調べることにより，その運動の安定性を分析することができ，さらに，特性方程式の根を求めて根軌跡を描くことによって，操舵入力に対する車両運動の収束性や追従性を評価することができる。

（1）特性方程式係数による安定性の検討 ─────

式（6.44）を展開すれば，特性方程式は s に関する 4 次の多項式になる。このときの各係数は多くの車両のパラメータを含むかなり複雑な形になり，このままでは解析的な見通しを得るのが簡単ではないことが予想される。そこでまず，解析的な展開の可能な範囲で基本的な車両諸元が安定性にどのような影響を及ぼすかをみるために，次のような仮定を置く。

$$
K_f = K_r = K \quad , \quad l_f = l_r = l/2 \quad , \quad h_{Pf} = h_{Pr} = h_P
$$
$$
I = m\left(\frac{l}{2}\right)^2 \quad , \quad K_\phi \approx K_\phi - mgh_P \tag{6.45}
$$

また，ロールステアは車両のステア特性をコントロールするために取り入れたり抑制したりするが，もし前後輪ともに同じ方向に同じ大きさのロールステアが生じるように設定すれば，式（6.43）からも理解できるように車両ステア特性には何の影響もない。そこで前後輪は互いに逆向きで同じ大きさのロールステアが生じるものとして

$$
\frac{\partial \alpha_f}{\partial \phi} = -\frac{\partial \alpha_r}{\partial \phi} = \frac{\partial \alpha}{\partial \phi} \tag{6.46}
$$

とする。

さらに式（6.44）を展開してみると，サスペンションのダンピング C_ϕ がかなり複雑な形で特性方程式の係数に入り込み，解析的な扱いをむずかしくしている。そこでまずは，$C_\phi = 0$ で展開を進めていくことにする。

以上を前提にすれば，式（6.44）の特性方程式は，次のようなかなり簡単な形になる。

$$
\begin{vmatrix}
mVs+4K & mV & \dfrac{4h_P K}{V}s \\[2ex]
0 & m\left(\dfrac{l}{2}\right)^2 s+\dfrac{l^2 K}{V} & 2\dfrac{\partial \alpha}{\partial \phi}lK \\[2ex]
4h_P K & 0 & I_\phi s^2+\dfrac{4h_P^2 K}{V}s+K_\phi
\end{vmatrix}=0 \tag{6.47}
$$

これを展開して整理すれば

$$
A_4 s^4+A_3 s^3+A_2 s^2+A_1 s+A_0=0 \tag{6.48}
$$

となる。ただし，

$$
A_0=\frac{16K^2 K_\phi}{m^2 I_\phi V^2}-\frac{32h_P K^2}{mlI_\phi}\frac{\partial \alpha}{\partial \phi}
$$

$$
A_1=\frac{8KK_\phi}{mI_\phi V}
$$

$$
A_2=\frac{K_\phi}{I_\phi}+\frac{16K^2\left(mh_P^2+I_\phi\right)}{m^2 I_\phi V^2}
$$

$$
A_3=\frac{4K\left(mh_P^2+2I_\phi\right)}{mI_\phi V}
$$

$$
A_4=1 \tag{6.49}
$$

さて A_1, A_2, A_3, A_4 はつねに正であるから，運動が安定であるための1つの条件は，

$$
A_0=\frac{16K^2 K_\phi}{m^2 I_\phi V^2}-\frac{32h_P K^2}{mlI_\phi}\frac{\partial \alpha}{\partial \phi}>0 \tag{6.50}
$$

であり，もう1つの条件として

$$
A_1 A_2 A_3-A_0 A_3{}^2-A_1{}^2 A_4>0 \tag{6.51}
$$

でなくてはならない。式（6.51）に式（6.49）を代入して整理すると，

$$
\frac{\partial \alpha}{\partial \phi}>-\frac{m^2 h_P l K_\phi^2}{16K^2\left(2I_\phi+mh_P^2\right)^2}-\frac{h_P l K_\phi}{2\left(2I_\phi+mh_P^2\right)}\frac{1}{V^2} \tag{6.52}
$$

である。

　以上より，設定したようなロールステアがない車両の場合には，どのような車両諸元でどのような速度であっても，運動が不安定になることはないことがわかる。つまり，ロールステアが車両運動を不安定にする可能性がある。

　そこでまず，前輪のロールステアが正，後輪が逆に負で車両がオーバステア側に設定されているとして V に関する不等式（6.50）を解けば，

$$V < \sqrt{\frac{lK_\phi}{2mh_P \dfrac{\partial \alpha}{\partial \phi}}} = V_{C1} \tag{6.53}$$

となる。つまり，車両は安定限界速度 V_{C1} を持つことになり，これは車体のロールを考慮しない平面運動について 3.3.2 項 (2) で述べたことがらと同様に，車両が OS 特性を示すときには，車両運動は $V > V_{C1}$ において静的に不安定で非振動的に発散する性質を持つことを示している。

一方，式 (6.52) をみると，前輪のロールステアが負，後輪が正つまり車両が US 特性を示すときには

$$\frac{\partial \alpha}{\partial \phi} > -\frac{m^2 h_P l K_\phi^2}{16K^2 (2I_\phi + mh_P{}^2)^2} = \left(\frac{\partial \alpha}{\partial \phi}\right)_C \tag{6.54}$$

とすれば式 (6.52) はどのような速度でも成り立ち，運動が不安定になることはない。しかしもし，

$$\frac{\partial \alpha}{\partial \phi} < \left(\frac{\partial \alpha}{\partial \phi}\right)_C$$

であれば，V に関する不等式 (6.52) を解くと

$$V \geq V_{C2} = \sqrt{\frac{h_P l K_\phi}{2(2I_\phi + mh_P{}^2)} \frac{1}{(\partial \alpha / \partial \phi)_C - \partial \alpha / \partial \phi}} \tag{6.55}$$

となり，V_{C2} を臨界速度として，この速度域では車両運動が不安定になることを示している。

第 3 章で取り扱った車体のロールを考慮しない平面 2 自由度の運動では，車両が強い US 特性を示すほど運動は振動的になるが，振動的に発散する条件は存在しなかった。しかしながら，車体のロールを考慮し，ある程度以上に US 化するようなロールステアを取り入れると，車両の運動はある速度以上で振動的に発散する可能性があることを示すものである。

しかしながら，以上の結果は $C_\phi = 0$ という運動の安定性がより低いと考えられる条件下で得られたものである。また，C_ϕ が 0 でない場合にも上記と同じような方法を適用して，速度が式 (6.55) よりさらに高いところで同じように安定限界となるロールステア率が存在することを数値計算で求めることができる。

これらの結果を具体的に示したものが**図 6.23** である[7]。この結果をみるかぎり，通常のセダンタイプの車両では，現実的な範囲で安定限界を超えることはないようにみえる。しかし，このようにロール運動のロールステアを介して車両特性を US 化すると，平面 2 自由度モデルによる解析では現れない US 化による車両運動の振

6.6 車体のロールが車両運動に及ぼす影響　**207**

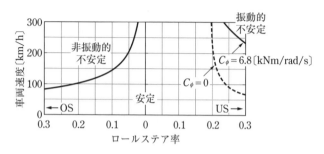

図 6.23 前後ロールステアと安定限界速度

動的不安定が，運動の構造として現れるという理解や認識は，セダンタイプの車両ばかりではなく大型の車両なども含めて，多様な走行条件下での車両運動の安定性を考えるうえで，重要な視点である．

(2) 根軌跡による検討

(1) の冒頭に述べたように，これまでの安定性の解析が容易であったのは，かなりの大胆な前提によるものであった．このなかでとりわけ前後輪のロールステアは，同じ大きさで互いに逆方向の，車両のステア特性を US 化または OS 化するものという前提であった．したがって，得られた結果は前輪のロールステアか後輪のそれによるものかが判断できない．

しかし，前輪と後輪のロールステアの影響が識別できる形で解析しようとすると，大胆な仮定をしても錯綜したものになってしまう．そこで次に，簡単化した特性方程式の係数から運動の安定性を解析するのではなく，式 (6.44) を直接展開し s に関する 4 次の代数方程式として得られる特性方程式の根を数値的に求め，最も減衰が悪く安定性の低い根の根軌跡により，運動の性質に及ぼす前後輪それぞれのロールステアによるとりわけ US 化の影響をみた．

その結果が図 6.24 である[7]．図 6.24(a) は後輪のロールステアが 0 のとき，前輪のロールステアを US 側に変化したときの，$V=80 \sim 300$ [km/h] の 10 km/h 刻みの変化による，最も安定性の低い根の根軌跡に及ぼす影響であり，(b) は前輪のロールステアが 0 のとき，後輪のロールステアを US 側に変化したときの，同じ根軌跡に及ぼす影響である．前後輪ともに，ロールステアを US 側にしていくと，高速域での運動の収束性が悪化し運動が不安定化する傾向があり，とりわけそれが後輪のロールステアによる US 化の場合にその傾向が大きいことがわかる．

ところで，運動方程式 (6.35)，(6.36)，(6.37) から，ロール運動と車両の平面運動である横すべり運動およびヨー運動が直接連成することになるのは，ロールス

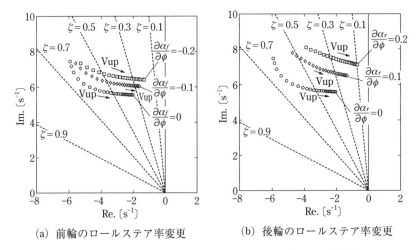

(a) 前輪のロールステア率変更　　(b) 後輪のロールステア率変更

図6.24　前後ロールステアによるUS化が根軌跡に及ぼす影響

テアと，前後ロールセンタと車体x軸間距離h_{Pf}, h_{Pr}によることがわかる。上述のロールステアの影響を根軌跡でみた例は，h_{Pf}, h_{Pr}によるヨー角速度とロールの連成項が0で直接の連成がないとしたところでの結果である。

この連成項が0の条件は運動方程式の係数から

$$h_{Pf}l_fK_f - h_{Pr}l_rK_r = 0$$

である。また，h_{Pf}, h_{Pr}と前後ロールセンタを結ぶ直線からの車体重心高さh_Pのあいだには

$$h_P = (h_{Pf}l_r + h_{Pr}l_f)/l$$

の関係があるから，この2式を満足するh_{Pf}, h_{Pr}が，与えられたh_Pのもとで連成がないときのh_{Pf}とh_{Pr}の値h_{Pf0}, h_{Pr0}である。つまり，

$$h_{Pf0} = \frac{ll_rK_rh_P}{l_f^2K_f + l_r^2K_r} \quad , \quad h_{Pr0} = \frac{ll_fK_fh_P}{l_f^2K_f + l_r^2K_r}$$

となる。このときh_{Pf}, h_{Pr}によるロール運動とヨー運動の直接の連成がなくなる。

ここではこれを基準に，h_{Pf}, h_{Pr}によるロール運動とヨー運動の直接の連成の影響をみるためにh_{Pf}がさらにaだけ大きく，ロールセンタを結ぶ直線が前下がりのときと，aだけ小さくそれが前上がりになったときの3ケースを設定した。このようすを表6.1の諸元の車両について側面からみたのが図6.25である。そして，先と同じようにして特性方程式の特性根を数値的に求め，同じ根軌跡を描いてこれら3ケースの直線の傾斜が車両運動に及ぼす影響を調べた。その結果が図6.26である[7]。

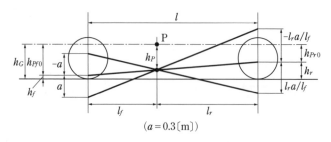

$(a = 0.3\,[\mathrm{m}])$

図 6.25 前後ロールセンタを結ぶ線の傾斜の側面視

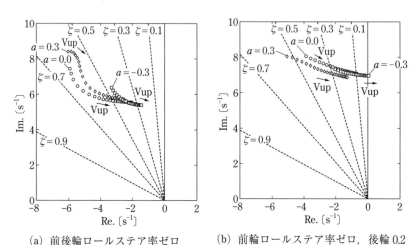

(a) 前後輪ロールステア率ゼロ　　(b) 前輪ロールステア率ゼロ，後輪 0.2

図 6.26 前後ロールセンタと車体 x 軸間距離が根軌跡に及ぼす影響

図 6.26(a) が前後輪のロールステアがともに 0 の場合であり，(b) が前輪のロールステアが 0 で，後輪のロールステアを強い US 側に設定した場合である．どちらの場合においても，ロールセンタを結ぶ直線がより後傾になると運動が振動的になり収束性が悪化し，逆に前傾になると収束性が改善する．なお，後輪のロールステアが強い US 傾向に設定されていて，かなりの後傾の場合は，高速において，根が不安定領域に入ってしまうことがありうることがわかる．これらは，通常の車両では，前後ロールセンタを結ぶ直線を後傾にはしないことの妥当性を裏づけるものであると考えられる．

ところで，運動方程式を簡単化するために，慣性乗積 I_{xz} は小さいから 0 として取り扱いを進めてきた．しかし，式 (6.33)，(6.34) からわかるように，これはとりわけヨーとロールの連成という観点からみれば無視できない影響を持つ可能性が

あるから，それを考慮した扱いが必要になると思われる。

6.7 円旋回中の横力による車両のロールとピッチ

ところで，本章で対象としてきた車両の運動は前後方向に一定速度で走行しているときの操舵に対する運動であるとして，運動中の車体の上下およびピッチ運動は無視して，そのロール運動のみを考慮の対象としたものであった。しかし，図 6.21 にも示したように，運動中にタイヤに働く横力は前後のロールセンタ O_f，O_r を通して車体がロールするモーメントになると同時に，車体の上下力として働き，この力に前後差があれば車体のピッチ運動を生じることになる。この力は小さく生じるピッチ運動も小さいけれども，タイヤに働く横力は車体のロール運動を支配しており，このロール運動に伴う小さなピッチ運動が，人による車両運動性能評価に少なからず影響を及ぼすことが最近指摘されている。

そこでここでは，運動中の車両のロールに伴う車体のピッチ運動の基本的なメカニズムの理解のために，走行抵抗につりあう駆動力が働き前後方向の速度が一定の定常的な円旋回の連続とみなしてよい操舵に対する運動の範囲で，車体のロール運動に伴うピッチ運動がどのようになるかをみておくことにする。

車両の定常的な円旋回は簡単に次のように書くことができる。

$$ma_y = Y_1 + Y_2 + Y_3 + Y_4$$
$$l_f(Y_1 + Y_2) - l_r(Y_3 + Y_4) = 0 \tag{6.56}$$

ただし，a_y は旋回横加速度，Y_1，Y_2 は左右前輪に，Y_3，Y_4 は左右後輪に働く横力である。なお，簡単のためキャンバスラストは無視している。

式 (6.56) より

$$Y_1 + Y_2 = m\frac{l_r}{l}a_y$$
$$Y_3 + Y_4 = m\frac{l_f}{l}a_y \tag{6.57}$$

である。

ところで，図 6.21 からもわかるように，タイヤの横力により生じる前後のロールセンタ O_f，O_r に働く上下力は，左右輪の横力 Y_1 と Y_2，Y_3 と Y_4 の差である。この差は車両の横加速度による左右輪間の荷重移動によって生じる。その荷重差を前輪で ΔW_f，後輪で ΔW_r とすれば，式 (6.5)，(6.6) を参考にして，

$$\Delta W_f = \kappa m \frac{h}{d} a_y$$

$$\Delta W_r = (1-\kappa) m \frac{h}{d} a_y$$

となる。ただし，ここでは簡単のため前後ロールセンタの地上高は0，hを重心点の地上高，dが前後輪のトレッドとしている。また，κは前軸のロール剛性配分率である。

ここで，タイヤのコーナリングパワー K とタイヤ荷重 W との関係が，図 6.27 に示すような上に凸の関係であるとすれば，前後輪タイヤの横力は前後輪の横すべり角 β_f, β_r に比例するものとして次のように書くことができる。

$$\begin{aligned}
Y_1 &= \left\{K_f - \left(\frac{\partial K_f}{\partial W}\right)\Delta W_f\right\}\beta_f = \left\{K_f - \left(\frac{\partial K_f}{\partial W}\right)\kappa \frac{mh}{d} a_y\right\}\beta_f \\
Y_2 &= \left\{K_f + \left(\frac{\partial K_f}{\partial W}\right)\Delta W_f\right\}\beta_f = \left\{K_f + \left(\frac{\partial K_f}{\partial W}\right)\kappa \frac{mh}{d} a_y\right\}\beta_f \\
Y_3 &= \left\{K_r - \left(\frac{\partial K_r}{\partial W}\right)\Delta W_r\right\}\beta_r = \left\{K_r - \left(\frac{\partial K_r}{\partial W}\right)(1-\kappa) \frac{mh}{d} a_y\right\}\beta_r \\
Y_4 &= \left\{K_r + \left(\frac{\partial K_r}{\partial W}\right)\Delta W_r\right\}\beta_r = \left\{K_r + \left(\frac{\partial K_r}{\partial W}\right)(1-\kappa) \frac{mh}{d} a_y\right\}\beta_r
\end{aligned} \tag{6.58}$$

したがって，

$$Y_1 + Y_2 = 2K_f \beta_f = m \frac{l_r}{l} a_y \quad , \quad Y_3 + Y_4 = 2K_r \beta_r = m \frac{l_f}{l} a_y$$

となるから，

$$\beta_f = \frac{ml_r}{2lK_f} a_y \quad , \quad \beta_r = \frac{ml_f}{2lK_r} a_y$$

である。

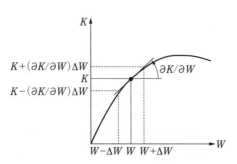

図 6.27　タイヤコーナリングパワーと荷重の関係

一方,前後輪位置におけるロールセンタに働く上下力はそれぞれ

$$(Y_2 - Y_1)\tan\gamma_f = 2\tan\gamma_f \left(\frac{\partial K_f}{\partial W}\right)\kappa \frac{mh}{d} a_y \beta_f = \frac{m^2 l_r h}{lK_f d}\left(\frac{\partial K_f}{\partial W}\right)\kappa \tan\gamma_f a_y^2$$

$$(Y_4 - Y_3)\tan\gamma_r = 2\tan\gamma_f \left(\frac{\partial K_r}{\partial W}\right)(1-\kappa)\frac{mh}{d} a_y \beta_r$$

$$= \frac{m^2 l_f h}{lK_r d}\left(\frac{\partial K_r}{\partial W}\right)(1-\kappa)\tan\gamma_r a_y^2$$

これらの力によるピッチモーメントによる車体ピッチ角 θ は

$$\theta = \frac{1}{K_\theta}\{l_r(Y_4-Y_3)\tan\gamma_r - l_f(Y_2-Y_1)\tan\gamma_f\}$$

$$= \frac{m^2 l_f l_r h}{lK_\theta d}\left\{\frac{(1-\kappa)\tan\gamma_r}{K_r}\left(\frac{\partial K_r}{\partial W}\right) - \frac{\kappa\tan\gamma_f}{K_f}\left(\frac{\partial K_f}{\partial W}\right)\right\}a_y^2$$

$$= \frac{m^2 l_f l_r h}{lK_\theta d}k a_y^2 \qquad (6.59)$$

となる。ただし,K_θ はピッチ剛性で

$$k = \frac{(1-\kappa)\tan\gamma_r}{K_r}\left(\frac{\partial K_r}{\partial W}\right) - \frac{\kappa\tan\gamma_f}{K_f}\left(\frac{\partial K_f}{\partial W}\right) \qquad (6.60)$$

また,式 (6.40) よりロール角 ϕ は

$$\phi = \frac{mh}{K_\phi - mgh}a_y \qquad (6.61)$$

である。

したがって,式 (6.59) と (6.61) から横加速度をパラメータとして,次のようなロール角 ϕ -ピッチ角 θ 曲線を描くことができ,それは**図 6.28** に示すような放物線になることがわかる。

$$\theta = \frac{l_f l_r (K_\phi - mgh)^2}{hdlK_\theta}k\phi^2 \qquad (6.62)$$

通常 $k>0$ となることが多いから,この放物線は下に凸となる場合が多く,また,現実のロール運動とピッチ運動には,その過渡的な成分も含まれるから,実際の曲線はこの放物線からそのぶんだけそれた形になる。

なお,式 (6.60) には,ジャッキアップ角とよばれる γ_f, γ_r のほかに前後タイヤのコーナリング

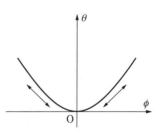

図 **6.28** ロール角 – ピッチ角曲線

6.7 円旋回中の横力による車両のロールとピッチ

パワーとその荷重依存性，ロール剛性の前後配分などの前後バランスが k の正負に関与するようすが示されており，車両のロール運動に伴うピッチ運動にこれらが基本的にどのような影響を及ぼすかを理解する一助になる。

6.8 3リンクモデル[8]

　本章において，車体のロールを考慮した車両運動を考えるときに取り入れた最も基本的な前提は，サスペンション系を図6.21のようにモデル化することができ，このときのロールセンタ O 点の位置が車両の運動にかかわらず不変である，ということであった。

　しかし，この前提は車体のロール角が小さい範囲では妥当であるが，ロール角が大きくなるととりわけロールセンタの地上高は変化する。ここではこのような場合にも適用可能なサスペンションのモデル——3リンクモデルについて述べておく。

　図6.29(a)，(b) はダブルウィッシュボーン型のサスペンションを例に，地面が上下方向に z だけ変移したとき（上方を $z>0$），ロールセンタ地上高 h がその静止時の値 h_0 に対してどれだけ変化するかを図式的に示したものである。

　たとえば，図6.29(a) において ΔABE と ΔCDE が相似とみなせば

$$\frac{\overline{\mathrm{CD}}}{\overline{\mathrm{AB}}} = \frac{\overline{\mathrm{CE}}}{\overline{\mathrm{BE}}} \tag{6.63}$$

であるから

$$\frac{h+z-h_0}{z} = -\frac{d/2-y}{y} \tag{6.64}$$

と書くことができる。

　式 (6.64) より

$$\Delta h = h - h_0 = -\frac{d}{2y}z \tag{6.65}$$

となる。この式を概念的に図示すれば**図6.30**のようになる。

　もし，この線図，すなわち地面の上下変位 z に対するロールセンタ地上高の変化 Δh の関係が直線に近ければ，その傾きは $-d/(2y)$ で一定，つまり，y は一定値とみなしてよい。ウィッシュボーン型のサスペンションばかりでなく，その他の多くのサスペンションの $z-\Delta h$ 線図は直線，つまり，y は一定とみてよい。これは，サスペンション系を BE，EF，FG の3本のリンク系でモデル化し，運動によるロールセンタ位置の変化を考慮に入れた運動を考えていくことができることを示すもの

214　第6章　車体のロールと車両の運動

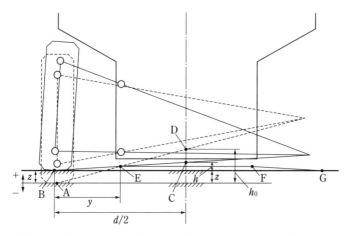

図 6.29(a) 地面の上方変位に対するロールセンタの下方変位

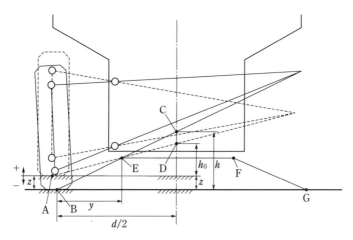

図 6.29(b) 地面の下方変位に対するロールセンタの上方変位

である。

6.7 節で述べたように，車体のロール運動ばかりではなく，ピッチ運動や上下運動まで考慮した車両運動を考える場合にこの 3 リンクモデルは有効である。しかし，運動方程式自体がかなり複雑で非線形性を含むものになり，解析的な理解がむずかしくなる。とはいえ，機械的に機構解析ソフトなどに依存するよりは，このような力学的メカニズムに根拠を置いたモデル化によるほうが，現象の理解やその結果の設計への応用の場面においてより効果的であると考えられる。

6.8 3リンクモデル **215**

さらに進んで，より高い自由度の車両運動力学モデルを用いて運動を解析し，理解しようとしている読者はぜひ参考にしてほしい。

なお，参考のため，この3リンクモデルを含む車両全体の概念的な運動力学モデルを図 6.31 に示す。この図には，タイヤに働く前後方向の力を車体に伝えることになる前後方向のロッドも書き加えてある。この力は車体の上下方向の運動やピッチ運動を支配する重要な力になるが，本書の範囲を逸脱するので，これ以上の記述は省略する。

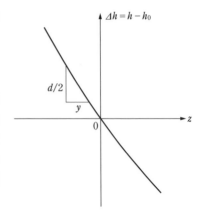

図 6.30　地面の上下変位に対するロールセンタ高の変化

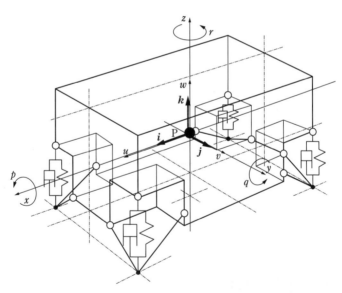

図 6.31　3リンクモデルを含む車両の運動力学モデルの概念

―――――――――― 第6章の問題 ――――――――――

1) 横加速度が0.5 Gのときのロール角をロール率とよぶ。車両質量$m = 1\,400$〔kg〕,車両重心点の,旋回中の車体に働く横力の合力の着力点からの高さ$h_P = 0.52$〔m〕,前後軸のロール剛性$K_{\phi f} = 65.0$〔kNm/rad〕,$K_{\phi r} = 35.0$〔kNm/rad〕のときのロール率を計算せよ。

2) 1) と同じ条件下でのロール時のそれぞれ前輪,後輪の横方向荷重移動量を計算せよ。ただし,重心点と前軸間の距離$l_f = 1.1$〔m〕,重心点と後軸間の距離$l_r = 1.5$〔m〕,前輪,後輪のトレッド$d_f = d_r = 1.5$〔m〕,前後ロールセンタ地上高$h_f = 0.05$〔m〕,$h_r = 0.2$〔m〕とせよ。

3) タイヤ自体のコーナリングパワーを60 kN/radとし,サスペンションの単位横力あたりのコンプライアンスステアを0.00185 rad/kNとしたとき,このコンプライアンスステアによって等価的にタイヤのコーナリングパワーは何%に減少することになるか。

4) 車両のステア特性に同じ程度の影響を与えることになる,単位ロール角あたりのキャンバ変化とロールステアの大きさを検討せよ。

5) $l_f = 1.5$〔m〕,$l_r = 1.1$〔m〕でOS特性の車両をNSにするために,必要なリアサスペンションにおけるロールステア率を求めよ。なお,問題1),2) で用いた車両諸元のほかに,前輪コーナリングパワー$K_f = 55$〔kN/rad〕,後輪コーナリングパワー$K_r = 62$〔kN/rad〕などを用い,リアサスペンションのロールステア以外のトー角変化やキャンバ変化は0とせよ。

―――――――――― 参考文献 ――――――――――

1) R. Eberan : ROLL ANGLES The Calculation of Wheel Loads and Angular Movement on Curves, Automobile Engineer, October, 1951

2) 皆川：車体のロールを考慮に入れた3自由度車両モデルのモデルコンセプト,自動車技術会学術講演会前刷集,No. 149-07 331,2007

3) 安部：ロール軸の誤謬,シンポジウム「Vehicle Dynamics 再考」,自動車技術会車両運動性能部門委員会,2024 年11月

4) 近森：安定性・操縦性基礎理論の発達,自動車技術,Vol. 21,No. 7,1967

5) G.W. Housner, D.E. Hudson : APPLIED MECHANICS DYNAMICS, D. VAN NOSTRAND COMPANY INC., Princeton, New Jersey, 1959

6)　山本，香村：線形 3 自由度モデルを用いた操舵時のロール応答とヨー応答の関係解析，自動車技術会論文集，Vol. 53，No.1，January 2022

7)　石尾，安部：車体のロールが車両運動に及ぼす影響，自動車技術会学術講演会講演予稿集，No. 38-12 195，2012

8)　宮田：ジャッキングエフェクトに関する考察，日産技法，第 4 号，1968 年 12 月

第7章

駆動や制動を伴う車両の運動

7.1 はじめに

われわれはこれまで，駆動や制動は考えずもっぱら車両の走行速度が一定の場合に限ってその運動を論じてきた。しかし，われわれが対象とする道路上を走行する車両は，鉄道車両やその他の交通機関に比べても駆動や制動を伴い，前後方向に加速や減速をしながら走行するケースが多い。

そこで本章では，新たに駆動や制動を伴う車両運動の基本的な性質について考えてみることにする。とりわけ，車両が比較的高速で走行していて，駆動や制動による走行速度の変化が小さい場合に，これを一定とみなすことにより，駆動や制動を伴う車両運動を解析的に理解できることを示す。

7.2 前後方向の運動を含む運動方程式

3.2.1項より，水平面内を運動する車両の重心点 P の加速度ベクトルは式 (3.3) で示される。

$$\ddot{\boldsymbol{R}} = (\dot{u} - vr)\boldsymbol{i} + (\dot{v} + ur)\boldsymbol{j} \tag{3.3}$$

しかし，先のように u に比べ v は十分小さいとはいえるが，u は一定ではない。したがって，運動を記述するのに横すべり角 β を用いるのが便利とはかぎらない。つまり，車両の前後方向および横方向の加速度は，そのままそれぞれ $\dot{u} - vr$，$\dot{v} + ur$ と表現したほうがよい。

以上より，3.2.1項と同じような前提に立てば，前後方向の運動も考慮した，車両の基本的な平面運動に関する運動方程式として，次式が得られる。

$$m\left(\frac{du}{dt} - vr\right) = 2X_f + 2X_r \tag{7.1}$$

$$m\left(\frac{dv}{dt} + ur\right) = 2Y_f + 2Y_r \tag{7.2}$$

7.2 前後方向の運動を含む運動方程式　**219**

$$I\frac{dr}{dt} = 2(l_f Y_f - l_r Y_r) \tag{3.5}'$$

ところで，X_f，X_r はタイヤに働く前後方向の力であり，これは 2.4 節でみたように主としてタイヤの縦すべりに依存して決まるもので，車両の水平面内の運動には直接依存しないと考えてよい。これに対して，Y_f，Y_r はタイヤの横すべりで決まるものであり，これが小さい場合には式 (3.8)，(3.9) で表された。このときの β は，ここでは $u \gg v$ として $\beta \approx v/u$ となる。また，同じく 2.3.2 項や 2.4 節で述べたように，タイヤに働く横方向の力 Y_f，Y_r は前後方向の力 X_f，X_r の影響を受けることがわかっている。

このようにみると，このままでは式 (7.1)，(7.2)，(3.5)′ を直接解いたり，解析的にこの式から前後方向の運動を含む車両運動の基本的な性質を導き出すことは，不可能であることがわかる。

7.3 車両の準定常円旋回[1]

前節で述べたように，まともに運動方程式から駆動や制動による前後方向の運動を含む車両運動の性質を解析的に見いだすことがむずかしいから，なにか工夫が必要である。

車両がある一定の駆動あるいは制動をしながら舵角一定の円旋回をしていたとしても，駆動あるいは制動により走行速度が時々刻々変化するから，厳密な意味での定常状態は存在しない。しかし，比較的高速で走行していて，駆動や制動による走行速度の変化が無視できるほどの短い時間を考えれば，一定の前後方向および横方向の加速度を伴う定常的な円旋回を想定することができる。これを**準定常円旋回**という。このときの加速度をここではそれぞれ $\ddot{x}$，$\ddot{y}$ で表記しよう。

じつは，このような旋回状態が現実にはまったく存在しないというわけではない。こう配のある曲線路を駆動あるいは制動しながら一定速度で旋回して走行する場合がそうで，このときは駆動あるいは制動を伴いながら定常円旋回を行うことが可能である。

7.3.1 円旋回の記述とスタビリティファクタの拡張
（1）旋回時のタイヤの横すべり角 ————

駆動あるいは制動を伴う重量 W の車両の円旋回の横加速度を $\ddot{y}$（単位は G）とすれば，次のつりあい式が成立する。

$$W\ddot{y} = (K_{f_1} + K_{f_2})\beta_f + (K_{r_1} + K_{r_2})\beta_r \tag{7.3}$$

$$l_f(K_{f_1} + K_{f_2})\beta_f - l_r(K_{r_1} + K_{r_2})\beta_r = 0 \tag{7.4}$$

ここで，β_f，β_r は前後輪の横すべり角，K_{f_1}，K_{f_2} は前左右輪，K_{r_1}，K_{r_2} は後左右輪のコーナリングパワーであり，以降，添字 1 は左輪，2 は右輪を示すものとする。

ところで，タイヤのコーナリングパワーは荷重に依存するが，荷重移動について級数展開し，これが小さいものとして 1 次の項までとる。また，コーナリングフォースと駆動力あるいは制動力の関係を式 (2.40) で近似し，タイヤ荷重に対し駆動力あるいは制動力が小さいとして，この関係をさらに放物線で近似すれば，横すべり角が小さいところでのコーナリングパワーは，たとえば左前輪について次のように書ける。

$$K_{f_1} \approx \left\{K_{f_0} + \frac{\partial K_f}{\partial W}\left(-\Delta W_f - \frac{\Delta W}{2}\right)\right\}\left\{1 - \frac{1}{2}\left(\frac{2X_f}{\mu W_f}\right)^2\right\}$$

なお，ΔW_f は旋回中の前軸の左右荷重移動，ΔW は駆動または制動による前後荷重移動，W_f は前軸の荷重である。また，μ はタイヤと地面の摩擦係数である。

ここでさらに，横加速度や前後加速度が小さい範囲を考え

$$\frac{\partial K_f}{\partial W}\frac{\Delta W_f}{K_{f_0}} \quad , \quad \frac{\partial K_f}{\partial W}\frac{\Delta W}{K_{f_0}} \quad , \quad \left(\frac{2X_f}{\mu W_f}\right)^2$$

が同じオーダの微少量と考えれば，他のタイヤも同様にして

$$K_{f_1} = K_{f_0}\left\{1 - \frac{\partial K_f}{\partial W}\frac{\Delta W_f}{K_{f_0}} - \frac{\partial K_f}{\partial W}\frac{\Delta W}{2K_{f_0}} - \frac{1}{2}\left(\frac{2X_f}{\mu W_f}\right)^2\right\} \tag{7.5}$$

$$K_{f_2} = K_{f_0}\left\{1 + \frac{\partial K_f}{\partial W}\frac{\Delta W_f}{K_{f_0}} - \frac{\partial K_f}{\partial W}\frac{\Delta W}{2K_{f_0}} - \frac{1}{2}\left(\frac{2X_f}{\mu W_f}\right)^2\right\} \tag{7.6}$$

$$K_{r_1} = K_{r_0}\left\{1 - \frac{\partial K_r}{\partial W}\frac{\Delta W_r}{K_{r_0}} + \frac{\partial K_r}{\partial W}\frac{\Delta W}{2K_{r_0}} - \frac{1}{2}\left(\frac{2X_r}{\mu W_r}\right)^2\right\} \tag{7.7}$$

$$K_{r_2} = K_{r_0}\left\{1 + \frac{\partial K_r}{\partial W}\frac{\Delta W_r}{K_{r_0}} + \frac{\partial K_r}{\partial W}\frac{\Delta W}{2K_{r_0}} - \frac{1}{2}\left(\frac{2X_r}{\mu W_r}\right)^2\right\} \tag{7.8}$$

ただし，ΔW_r は旋回中の後軸の左右荷重移動，W_r は後軸の荷重である。

以上より，左右を合計した等価的なコーナリングパワー $2K_f{}^*$，$2K_r{}^*$ は

$$2K_f{}^* = K_{f_1} + K_{f_2} = 2K_{f_0}\left\{1 - \frac{\partial K_f}{\partial W}\frac{\Delta W}{2K_{f_0}} - \frac{1}{2}\left(\frac{2X_f}{\mu W_f}\right)^2\right\} \tag{7.9}$$

$$2K_r{}^* = K_{r_1} + K_{r_2} = 2K_{r_0}\left\{1 + \frac{\partial K_r}{\partial W}\frac{\Delta W}{2K_{r_0}} - \frac{1}{2}\left(\frac{2X_r}{\mu W_r}\right)^2\right\} \tag{7.10}$$

式 (7.3)，(7.4) より，β_f，β_r を求め，式 (7.9)，(7.10) を用いれば，先と同

じ微少量の扱いにより

$$\beta_f \approx \frac{l_r W}{2 l K_{f_0}} \left\{ 1 + \frac{\partial K_f}{\partial W} \frac{\Delta W}{2 K_{f_0}} + \frac{1}{2} \left(\frac{2 X_f}{\mu W_f} \right)^2 \right\} \ddot{y} \tag{7.11}$$

$$\beta_r \approx \frac{l_f W}{2 l K_{r_0}} \left\{ 1 - \frac{\partial K_r}{\partial W} \frac{\Delta W}{2 K_{r_0}} + \frac{1}{2} \left(\frac{2 X_r}{\mu W_r} \right)^2 \right\} \ddot{y} \tag{7.12}$$

が得られる。ここで，$W_f = l_r W/l$，$W_r = l_f W/l$，$\Delta W = h W \ddot{x}/l$，$X_f = \alpha_c W \ddot{x}/2$，$X_r = (1 - \alpha_c) W \ddot{x}/2$ である。ただし，α_c は駆動力あるいは制動力の前後配分率，$\ddot{x}$（単位は G）は駆動あるいは制動による前後加速度，h は車両重心点の地上高である。これらを式（7.11），（7.12）に代入すれば，結局

$$\beta_f \approx \frac{l_r W}{2 l K_{f_0}} \left\{ 1 + \frac{h W}{2 l K_{f_0}} \frac{\partial K_f}{\partial W} \ddot{x} + \frac{1}{2} \left(\frac{\alpha_c l}{\mu l_r} \right)^2 \ddot{x}^2 \right\} \ddot{y} \tag{7.13}$$

$$\beta_r \approx \frac{l_f W}{2 l K_{r_0}} \left\{ 1 - \frac{h W}{2 l K_{r_0}} \frac{\partial K_r}{\partial W} \ddot{x} + \frac{1}{2} \left\{ \frac{(1 - \alpha_c) l}{\mu l_f} \right\}^2 \ddot{x}^2 \right\} \ddot{y} \tag{7.14}$$

となる。また，式（7.9），（7.10）の等価的なコーナリングパワーを $\ddot{x}$ で表せば

$$2 K_f{}^* = 2 K_{f_0} \left\{ 1 - \frac{h W}{2 l K_{f_0}} \frac{\partial K_f}{\partial W} \ddot{x} - \frac{1}{2} \left(\frac{\alpha_c l}{\mu l_r} \right)^2 \ddot{x}^2 \right\} \tag{7.9}'$$

$$2 K_r{}^* = 2 K_{r_0} \left\{ 1 + \frac{h W}{2 l K_{r_0}} \frac{\partial K_r}{\partial W} \ddot{x} - \frac{1}{2} \left\{ \frac{(1 - \alpha_c) l}{\mu l_f} \right\}^2 \ddot{x}^2 \right\} \tag{7.10}'$$

となる。

（2）旋回時のトー角変化とコンプライアンスステア ─────

5.3 節や 6.3 節において，タイヤのトー角変化やコンプライアンスステアが車両の水平面内運動に及ぼす影響についてみたから，ここでも駆動あるいは制動を伴う円旋回時のトー角変化とコンプライアンスステアの影響を考慮してみる。

車両が前後方向と横方向に $\ddot{x}$ と $\ddot{y}$ の加速度を持てば，車体にピッチやロールが生じる。いま，車体のピッチ軸やロール軸が地上にあるとすれば，車体のピッチで生じるサスペンションのストロークによるトー角の変化量は，たとえば $\partial \alpha_f / \partial z \cdot l_f h W \ddot{x} / K_\theta$，ロールによるトー角変化は，$\partial \alpha_f / \partial z \cdot d_f h W \ddot{y} / 2 K_\phi$ と書くことができる。ただし，$\partial \alpha_f / \partial z$ はタイヤの単位ストロークあたりのトー角変化，d_f はトレッド，K_θ がピッチ剛性で K_ϕ が車両のロール剛性である。

また，前左右輪に働く旋回中のコーナリングフォース $2 Y_f = l_r W \ddot{y} / l$ と前後力 $X_f = \alpha_c W \ddot{x} / 2$ によりステアリング系に加わるトルク T_S は，2.4.3 項のタイヤに働くセルフアライニングトルクを参照すれば**図 7.1** からもわかるように

222 第 7 章 駆動や制動を伴う車両の運動

$$T_S = 2\xi Y_f + \frac{Y_f}{k_y}2X_f = \left(\xi + \frac{\alpha_c W}{2k_y}\ddot{x}\right)\frac{l_r W}{l}\ddot{y} \tag{7.15}$$

とみることができる。ただし，k_y はタイヤの横剛性であり，ξ はニューマチックトレールとキャスタトレールの和である。

以上より，各車輪についてのトー角変化とコンプライアンスステアの合計は，次のように書くことができる。

$$\alpha_{f_1} = \frac{\partial \alpha_f}{\partial z}\frac{l_f hW}{K_\theta}\ddot{x} + \frac{\partial \alpha_f}{\partial z}\frac{d_f hW}{2K_\phi}\ddot{y}$$
$$- \frac{\partial \alpha_f}{\partial X}\frac{\alpha_c W}{2}\ddot{x}$$
$$- \frac{\partial \alpha_f}{\partial T}\left(\xi + \frac{\alpha_c W}{2k_y}\ddot{x}\right)\frac{l_r W}{l}\ddot{y} \tag{7.16}$$

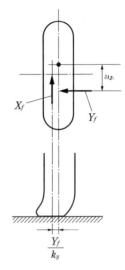

図 7.1 タイヤに働く力によるモーメント

$$\alpha_{f_2} = -\frac{\partial \alpha_f}{\partial z}\frac{l_f hW}{K_\theta}\ddot{x} + \frac{\partial \alpha_f}{\partial z}\frac{d_f hW}{2K_\phi}\ddot{y} + \frac{\partial \alpha_f}{\partial X}\frac{\alpha_c W}{2}\ddot{x}$$
$$- \frac{\partial \alpha_f}{\partial T}\left(\xi + \frac{\alpha_c W}{2k_y}\ddot{x}\right)\frac{l_r W}{l}\ddot{y} \tag{7.17}$$

$$\alpha_{r_1} = -\frac{\partial \alpha_r}{\partial z}\frac{l_r hW}{K_\theta}\ddot{x} + \frac{\partial \alpha_r}{\partial z}\frac{d_r hW}{2K_\phi}\ddot{y} - \frac{\partial \alpha_r}{\partial X}\frac{(1-\alpha_c)W}{2}\ddot{x} \tag{7.18}$$

$$\alpha_{r_2} = \frac{\partial \alpha_r}{\partial z}\frac{l_r hW}{K_\theta}\ddot{x} + \frac{\partial \alpha_r}{\partial z}\frac{d_r hW}{2K_\phi}\ddot{y} + \frac{\partial \alpha_r}{\partial X}\frac{(1-\alpha_c)W}{2}\ddot{x} \tag{7.19}$$

ここに，$\partial \alpha_f/\partial X$, $\partial \alpha_r/\partial X$ は，前後サスペンションの単位前後力あたりのコンプライアンスステアであり，$\partial \alpha_f/\partial T$ は単位トルクあたりの操舵系のコンプライアンスステアを表す。

ここで，これらのトー角変化により生じるコーナリングフォースを，たとえば前輪について計算すれば，式 (7.5), (7.6), (7.16), (7.17) より

$$K_{f_1}\alpha_{f_1} + K_{f_2}\alpha_{f_2}$$

$$= 2K_{f_0}\left\{1 - \frac{\partial K_f}{\partial W}\frac{\Delta W}{2K_{f_0}} - \frac{1}{2}\left(\frac{2X_f}{\mu W_f}\right)^2\right\}\left\{\frac{\partial \alpha_f}{\partial z}\frac{d_f hW}{2K_\phi}\ddot{y}\right.$$

$$- \frac{\partial \alpha_f}{\partial T}\left(\xi + \frac{\alpha_c W}{2k_y}\ddot{x}\right)\frac{l_r W}{l}\ddot{y} - 2K_{f_0}\left(\frac{\partial \alpha_f}{\partial z}\frac{l_f hW}{K_\theta}\ddot{x}\right.$$

$$- \frac{\partial \alpha_f}{\partial X}\frac{\alpha_c W}{2}\ddot{x}\right)\frac{\partial K_f}{\partial W}\frac{\Delta W_f}{K_{f_0}}$$

$$\approx 2K_f{}^*\left\{\frac{\partial \alpha_f}{\partial z}\frac{d_f hW}{2K_\phi}\ddot{y} - \frac{\partial \alpha_f}{\partial T}\left(\xi + \frac{\alpha_c W}{2k_y}\ddot{x}\right)\frac{l_r W}{l}\ddot{y} - \left(\frac{\partial \alpha_f}{\partial z}\frac{l_f hW}{K_\theta}\ddot{x}\right.\right.$$

$$\left.\left. - \frac{\partial \alpha_f}{\partial X}\frac{\alpha_c W}{2}\ddot{x}\right)\frac{\partial K_f}{\partial W}\frac{\Delta W_f}{K_{f_0}}\right\}$$

$$= 2K_f{}^*\alpha_f \tag{7.20}$$

同じようにして後輪については

$$K_{r_1}\alpha_{r_1} + K_{r_2}\alpha_{r_2}$$

$$\approx 2K_r{}^*\left\{\frac{\partial \alpha_r}{\partial z}\frac{d_r hW}{2K_\phi}\ddot{y} + \left(\frac{\partial \alpha_r}{\partial z}\frac{l_r hW}{K_\theta}\ddot{x} + \frac{\partial \alpha_r}{\partial X}\frac{1-\alpha_c}{2}W\ddot{x}\right)\frac{\partial K_r}{\partial W}\frac{\Delta W_r}{K_{r_0}}\right\}$$

$$= 2K_r{}^*\alpha_r \tag{7.21}$$

となる。ただし，横加速度や前後加速度が小さい範囲を考え，先と同じ微少量の 2 次以上の項を省略している。

つまり，前後 2 輪の車両モデルで考えていくために左右輪のトー角変化とコンプライアンスステアを，等価的な 1 つのステア角に置き替えようとした場合，コーナリングパワーが式 (7.9)，(7.10) のタイヤを考え，このタイヤが横加速度に応じてステアされるぶんは左右同方向にステアされるからそのまま同じようにステアされるものとし，前後加速度に応じたぶんは左右逆方向で同量ステアされるから，左右の荷重差で生じる力の差だけの力が発生するようにステアされるものとしてよい，ということである。そして，その等価的な前後輪のステア角 α_f，α_r は，ロールセンタが前後とも地上にあるとすれば，式 (6.5)，(6.6) より

$$\Delta W_f = \frac{hWK_{\phi f}}{d_f K_\phi}\ddot{y} \quad , \quad \Delta W_r = \frac{hWK_{\phi r}}{d_r K_\phi}\ddot{y}$$

となるから，式 (7.20)，(7.21) より

$$\alpha_f = (a_f + b_f\ddot{x})\ddot{y} \tag{7.22}$$

$$\alpha_r = (a_r + b_r\ddot{x})\ddot{y} \tag{7.23}$$

と書ける。ただし

224 第 7 章 駆動や制動を伴う車両の運動

$$a_f = \frac{\partial \alpha_f}{\partial z} \frac{d_f h W}{2 K_\phi} - \frac{\partial \alpha_f}{\partial T} \xi \frac{l_r W}{l} \tag{7.24}$$

$$b_f = \left(\frac{\partial \alpha_f}{\partial X} \frac{\alpha_c W}{2} - \frac{\partial \alpha_f}{\partial z} \frac{l_f h W}{K_\theta} \right) \frac{\partial K_f}{\partial W} \frac{h W K_{\phi f}}{d_f K_\phi K_{f_0}} - \frac{\partial \alpha_f}{\partial T} \frac{\alpha_c W}{2 k_y} \frac{l_r W}{l}$$
$$\tag{7.25}$$

$$a_r = \frac{\partial \alpha_r}{\partial z} \frac{d_r h W}{2 K_\phi} \tag{7.26}$$

$$b_r = \left(\frac{\partial \alpha_r}{\partial X} \frac{1 - \alpha_c}{2} W + \frac{\partial \alpha_r}{\partial z} \frac{l_r h W}{K_\theta} \right) \frac{\partial K_r}{\partial W} \frac{h W K_{\phi r}}{d_r K_\phi K_{r_0}} \tag{7.27}$$

である。

（3） スタビリティファクタの拡張 ————

以上のようにして前後輪の横すべり角とステア角が与えられれば，前輪舵角 δ と旋回半径 ρ のあいだには

$$\delta = \frac{l}{\rho} + \beta_f - \beta_r + \alpha_r - \alpha_f \tag{6.7$'$}$$

なる関係があるから，式 (7.13)，(7.14)，(7.22)，(7.23) を式 (6.7)′ に代入して

$$\delta = \frac{l}{\rho} + \left(A_0 + A_1 \ddot{x} + A_2 \ddot{x}^2 \right) l g \ddot{y} \tag{7.28}$$

が得られる。また，$g \ddot{y} = V^2 / \rho$ であるから

$$\rho = \frac{l}{\delta} \left\{ 1 + \left(A_0 + A_1 \ddot{x} + A_2 \ddot{x}^2 \right) V^2 \right\} \tag{7.29}$$

と書くこともできる。ただし，ここに

$$A_0 = \frac{W}{2 l^2 g} \left(\frac{l_r K_{r_0} - l_f K_{f_0}}{K_{f_0} K_{r_0}} \right) + \frac{a_r - a_f}{g l} \tag{7.30}$$

$$A_1 = \frac{h W^2}{4 l^3 g} \left(\frac{l_r}{K_{f_0}{}^2} \frac{\partial K_f}{\partial W} + \frac{l_f}{K_{f_0}{}^2} \frac{\partial K_r}{\partial W} \right) + \frac{b_r - b_f}{g l} \tag{7.31}$$

$$A_2 = \frac{W}{4 \mu^2 g} \left\{ \frac{\alpha_c{}^2}{l_r K_{f_0}} - \frac{(1 - \alpha_c)^2}{l_f K_{r_0}} \right\} \tag{7.32}$$

式 (7.28) が，駆動あるいは制動を伴いながら，ある横加速度で半径 ρ の円旋回をするときに必要な前輪舵角 δ を与える式であり，式 (7.29) が旋回半径と旋回速度の関係を示す式である。そして

$$A^* = A_0 + A_1 \ddot{x} + A_2 \ddot{x}^2 \tag{7.33}$$

が，駆動あるいは制動を伴う円旋回にまで拡張されたスタビリティファクタと定義

することができる。

ここで，第1項の A_0 は式（3.43）で定義した定常円旋回時のスタビリティファクタに相当するものである。第2項の A_1 は駆動あるいは制動による荷重移動およびトー角変化とコンプライアンスステアによるものであり，第3項の A_2 は駆動力や制動力の働くタイヤのコーナリング特性の変化によるもので，前後加速度 $\ddot{x}$ に応じてスタビリティファクタが変化する。

7.3.2 駆動や制動の円旋回に及ぼす影響

式（7.28）を変形し，$\ddot{x} = \ddot{x}_0$，$\delta = \delta_0$，$\rho_0 = l/\delta_0$ とすれば

$$\frac{\rho}{\rho_0} = \frac{1}{1 - (A_0 + A_1 \ddot{x}_0 + A_2 \ddot{x}_0^2) \rho_0 g \ddot{y}} \tag{7.34}$$

が得られる。これは，ある一定の舵角のもとで一定の加速度の加速旋回を行ったときの横加速度と旋回半径の関係を示すものである。

同じようにして，$V = V_0$ のとき式（7.29）より

$$\rho = \rho_0 \{1 + (A_0 + A_1 \ddot{x} + A_2 \ddot{x}^2) V_0^2\} \tag{7.29}'$$

となる。これは，一定の舵角で定常円旋回中，駆動あるいは制動を行ったとき速度が十分大きく，この駆動や制動による速度の変化が無視してよい時間内に，その前後加速度に応じて旋回半径がどのように変化するかを示すものとみることができる。

ここで，式（7.29）′より

$$\left(\frac{\partial \rho}{\partial \ddot{x}}\right)_{\ddot{x}=0} = \rho_0 V_0^2 A_1 \tag{7.35}$$

となる。そこで式（7.31）で表現される A_1 を円旋回における前後加速度感度係数と定義し，$\ddot{x}$ の小さいところでの駆動や制動の円旋回に及ぼす第一義的な影響を A_1 によって評価することができる。

図7.2は，式（7.29）′を用いて駆動やパワーオフによる制動の旋回半径に及ぼす影響を，具体的な各駆動方式の車両についてサスペンションのトー角変化や前後力によるコンプライアンスステアを無視してみたものである。どの場合にも $A_1 > 0$ であるから，$\ddot{x} = 0$ 付近では加速側で旋回半径が増大

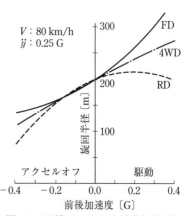

図7.2 円旋回に及ぼす前後加速度の影響

し，減速側で減少することになり，とりわけ前輪駆動の車両はこれが著しい。$\ddot{x}$ が大きくなると，後輪駆動の車両は加速時も旋回半径が減少する。

図7.3は，トー角変化と前後力によるコンプライアンスステアを，A_1 ができるだけ小さくなる側に設定したときの前後加速度と旋回半径の関係である。現実的な範囲で $A_1 \leqq 0$ となることはないが，$\ddot{x}=0$ 付近で前後加速度の影響がかなり小さくなる。とりわけ，四輪駆動の車両は，駆動やパワーオフによる制動の影響をかなり小さくできる。

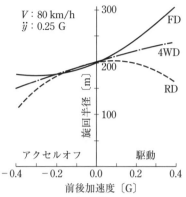

図7.3　トー角変化とコンプライアンスステアがあるときの円旋回に及ぼす前後加速度の影響

7.4　車両の操舵過渡応答[2]

前節では，小さな加速度範囲を前提にすると，駆動や制動を伴う円旋回にまで拡張したスタビリティファクタを定義することができ，これを用いて円旋回に及ぼす加減速の影響を検討することができることを示した。

ここでは，同じように小さな加速度範囲を前提とし，駆動や制動による速度の変化を無視してよい短い時間を考えると，前後加速度に応じタイヤのコーナリングパワーと，タイヤの横すべり角を与えるときの車両重心点と前後軸間の距離が等価的に変わるものとして，加減速を含まないときの車両の平面運動と同形の運動方程式が導かれることを示す。また，これを用いて駆動や制動を伴う車両の操舵に対する過渡応答を，解析的に検討することができることを示すことにする。

7.4.1　運動方程式

まず，7.3.1項と同じように駆動や制動を伴う車両の等価的なタイヤのコーナリングパワーは式 (7.9)′，(7.10)′ で与えられると考える。次に，同じく駆動や制動を伴う車両のトー角変化も 7.3.1項と同じように考え

$$\alpha_f = (p_f + q_f \ddot{x})\ddot{y} \tag{7.36}$$
$$\alpha_r = (p_r + q_r \ddot{x})\ddot{y} \tag{7.37}$$

となる。ただし，ここでは車両のロールとピッチによるサスペンションのストロー

クに応じたトー角変化と，タイヤに働く前後力によるコンプライアンスステアを考え

$$p_f = \frac{\partial \alpha_f}{\partial z} \frac{d_f h W}{2K_\phi} \tag{7.38}$$

$$q_f = \left(\frac{\partial \alpha_f}{\partial X} \frac{\alpha_c W}{2} - \frac{\partial \alpha_f}{\partial z} \frac{l_f h W}{K_\theta} \right) \frac{\partial K_f}{\partial W} \frac{h W K_{\phi f}}{d_f K_\phi K_{f_0}} \tag{7.39}$$

$$p_r = \frac{\partial \alpha_r}{\partial z} \frac{d_r h W}{2K_\phi} \tag{7.40}$$

$$q_r = \left(\frac{\partial \alpha_r}{\partial X} \frac{1-\alpha_c}{2} W + \frac{\partial \alpha_f}{\partial z} \frac{l_r h W}{K_\theta} \right) \frac{\partial K_r}{\partial W} \frac{h W K_{\phi r}}{d_r K_\phi K_{r_0}} \tag{7.41}$$

である。

また，前左右輪に働くコーナリングフォースと前後力によるステアリング系に働くトルクは，式 (7.15) と同じようにして

$$T = 2\left(\xi + \frac{\alpha_c W}{2k_y}\ddot{x} \right) Y_f$$

となるから，このトルクによるコンプライアンスステアを考慮した前輪のコーナリングパワーは，5.3.1 項と同じように考え

$$2eK_f{}^* = \frac{2K_f{}^*}{1 + 2\dfrac{\partial \alpha_f}{\partial T}\left(\xi + \dfrac{\alpha_c W}{2k_y}\ddot{x} \right)K_f{}^*} \tag{7.42}$$

となる。

以上より，前後方向の加速度 $\ddot{x}$ は一定で，さらにこの加速度による速度の変化が無視できるほどの短い時間を考えれば，この間の車両平面運動の運動方程式は次のようになる。

$$mV\left(\frac{d\beta}{dt} + r \right) = 2eK_f{}^*\left(\delta - \beta - \frac{l_f}{V}r + \alpha_f \right) + 2K_r{}^*\left(-\beta + \frac{l_r}{V}r + \alpha_r \right) \tag{7.43}$$

$$I\frac{dr}{dt} = 2l_f eK_f{}^*\left(\delta - \beta - \frac{l_f}{V}r + \alpha_f \right) - 2l_r K_r{}^*\left(-\beta + \frac{l_r}{V}r + \alpha_r \right) \tag{7.44}$$

ところで，式 (7.36)，(7.37) の α_f，α_r にある $\ddot{y}$ は操舵に応じて時々刻々変化する量で，$V(d\beta/dt + r)/g$ と書ける。したがって，このままでは運動方程式 (7.43)，(7.44) が複雑になり解析がめんどうになるから，簡単化のために式 (7.36)，(7.37) で与えられる横加速度に依存したトー角変化 α_f，α_r を横加速度の定常値の

みで考慮することにすれば，$\ddot{y}=Vr/g$ となるから

$$\alpha_f = (p_f + q_f\ddot{x})\frac{Vr}{g} \tag{7.36}'$$

$$\alpha_r = (p_r + q_r\ddot{x})\frac{Vr}{g} \tag{7.37}'$$

と書ける。これを式 (7.43)，(7.44) に代入して整理すれば

$$mV\left(\frac{d\beta}{dt}+r\right) = 2eK_f^*\left(\delta - \beta - \frac{l_f^*}{V}r\right) + 2K_r^*\left(-\beta + \frac{l_r^*}{V}r\right) \tag{7.43}'$$

$$I\frac{dr}{dt} = 2l_f eK_f^*\left(\delta - \beta - \frac{l_f^*}{V}r\right) - 2l_r K_r^*\left(-\beta + \frac{l_r^*}{V}r\right) \tag{7.44}'$$

ただし

$$l_f^* = l_f\left(1 - \frac{p_f + q_f\ddot{x}}{l_f g}V^2\right) \tag{7.45}$$

$$l_r^* = l_r\left(1 + \frac{p_r + q_r\ddot{x}}{l_r g}V^2\right) \tag{7.46}$$

式 (7.43)′，(7.44)′ を整理すれば

$$mV\frac{d\beta}{dt} + 2(eK_f^* + K_r^*)\beta + \left\{mV + \frac{2(l_f^* eK_f^* - l_r^* K_r^*)}{V}\right\}r = 2eK_f^*\delta \tag{7.47}$$

$$2(l_f eK_f^* - l_r K_r^*)\beta + I\frac{dr}{dt} + \frac{2(l_f l_f^* eK_f^* + l_r l_r^* K_r^*)}{V}r = 2l_f eK_f^*\delta \tag{7.48}$$

となる。これが，駆動や制動を伴う車両の操舵応答を与える式である。

7.4.2　操舵に対する過渡応答

ここで，式 (7.47)，(7.48) より操舵に対するヨー角速度の応答を求めると

$$\frac{r(s)}{\delta(s)} = \frac{G_\delta^r(0)(1 + T_r s)}{1 + \frac{2\zeta s}{\omega_n} + \frac{s^2}{\omega_n^2}} \tag{7.49}$$

となる。ここで

$$\omega_n^2 = \frac{4eK_f^* K_r^* l(l_f^* + l_r^*)}{mIV^2} - \frac{2(l_f eK_f^* - l_r K_r^*)}{I} \tag{7.50}$$

7.4　車両の操舵過渡応答　　**229**

$$2\zeta\omega_n = \frac{2m(l_f^* l_f e K_f^* + l_r^* l_r K_r^*) + 2I(eK_f^* + K_r^*)}{mIV} \tag{7.51}$$

$$T_r = \frac{ml_f V}{2lK_r^*} \tag{7.52}$$

$$G_\delta^r(0) = \frac{V}{(l_f^* + l_r^*)} \frac{1}{1 + A^* V^2} \tag{7.53}$$

ただし

$$A^* = -\frac{m(l_f e K_f^* - l_r K_r^*)}{2eK_f^* K_r^* l(l_f^* + l_r^*)} \tag{7.54}$$

である.

　A^*は7.3節と同様の微少量の扱いをすれば，そこで導かれたスタビリティファクタに一致する駆動あるいは制動を伴う運動にまで拡張されたスタビリティファクタである．また，式 (7.50)～(7.53) を用いれば，同じく駆動や制動を伴う車両の操舵に対する運動の応答パラメータを求め，操舵応答に及ぼす加減速の影響を評価することができることになる．

　図7.4は，式 (7.50) を用いて求めた固有振動数 ω_n と前後加速度の関係であり，図7.5は，減衰比 ζ と前後加速度の関係を描いたものである．固有振動数は駆動時に大となり，制動時に小さくなる．減衰比は逆に駆動側で減少し，制動側で増大する．なお，後輪駆動の場合には，大きな前後加速度では駆動時にも固有振動数が減少する．

　ところで，ステップ状の操舵に対するヨー角速度の応答の第一ピークまでの時間

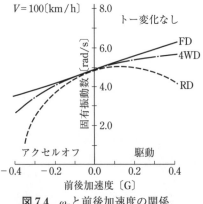

図7.4　ω_n と前後加速度の関係

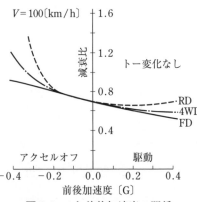

図7.5　ζ と前後加速度の関係

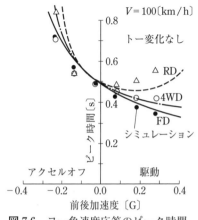
図 7.6 ヨー角速度応答のピーク時間と前後加速度（トー変化なし）

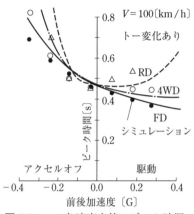
図 7.7 ヨー角速度応答のピーク時間と前後加速度（トー変化あり）

t_p は，式（3.86）で与えられる．式（7.50），（7.51），（7.52）を用いてこれを求め，前後加速度に対してこれがどのように変わるかをみたものが図 7.6，7.7 である．駆動時に t_p が小さくなり，制動時はこれが大となる．後輪駆動のときは，駆動時もこれが増大する．また，図 7.7 よりトー角変化とコンプライアンスステアにより，駆動や制動の t_p に及ぼす影響をどれだけ小さくできるかが推定できる．

図 7.8 には，駆動や制動中の車両のステップ状の操舵に対するヨー角速度の応答を，式（7.47），（7.48）を用いて求めたものが示されている．この図には，同じ操舵応答を，式（7.1），（7.2），（3.5）′ に対応する運動方程式と，車体のロールおよびピッチに関する運動方程式を用い，これを数値的に解くコンピュータシミュレーシ

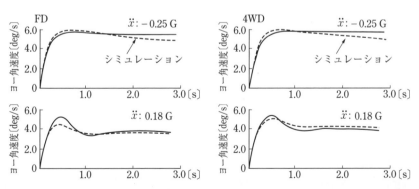
図 7.8 操舵に対するヨー角速度の過渡応答（$V=100$ 〔km/h〕，ハンドル角 $15°$，トー変化あり）

7.4 車両の操舵過渡応答　　**231**

ョンで求めたものが同時に描かれている。両者はよく一致しており，駆動や制動時の操舵応答についての本節のような簡単化した扱いの有効性が理解できる。

参考文献
---

1) 安部：駆動や制動を伴う車両の円旋回の解析（第1報，スタビリティファクタの拡張と小さい加速度範囲での簡易な理論解析），自動車技術会論文集，No. 37, 1988

2) 安部：駆動や制動を伴う車両の円旋回の解析（第2報，加減速中の操舵に対する車両運動の過渡応答），自動車技術会論文集，No. 39, 1988

第8章

運動のアクティブ制御と車両の運動

8.1 はじめに

　さて，これまでわれわれは，ハンドル操作に対しもっぱら前輪のみが操舵される車両を前提にその運動を論じてきた。ところで，近年前輪ばかりでなく，後輪をハンドル操作やその他の方法で積極的に操舵することによって，車両の運動力学的性質を大幅に向上させることができることが明らかになってきた。またさらに，車輪に働く前後力の左右差を利用して発生するヨーモーメントで直接車両運動を制御する**直接ヨーモーメント制御**（DYC）も注目されている。

　そこで本章では，従来の前輪操舵の車両に**後輪操舵**を付加したとき，および前輪もいったんハンドルから切り離し，前輪および後輪をハンドル角に対して積極的に操舵制御する場合の車両の運動と制御の基本的なことがらについて考えていくことにする。また，直接ヨーモーメント制御による車両運動制御についての基本的なことがらについても述べることにする。

8.2 後輪操舵の付加と車両の運動

　前後輪の舵角を δ_f，δ_r とすれば，前後輪の横力を与える式（3.8），（3.9）は，次のように変わる。

$$Y_f = -K_f\beta_f = -K_f\left(\beta + \frac{l_f}{V}r - \delta_f\right) \tag{8.1}$$

$$Y_r = -K_r\beta_r = -K_r\left(\beta - \frac{l_r}{V}r - \delta_r\right) \tag{8.2}$$

　これを式（3.4）′，（3.5）′に代入して，次のような前後輪舵角に対する車両の運動方程式を得る。

8.2　後輪操舵の付加と車両の運動　　**233**

$$\begin{cases} mV\dfrac{d\beta}{dt} + 2(K_f + K_r)\beta + \left\{ mV + \dfrac{2}{V}(l_f K_f - l_r K_r) \right\}r = 2K_f \delta_f + 2K_r \delta_r \\[4mm] \hspace{9cm} (8.3) \\[4mm] 2(l_f K_f - l_r K_r)\beta + I\dfrac{dr}{dt} + \dfrac{2(l_f^{\,2}K_f + l_r^{\,2}K_r)}{V}r = 2l_f K_f \delta_f - 2l_r K_r \delta_r \\[4mm] \hspace{9cm} (8.4) \end{cases}$$

8.2.1 前輪舵角比例操舵

後輪も前輪とともに操舵する方式は，一般には無数に考えられる。ここでは，まず最も簡単な前輪舵角に比例した後輪の操舵を行ったときの車両の運動を考える。

このときには，前輪舵角 δ_f と後輪舵角 δ_r は

$$\delta_f = \frac{\delta}{n} \tag{8.5}$$

$$\delta_r = k\delta_f = \frac{k}{n}\delta \tag{8.6}$$

と書くことができる。

ただし本章では，δ は前輪舵角ではなくハンドル角であり，n は前輪操舵系のギヤレシオである。

式 (8.5)，(8.6) を式 (8.3)，(8.4) に代入し，ハンドル角に対する前輪舵角比例後輪操舵車両の応答を伝達関数で表現すれば，次のようになる。

$$\frac{\beta(s)}{\delta(s)} = \frac{1}{n} \frac{\begin{vmatrix} 2(K_f + kK_r) & mV + \dfrac{2}{V}(l_f K_f - l_r K_r) \\[3mm] 2(l_f K_f - kl_r K_r) & Is + \dfrac{2(l_f^{\,2}K_f + l_r^{\,2}K_r)}{V} \end{vmatrix}}{\begin{vmatrix} mVs + 2(K_f + K_r) & mV + \dfrac{2}{V}(l_f K_f - l_r K_r) \\[3mm] 2(l_f K_f - l_r K_r) & Is + \dfrac{2}{V}(l_f^{\,2}K_f + l_r^{\,2}K_r) \end{vmatrix}} \tag{8.7}$$

$$\frac{r(s)}{\delta(s)} = \frac{1}{n} \frac{\begin{vmatrix} mVs + 2(K_f + K_r) & 2(K_f + kK_r) \\[3mm] 2(l_f K_f - l_r K_r) & 2(l_f K_f - kl_r K_r) \end{vmatrix}}{\begin{vmatrix} mVs + 2(K_f + K_r) & mV + \dfrac{2}{V}(l_f K_f - l_r K_r) \\[3mm] 2(l_f K_f - l_r K_r) & Is + \dfrac{2}{V}(l_f^{\,2}K_f + l_r^{\,2}K_r) \end{vmatrix}} \tag{8.8}$$

234 第 8 章 運動のアクティブ制御と車両の運動

ここで，式 (8.7), (8.8) を用いて，操舵に対する横加速度 $V(\dot{\beta}+r)$ とヨー角速度の伝達関数を，通常の前輪のみが操舵される車両の伝達関数との違いがわかりやすい形で表現してみると，次のようになる[1]。

$$\frac{\ddot{y}(s)}{\delta(s)} = \frac{1-k}{n} G_\delta^{\ddot{y}}(0) \frac{1+(1+\lambda_1)T_{y_1}s+(1+\lambda_2)T_{y_2}s^2}{1+\dfrac{2\zeta s}{\omega_n}+\dfrac{s^2}{\omega_n^2}} \tag{8.9}$$

$$\frac{r(s)}{\delta(s)} = \frac{1-k}{n} G_\delta^r(0) \frac{1+(1+\lambda_r)T_r s}{1+\dfrac{2\zeta s}{\omega_n}+\dfrac{s^2}{\omega_n^2}} \tag{8.10}$$

ここに

$$\lambda_1 = \frac{l}{l_r}\frac{k}{1-k}, \quad \lambda_2 = \frac{K_f+K_r}{K_f}\frac{k}{1-k}$$

$$\lambda_r = \frac{l_f K_f - l_r K_r}{l_f K_f}\frac{k}{1-k}$$

であり，ω_n, ζ, T_{y_1}, T_{y_2}, T_r, $G_\delta^{\ddot{y}}(0)$, $G_\delta^r(0)$ などは，3.4.2項で用いた前輪操舵車両の場合と同様である。

式 (8.9), (8.10) より，後輪を前輪に比例的に操舵すると，全体のゲインが $(1-k)$ 倍になるとともに，伝達関数の分子の s および s^2 の項の係数が λ_r, λ_1, λ_2 の割合で増加することがわかる。$0<k<1$ なら，λ_1, λ_2 は正であるから，後輪を前輪よりは小さく同方向に操舵すれば，横加速度の操舵に対する位相遅れが減少する。また，車両の特性がニュートラルステアに近ければ，$\lambda_r \approx 0$ となるから，後輪操舵のヨー角速度の応答に及ぼす影響は小さいということができる。

図8.1はニュートラルステアの車両について前輪舵角比例後輪操舵が，車両の横

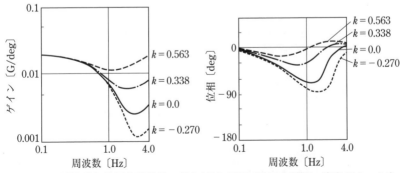

図 8.1　前輪舵角比例後輪操舵の横加速度応答に及ぼす影響，速度 80 km/h[1]

加速度応答に及ぼす影響を式 (8.9) を用いてみた例である．後輪の前輪と同方向への操舵により横加速度の応答性が向上している．

なお，とくに前輪舵角に比例した後輪操舵の場合，ω_n や ζ が前輪操舵車両の場合と変わらない点が特徴である．

ところで，式 (8.7) を用い，ある一定の舵角に対する横すべり角 β の定常値を求めると

$$\beta_s = \frac{1}{n} \frac{\begin{vmatrix} 2(K_f + kK_r) & mV + \frac{2}{V}(l_f K_f - l_r K_r) \\ 2(l_f K_f - k l_r K_r) & \frac{2(l_f^2 K_f + l_r^2 K_r)}{V} \end{vmatrix}}{\begin{vmatrix} 2(K_f + K_r) & mV + \frac{2}{V}(l_f K_f - l_r K_r) \\ 2(l_f K_f - l_r K_r) & \frac{2(l_f^2 K_f + l_r^2 K_r)}{V} \end{vmatrix}} \delta \tag{8.11}$$

となる．これより，β_s がつねに 0，つまり式 (8.11) の分子が 0 になるような k を求めてみると

$$k_0 = -\frac{l_r\left(1 - \frac{ml_f}{2ll_r K_r}V^2\right)}{l_f\left(1 + \frac{ml_r}{2ll_f K_f}V^2\right)} \tag{8.12}$$

となる．したがって，式 (8.12) のように前輪舵角に対する後輪舵角の比例定数を設定すれば，定常旋回時の横すべり角が 0，つまり車両の進行方向と車両の向きが一致する車両となることがわかる．

この比例定数は，車両の走行速度によって変わる．このようすをみたものが図 8.2 である．k_0 の値が負のときは，前輪と後輪の操舵方向が逆であり，正になるとそれが同方向になる．低速時は逆方向，高速になるに従い同方向に操舵すれば，横すべり角の定常値が 0，つまり定常円旋回時の横すべり角 0 が実現できる．

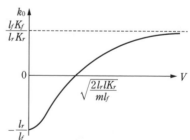

図 8.2 横すべり角の定常値を 0 にする前輪に対する後輪の舵角比

8.2.2 前輪操舵力比例操舵

次に，前輪の操舵力に比例して後輪を操舵する場合を考える。

前輪の操舵系の操舵力は，前輪を通して働く外力によるモーメントに等しいと考えれば

$$M = -2\xi K_f\left(\beta + \frac{l_f}{V}r - \delta_f\right) \tag{8.13}$$

となる。したがって，このときの前輪と後輪の舵角は

$$\delta_f = \frac{\delta}{n} \tag{8.5}$$

$$\delta_r = kM = -2k\xi K_f\left(\beta + \frac{l_f}{V}r - \delta_f\right) \tag{8.14}$$

と書くことができる。これを式（8.3），（8.4）に代入し，横すべり角とヨー角速度の応答を伝達関数の形で求めれば，次のようになる。

$$\frac{\beta(s)}{\delta(s)} = \frac{1}{n}$$

$$\times \frac{\begin{vmatrix} 2(K_f + 2k\xi K_f K_r) & mV + \dfrac{2}{V}(l_f K_f - l_r K_r) + \dfrac{4k\xi l_f K_f K_r}{V} \\[2mm] 2(l_f K_f - 2k\xi l_r K_f K_r) & Is + \dfrac{2}{V}(l_f{}^2 K_f + l_r{}^2 K_r) - \dfrac{4k\xi l_f l_r K_f K_r}{V} \end{vmatrix}}{\begin{vmatrix} mVs + 2(K_f + K_r) + 4k\xi K_f K_r & mV + \dfrac{2}{V}(l_f K_f - l_r K_r) + \dfrac{4k\xi l_f K_f K_r}{V} \\[2mm] 2(l_f K_f - l_r K_r) - 4k\xi l_r K_f K_r & Is + \dfrac{2}{V}(l_f{}^2 K_f + l_r{}^2 K_r) - \dfrac{4k\xi l_f l_r K_f K_r}{V} \end{vmatrix}}$$

$$\tag{8.15}$$

$$\frac{r(s)}{\delta(s)} = \frac{1}{n}$$

$$\times \frac{\begin{vmatrix} mVs + 2(K_f + K_r) + 4k\xi K_f K_r & 2(K_f + 2k\xi K_f K_r) \\[2mm] 2(l_f K_f - l_r K_r) - 4k\xi l_r K_f K_r & 2(l_f K_f - 2k\xi l_r K_f K_r) \end{vmatrix}}{\begin{vmatrix} mVs + 2(K_f + K_r) + 4k\xi K_f K_r & mV + \dfrac{2}{V}(l_f K_f - l_r K_r) + \dfrac{4k\xi l_f K_f K_r}{V} \\[2mm] 2(l_f K_f - l_r K_r) - 4k\xi l_r K_f K_r & Is + \dfrac{2}{V}(l_f{}^2 K_f + l_r{}^2 K_r) - \dfrac{4k\xi l_f l_r K_f K_r}{V} \end{vmatrix}}$$

$$\tag{8.16}$$

これを用いて，8.2.1項と同じように操舵に対する横加速度とヨー角速度の伝達関数を求めれば，次のようになる。

$$\frac{\ddot{y}(s)}{\delta(s)} = \frac{1}{n} G_\delta^{\ddot{y}}(0) * \frac{1 + T_{y_1}s + (1 + \lambda_2) T_{y_2}s^2}{1 + \frac{2\zeta^* s}{\omega_n{}^*} + \frac{s^2}{\omega_n{}^{*2}}} \tag{8.17}$$

$$\frac{r(s)}{\delta(s)} = \frac{1}{n} G_\delta^r(0) * \frac{1 + (1 + \lambda_r) T_r s}{1 + \frac{2\zeta^* s}{\omega_n{}^*} + \frac{s^2}{\omega_n{}^{*2}}} \tag{8.18}$$

ここに

$$A^* = A + \frac{k\xi l_r m}{l^2} \tag{8.19}$$

として，これがスタビリティファクタで

$$G_\delta^{\ddot{y}}(0)^* = V G_\delta^r(0)^* = \frac{1}{1 + A^* V^2} \frac{V^2}{l} \tag{8.20}$$

$$\omega_n{}^* = \frac{2l}{V} \sqrt{\frac{K_f K_r}{mI} (1 + A^* V^2)} = \sqrt{\omega_n^2 + \frac{4k\xi l_r K_f K_r}{I}} \tag{8.21}$$

$$\zeta^* = \frac{m(l_f{}^2 K_f + l_r{}^2 K_r) + I(K_f + K_r) + 2k\xi K_f K_r(I - ml_f l_r)}{2l\sqrt{mI K_f K_r(1 + A^* V^2)}} \tag{8.22}$$

となる。なお，A は第 3 章で定義した前輪操舵車両のスタビリティファクタであり

$$\lambda_2 = 2k\xi K_r \quad , \quad \lambda_r = -\frac{2k\xi l_r K_r}{l_f}$$

で，T_{y_1}，T_{y_2}，T_r は 3.4.2 項で用いた前輪操舵車両の場合と同じである。

このように，前輪操舵力に比例して後輪も操舵すると，ハンドル角に対する横加速度やヨー角速度の伝達関数の分子ばかりでなく，前輪のみ操舵する車両に比べてスタビリティファクタが式（8.19）のようになり，分母の係数，つまり車両の固有振動数や減衰比まで変化することがわかる。

$k > 0$ とすると，スタビリティファクタが大きくなり固有振動数が増し，かつ横加速度の分子の s^2 の係数も増大して横加速度の応答性は良くなるが，ヨー角速度の分子の s の係数は減少し，応答性を悪化させることなどが予想される。**図8.3**は式（8.17），（8.18）を用いて，ハンドル角に対する車両の横加速度とヨー角速度の周波数応答に及ぼす比例定数 k の影響をみた例である。

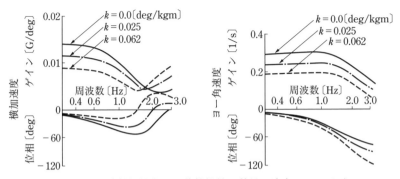

図 8.3 前輪操舵力比例後輪操舵の効果,速度 100 km/h[2)]

8.2.3 ヨー角速度比例操舵

次に,車両のヨー角速度に比例して後輪を操舵する場合を考える。このときの前輪と後輪の舵角は,次のように書くことができる。

$$\delta_f = \frac{\delta}{n} \tag{8.5}$$

$$\delta_r = kr \tag{8.23}$$

式 (8.5),(8.23) を式 (8.3),(8.4) に代入して,先と同じように横すべり角とヨー角速度の応答を伝達関数の形で求めれば,次のようになる。

$$\frac{\beta(s)}{\delta(s)} = \frac{1}{n} \frac{\begin{vmatrix} 2K_f & mV + \frac{2}{V}(l_f K_f - l_r K_r) - 2kK_r \\ 2l_f K_f & Is + \frac{2}{V}(l_f^2 K_f + l_r^2 K_r) + 2kl_r K_r \end{vmatrix}}{\begin{vmatrix} mVs + 2(K_f + K_r) & mV + \frac{2}{V}(l_f K_f - l_r K_r) - 2kK_r \\ 2(l_f K_f - l_r K_r) & Is + \frac{2}{V}(l_f^2 K_f + l_r^2 K_r) + 2kl_r K_r \end{vmatrix}} \tag{8.24}$$

$$\frac{r(s)}{\delta(s)} = \frac{1}{n} \frac{\begin{vmatrix} mVs + 2(K_f + K_r) & 2K_f \\ 2(l_f K_f - l_r K_r) & 2l_f K_f \end{vmatrix}}{\begin{vmatrix} mVs + 2(K_f + K_r) & mV + \frac{2}{V}(l_f K_f - l_r K_r) - 2kK_r \\ 2(l_f K_f - l_r K_r) & Is + \frac{2}{V}(l_f^2 K_f + l_r^2 K_r) + 2kl_r K_r \end{vmatrix}} \tag{8.25}$$

式 (8.24),(8.25) を用いて,ここでも操舵に対する横加速度とヨー角速度の伝達関数を,前輪操舵車両の伝達関数との違いがわかりやすい形で表現してみると,次のようになる。

$$\frac{\ddot{y}(s)}{\delta(s)} = \frac{1}{n} G_\delta^{\ddot{y}}(0)^* \frac{1 + (1 + \lambda_1) T_{y_1} s + T_{y_2} s^2}{1 + \dfrac{2\zeta^* s}{\omega_n^*} + \dfrac{s^2}{\omega_n^{*2}}} \tag{8.26}$$

$$\frac{r(s)}{\delta(s)} = \frac{1}{n} G_\delta^r(0)^* \frac{1 + T_r s}{1 + \dfrac{2\zeta^* s}{\omega_n^*} + \dfrac{s^2}{\omega_n^{*2}}} \tag{8.27}$$

ここに

$$A^* = A + \frac{k}{l} \frac{1}{V} \tag{8.28}$$

として，これがこのときのスタビリティファクタで

$$G_\delta^{\ddot{y}}(0)^* = V G_\delta^r(0)^* = \frac{1}{1 + A^* V^2} \frac{V^2}{l} \tag{8.29}$$

$$\omega_n^* = \frac{2l}{V} \sqrt{\frac{K_f K_r}{mI}(1 + A^* V^2)} = \sqrt{\omega_n^2 + \frac{4klK_f K_r}{mIV}} \tag{8.30}$$

$$\zeta^* = \frac{m(l_f^2 K_f + l_r^2 K_r) + I(K_f + K_r) + kml_r K_r V}{2l\sqrt{mIK_f K_r(1 + A^* V^2)}} \tag{8.31}$$

となる。また

$$\lambda_1 = \frac{kV}{l_r}$$

である。

このように，ヨー角速度に比例して後輪を操舵する車両は，スタビリティファクタが式（8.28）のようになり，車両の固有振動数や減衰比も変化することがわかる。

$k>0$ とすれば，固有振動数が増加し，横加速度の分子の s の係数も大きくなり，車両の応答性が良くなると考えられる。

8.3　横すべり零化後輪操舵制御

8.2.1 項では，前輪舵角に比例して後輪を操舵するときの比例定数を適当に選ぶと，定常円旋回時の重心点の横すべり角が 0 の車両を実現できることを示した。

ここでは，さらに一般的に，任意の操舵に対して重心点の横すべり角がつねに 0 となるような後輪の操舵則を考えることにする。

8.3.1 前輪舵角応動方式

いま，後輪が前輪に対して単に比例的ではなく，一般的にある伝達関数で示される関係で操舵されると考えてみよう。このときの後輪舵角は，次のように表される。

$$\delta_r(s) = k(s)\delta_f(s) = \frac{k(s)}{n}\delta(s) \tag{8.6}'$$

ここで，$k(s)$ は，前輪舵角に対する後輪舵角の伝達関数である。

このときのハンドル角に対する横すべり角は，式 (8.7) を求めたときと同じで

$$\frac{\beta(s)}{\delta(s)} = \frac{1}{n} \frac{\begin{vmatrix} 2\{K_f + k(s)K_r\} & mV + \dfrac{2}{V}(l_fK_f - l_rK_r) \\[2mm] 2\{l_fK_f - k(s)l_rK_r\} & Is + \dfrac{2}{V}(l_f^2K_f + l_r^2K_r) \end{vmatrix}}{\begin{vmatrix} mVs + 2(K_f + K_r) & mV + \dfrac{2}{V}(l_fK_f - l_rK_r) \\[2mm] 2(l_fK_f - l_rK_r) & Is + \dfrac{2}{V}(l_f^2K_f + l_r^2K_r) \end{vmatrix}} \tag{8.7}'$$

となる。したがって，式 (8.7)′ の分子が0，つまり

$$\begin{vmatrix} 2\{K_f + k(s)K_r\} & mV + \dfrac{2}{V}(l_fK_f - l_rK_r) \\[2mm] 2\{l_fK_f - k(s)l_rK_r\} & Is + \dfrac{2}{V}(l_f^2K_f + l_r^2K_r) \end{vmatrix} = 0 \tag{8.32}$$

となるように $k(s)$ を設定すれば，ハンドル角に対する横すべり角の伝達関数が0となる。

式 (8.32) を展開し，$k(s)$ を求めれば

$$k(s) = -\frac{l_r - \dfrac{ml_f}{2lK_r}V^2 + \dfrac{IV}{2lK_r}s}{l_f + \dfrac{ml_r}{2lK_f}V^2 + \dfrac{IV}{2lK_f}s} = \frac{k_0}{1 + T_e s} - \frac{K_f}{K_r}\frac{T_e s}{1 + T_e s} \tag{8.33}$$

ただし，k_0 は式 (8.12) で与えられ

$$T_e = \frac{IV}{2ll_fK_f + ml_rV^2} \tag{8.34}$$

となる。

つまり，式 (8.33) のような伝達関数により，前輪に対して後輪を操舵すれば，重心点の横すべり角がつねに0で，車両の向いている方向と進行方向がつねに一致している車両が実現することになる。そして，このときの操舵に対するヨー角速度の応答は，次のようになる。

8.3 横すべり零化後輪操舵制御 **241**

$$\frac{r(s)}{\delta(s)} = \frac{1}{n} \frac{1}{1 + \dfrac{ml_r}{2ll_f K_f} V^2} \frac{V}{l_f} \frac{1}{1 + T_e s} \tag{8.35}$$

8.3.2　前輪比例＋ヨー角速度比例操舵方式

　ところで，後輪を前輪の舵角に比例する項とヨー角速度に比例する項の和となるように操舵することにより，車両重心点の横すべり角をつねに0にすることができる。

　いま

$$\delta_r = k_\delta \delta_f + k_r r = \frac{k_\delta}{n} \delta + k_r r \tag{8.36}$$

として，これまでと同じようにして操舵に対する横すべり角の応答を求めてみると，次のようになる。

$$\frac{\beta(s)}{\delta(s)} = \frac{1}{n} \frac{\begin{vmatrix} 2(K_f + k_\delta K_r) & mV + \dfrac{2}{V}(l_f K_f - l_r K_r) - 2k_r K_r \\ 2(l_f K_f - k_\delta l_r K_r) & Is + \dfrac{2}{V}(l_f^2 K_f + l_r^2 K_r) + 2k_r l_r K_r \end{vmatrix}}{\begin{vmatrix} mVs + 2(K_f + K_r) & mV + \dfrac{2}{V}(l_f K_f - l_r K_r) - 2k_r K_r \\ 2(l_f K_f - l_r K_r) & Is + \dfrac{2}{V}(l_f^2 K_f + l_r^2 K_r) + 2k_r l_r K_r \end{vmatrix}} \tag{8.37}$$

　したがって

$$\begin{vmatrix} 2(K_f + k_\delta K_r) & mV + \dfrac{2}{V}(l_f K_f - l_r K_r) - 2k_r K_r \\ 2(l_f K_f - k_\delta l_r K_r) & Is + \dfrac{2}{V}(l_f^2 K_f + l_r^2 K_r) + 2k_r l_r K_r \end{vmatrix} = 0 \tag{8.38}$$

が成り立てば，横すべり角が0となる。式 (8.38) を展開すれば，s に関する1次式となるから，s の係数が0で定数項も0となるように，k_δ と k_r を選ぶことができる。

　このようにして k_δ，k_r を具体的に求めてみると，次のようになる。

$$k_\delta = -\frac{K_f}{K_r} \tag{8.39}$$

$$k_r = \frac{mV^2 + 2(l_f K_f - l_r K_r)}{2K_r V} \tag{8.40}$$

　このように比例定数を選べば，$\beta(s)/\delta(s)$ はつねに0になるから，操舵に対して

242　　第8章　運動のアクティブ制御と車両の運動

車両重心点の横すべり角がつねに0となる車両が実現する。そして，このときの操舵に対するヨー角速度の応答は先と同じ，式 (8.35) で表されることになる。

8.4 ヨー角速度モデルフォロイング後輪操舵

次に，車両の代表的な操舵応答としてヨー角速度をとりあげ，そのヨー角速度の望ましいハンドル操作に対する応答を**モデル応答**として設定し，その応答を実現する制御，つまりヨー角速度**モデルフォロイング後輪操舵制御**を考える。

8.4.1 フィードフォワード制御

前後輪操舵に対する車両の運動方程式 (8.3)，(8.4) をラプラス変換し，ハンドルおよび後輪の操舵角に対するヨー角速度の応答を求めれば，次のようになる。

$$
r(s) = \frac{\dfrac{1}{n} G_\delta^r(0)(1+T_r s)\delta(s) + G_{\delta_r}^r(0)(1+T_{rr}s)\delta_r(s)}{1 + \dfrac{2\zeta}{\omega_n}s + \dfrac{1}{\omega_n^2}s^2}
$$

$$
= \frac{\omega_n^2 H(s)}{s^2 + 2\zeta\omega_n s + \omega_n^2} \tag{8.41}
$$

ただし

$$
H(s) = \frac{1}{n} G_\delta^r(0)(1+T_r s)\delta(s) + G_{\delta_r}^r(0)(1+T_{rr}s)\delta_r(s) \tag{8.42}
$$

$$
G_{\delta_r}^r(0) = \frac{-1}{1+AV^2}\frac{V}{l} = -G_\delta^r(0)
$$

$$
T_{rr} = \frac{ml_r V}{2lK_f}
$$

である。なお，T_r は式 (3.82) で与えられている。

ここで，ヨー角速度のモデル応答を操舵に対する1次遅れとして

$$
r_m(s) = \frac{1}{n}\frac{G_e}{1+T_e s}\delta(s) \tag{8.43}
$$

とする。これが式 (8.41) のヨー角速度と一致するとすれば，次式が成立する。

$$\frac{\dfrac{1}{n}G_\delta^r(0)(1+T_rs)\delta(s)-G_\delta^r(0)(1+T_{rr}s)\delta_r(s)}{1+\dfrac{2\zeta}{\omega_n}s+\dfrac{1}{\omega_n^2}s^2}=\frac{1}{n}\frac{G_e}{1+T_es}\delta(s)$$

これより $\delta_r(s)$ を求めれば

$$\delta_r(s)=\frac{1}{n}\left\{-\frac{G_e\left(1+\dfrac{2\zeta}{\omega_n}s+\dfrac{1}{\omega_n^2}s^2\right)}{G_\delta^r(0)(1+T_{rr}s)(1+T_es)}+\frac{1+T_rs}{1+T_{rr}s}\right\}\delta(s) \tag{8.44}$$

となる。これがフィードフォワードヨー角速度モデルフォロイングの後輪操舵制御則である。

8.4.2　フィードフォワード＋ヨー角速度フィードバック制御

8.4.1 項と同じ式（8.43）のようなヨー角速度モデル応答を設定すると

$$\left(s+\frac{1}{T_e}\right)r_m(s)=\frac{1}{n}\frac{G_e}{T_e}\delta(s) \tag{8.43}'$$

と書くことができる。

ここで，r_m と制御を受けた車両のヨー角速度の応答 r との誤差を

$$e(s)=\left(s+\frac{1}{T_e}\right)\{r(s)-r_m(s)\}$$

で定義する。この e が適当な時定数 T_g の 1 次遅れ特性で 0 に収束するようにするとすれば

$$\dot{e}+\frac{1}{T_g}e=0$$

であるから

$$\left(s+\frac{1}{T_g}\right)e(s)=\left(s+\frac{1}{T_g}\right)\left(s+\frac{1}{T_e}\right)\{r(s)-r_m(s)\}=0$$

と書くことができる。これは

$$\left\{s^2+\left(\frac{1}{T_g}+\frac{1}{T_e}\right)s+\frac{1}{T_gT_e}\right\}r(s)-\left(s+\frac{1}{T_g}\right)\left(s+\frac{1}{T_e}\right)r_m(s)=0$$

と変形することができ，さらに

$$\left\{ s^2 + 2\zeta\omega_n s + \omega_n{}^2 + \left(\frac{1}{T_g} + \frac{1}{T_e} - 2\zeta\omega_n\right)s + \frac{1}{T_g T_e} - \omega_n{}^2 \right\} r(s)$$

$$- \left(s + \frac{1}{T_g}\right)\left(s + \frac{1}{T_e}\right) r_m(s) = 0$$

となるから，これに式 (8.41)，(8.43)′ を適用して

$$\omega_n{}^2 H(s) + (c_1 s + c_0) r(s) - \left(s + \frac{1}{T_g}\right)\frac{1}{n}\frac{G_e}{T_e}\delta(s) = 0$$

と書くことができる。ただし，c_1, c_0 は次のように表される。

$$c_1 = \frac{1}{T_g} + \frac{1}{T_e} - 2\zeta\omega_n$$

$$c_0 = \frac{1}{T_g T_e} - \omega_n{}^2$$

この式に式 (8.42) の $H(s)$ を代入すれば

$$\frac{1}{n} G_\delta{}^r(0)(1 + T_r s)\delta(s) - G_\delta{}^r(0)(1 + T_{rr}s)\delta_r(s)$$

$$= \frac{1}{n}\frac{G_e}{\omega_n{}^2 T_e}\left(s + \frac{1}{T_g}\right)\delta(s) - \frac{1}{\omega_n{}^2}(c_1 s + c_0)r(s)$$

となる。したがって，この式より $\delta_r(s)$ を求めれば

$$\delta_r(s) = \frac{1}{n}\left\{\frac{1 + T_r s}{1 + T_{rr}s} - \frac{G_e}{\omega_n{}^2 T_g T_e G_\delta{}^r(0)}\frac{1 + T_g s}{1 + T_{rr}s}\right\}\delta(s)$$

$$+ \frac{c_0}{\omega_n{}^2 G_\delta{}^r(0)}\frac{1 + \dfrac{c_1}{c_0}s}{1 + T_{rr}s} r(s) \tag{8.45}$$

となる。

これが，フィードフォワード＋ヨー角速度フィードバックモデルフォロイングの後輪操舵制御である。

8.5 前後輪アクティブ操舵制御

これまでは，前輪は従来どおりハンドル角に比例的に操舵され，それになんらかの操舵則に従った後輪の操舵が付加されたときの車両の運動をみてきた。ここで，さらに前輪とハンドルをいったん切り離し，後輪と同じように前輪もある操舵則に従って操舵される車両を考えてみよう。その概念を図8.4に示す。

8.5 前後輪アクティブ操舵制御　**245**

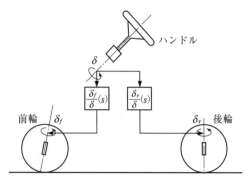

図 8.4 前後輪アクティブ操舵車両

いま，式 (8.3), (8.4) をラプラス変換し，ハンドル角に対する横すべり角，ヨー角速度，前輪舵角，後輪舵角で書けば，次のようになる。

$$\{mVs + 2(K_f + K_r)\}\frac{\beta(s)}{\delta(s)} + \left\{mV + \frac{2}{V}(l_f K_f - l_r K_r)\right\}\frac{r(s)}{\delta(s)}$$
$$= 2K_f \frac{\delta_f(s)}{\delta(s)} + 2K_r \frac{\delta_r(s)}{\delta(s)} \tag{8.46}$$

$$2(l_f K_f - l_r K_r)\frac{\beta(s)}{\delta(s)} + \left\{Is + \frac{2(l_f^2 K_f + l_r^2 K_r)}{V}\right\}\frac{r(s)}{\delta(s)}$$
$$= 2l_f K_f \frac{\delta_f(s)}{\delta(s)} - 2l_r K_r \frac{\delta_r(s)}{\delta(s)} \tag{8.47}$$

ところで，これまでみてきたように通常，前輪や後輪の舵角が与えられ，それに対して車両の運動はどのようになるかを考えるのが普通であり，それは式 (8.3), (8.4) の運動方程式で与えられる。それでは逆に，ハンドル角に対する車両の運動 $\beta(s)/\delta(s)$, $r(s)/\delta(s)$ が具体的に与えられたとき，ハンドル角に対し前後輪をどのように操舵したらよいだろうか。それは，$\delta_f(s)/\delta(s)$, $\delta_r(s)/\delta(s)$ を変数として，式 (8.46), (8.47) を書き替えた，次の1次方程式を解くことによって得られるはずである。

$$
\begin{bmatrix} 2K_f & 2K_r \\ 2l_fK_f & -2l_rK_r \end{bmatrix} \begin{bmatrix} \dfrac{\delta_f(s)}{\delta(s)} \\ \dfrac{\delta_r(s)}{\delta(s)} \end{bmatrix}
$$

$$
= \begin{bmatrix} \{mVs + 2(K_f+K_r)\}\dfrac{\beta(s)}{\delta(s)} + \left\{mV + \dfrac{2}{V}(l_fK_f - l_rK_r)\right\}\dfrac{r(s)}{\delta(s)} \\ 2(l_fK_f - l_rK_r)\dfrac{\beta(s)}{\delta(s)} + \left\{Is + \dfrac{2(l_f^2K_f + l_r^2K_r)}{V}\right\}\dfrac{r(s)}{\delta(s)} \end{bmatrix} \tag{8.48}
$$

つまり，ハンドル角に対し，前後輪は次のような操舵則に従って操舵されるべきだということになる。

$$
\frac{\delta_f(s)}{\delta(s)} = \frac{ml_rVs + 2lK_f}{2lK_f}\frac{\beta(s)}{\delta(s)} + \frac{Is + ml_rV + \dfrac{2l_flK_f}{V}}{2lK_f}\frac{r(s)}{\delta(s)} \tag{8.49}
$$

$$
\frac{\delta_r(s)}{\delta(s)} = \frac{ml_fVs + 2lK_r}{2lK_r}\frac{\beta(s)}{\delta(s)} - \frac{Is - ml_fV + \dfrac{2l_rlK_r}{V}}{2lK_r}\frac{r(s)}{\delta(s)} \tag{8.50}
$$

以上より，前後輪をハンドル角に対してある伝達関数に従って操舵することができる車両は，ハンドル角に対する車両の応答，つまり横すべり角とヨー角速度の応答を任意に設定することができ，それを実現するための前後輪の操舵則が式 (8.49)，(8.50) であるということができる。

いま，具体的に横すべり角とヨー角速度の応答を，ともに時定数の同じ次のような 1 次遅れの応答となるように与えてみる。

$$
\frac{\beta(s)}{\delta(s)} = \frac{G_\beta}{1+Ts} \tag{8.51}
$$

$$
\frac{r(s)}{\delta(s)} = \frac{G_r}{1+Ts} \tag{8.52}
$$

たとえば，$G_\beta=0$ とすれば，横すべり角がつねに 0 で，横加速度の応答は

$$
\frac{\ddot{y}(s)}{\delta(s)} = \frac{G_rV}{1+Ts} \tag{8.53}
$$

となる。このときの前後輪の操舵則を式 (8.49)，(8.50) を用いて求めると次のようになる。

$$
\frac{\delta_f(s)}{\delta(s)} = \frac{G_r}{2lK_f}\left[\frac{I}{T} + \left(ml_rV + \frac{2ll_fK_f}{V} - \frac{I}{T}\right)\frac{1}{1+Ts}\right] \tag{8.54}
$$

8.5 前後輪アクティブ操舵制御　**247**

$$\frac{\delta_r(s)}{\delta(s)} = \frac{G_r}{2lK_r}\left[-\frac{I}{T} + \left(ml_f V - \frac{2ll_r K_r}{V} + \frac{I}{T}\right)\frac{1}{1+Ts}\right] \tag{8.55}$$

これが，横すべり角がつねに0で，操舵に対するヨー角速度の応答が1次遅れになるような前後輪の操舵則である。

また，式 (8.51)，(8.52) より，横加速度の応答を求めると

$$\frac{\ddot{y}(s)}{\delta(s)} = V\left\{s\frac{\beta(s)}{\delta(s)} + \frac{r(s)}{\delta(s)}\right\} = \frac{G_r V\left(1 + \frac{G_\beta}{G_r}s\right)}{1+Ts}$$

となる。したがって，$G_\beta = G_r T$ とすれば

$$\frac{\ddot{y}(s)}{\delta(s)} = G_r V \tag{8.56}$$

つまり，操舵に対し，完全に比例した横加速度の応答を示す車両となる。

$G_\beta = G_r T$ とし，このときの前後輪の操舵則を式 (8.49)，(8.50) に式 (8.51)，(8.52) を代入して求めれば，次のようになる。

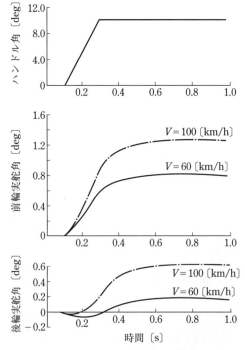

図 8.5　ハンドル角に対する前後輪実舵角の応答[3]

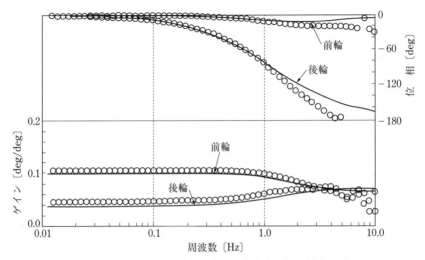

図 8.6 ハンドル角に対する前後輪実舵角の周波数応答[3]

$$\frac{\delta_f(s)}{\delta(s)} = \frac{G_r}{2lK_f}\left[\frac{I}{T} + ml_r V + \left(\frac{2l_f lK_f}{V} + 2lK_f T - \frac{I}{T}\right)\frac{1}{1+Ts}\right] \quad (8.57)$$

$$\frac{\delta_r(s)}{\delta(s)} = \frac{G_r}{2lK_r}\left[-\frac{I}{T} + ml_f V + \left(-\frac{2l_r lK_r}{V} + 2lK_f T + \frac{I}{T}\right)\frac{1}{1+Ts}\right] \quad (8.58)$$

ところで,式(8.54),(8.55)を用いて具体的にハンドル角に対する前後輪の実舵角がどのようになるかを,ハンドル角にランプステップ入力を与えて求めたものが図 8.5 である。また,これを周波数応答でみたものが図 8.6 である。ハンドル角に対し,このように前後輪を操舵してやれば,式(8.52)のようなヨー角速度の応答が得られ,横すべり角がつねに 0 だから,式(8.53)のような横加速度の応答が得られる。

8.6 直接ヨーモーメント制御(DYC)

8.6.1 パッシブタイプのヨーモーメントによる車両運動とその制御

　車両の左右輪は通常,独立に回転することができる。とりわけ,左右の駆動輪はそのために,駆動軸と**差動歯車機構**(デファレンシャルギヤ)を介して結合されていることがほとんどである。この左右輪を直結するか,あるいは粘性的に結合することにより,車両旋回時左右輪にそれぞれ方向が逆の前後力が働くことになる。この力は,車両の平面内運動に影響を及ぼすヨーモーメントになる。これをうまく利

用すれば，車両運動を制御することができる．ここでは，このヨーモーメントによる車両運動への影響を理論的にみる．

（1）デフロックの効果

車軸を直結し，上記の前後力により車軸にかかるトルクが一定の値になるまではその直結を保つような機構をそなえた差動歯車機構を，リミテッドスリップデファレンシャルという．また，軸が直結された状態をデフロックと称する．図8.7は，後輪がデフロックされた状態の車両が，旋回運動しているようすである．

ω を車軸の回転角速度，d を後軸トレッド，R_0 をタイヤ有効半径とすると，式 (2.46) あるいは式 (2.66) の定義に従った左右輪の縦すべり率 s_L, s_R は，$V \gg \dfrac{d}{2}r$ として

$$s_L = \frac{V - \dfrac{d}{2}r - R_0\omega}{V - \dfrac{d}{2}r} \approx -\frac{d}{2V}r \tag{8.59}$$

$$s_R = \frac{V + \dfrac{d}{2}r - R_0\omega}{V + \dfrac{d}{2}r} \approx \frac{d}{2V}r \tag{8.60}$$

となる．ただし，縦すべり率の定義は制動力と駆動力が働くときで異なるが，$V \approx R_0\omega$ とみなしてよいから，この場合はそれを分けずに上の定義に従う．

さらに，2.4.2項の検討から明らかなように，縦すべり率が小さい場合はタイヤに働く前後力はすべり率に比例すると考えてよいから，左右輪に働く前後力 X_L, X_R は

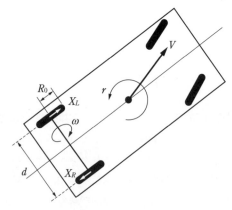

図8.7　デフロック状態の車両運動

$$X_L = -K_s s_L = \frac{K_s d}{2V} r$$

$$X_R = -K_s s_R = -\frac{K_s d}{2V} r$$

となる。ただし，K_s がタイヤの前後力係数である。

したがって，車両に働くヨーモーメント M_Z は

$$M_Z = -\frac{d}{2} X_L + \frac{d}{2} X_R = -\frac{K_s d^2}{2V} r \tag{8.61}$$

となる。ヨー角速度に比例したそれとは逆方向のヨーモーメント，つまりヨーダンピングが働くことになる。ただし，このヨーモーメントは V に反比例して速度とともに小さくなる。

(2) ビスカスカプリングの効果

軸を直結せず，左右軸を回転角速度の差に比例した粘性トルクで結合した機構を**ビスカスカプリング**という。図 8.8 は，この機構を後軸に有する車両が旋回運動しているようすである。

(1) のときと同じように，記号を定義して $\Delta\omega$ を左右軸の角速度差とすると，左右輪の縦すべり率は次のようになる。

$$s_L = \frac{V - \frac{d}{2} r - R_0 \left(\omega - \frac{\Delta\omega}{2}\right)}{V - \frac{d}{2} r} \approx \frac{-dr + R_0 \Delta\omega}{2V} \tag{8.59}'$$

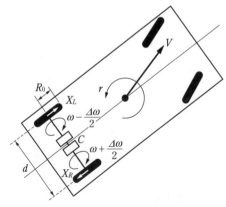

図 8.8　ビスカスカプリングデフを有する車両の運動

$$s_R = \frac{V + \dfrac{d}{2}r - R_0\left(\omega + \dfrac{\Delta\omega}{2}\right)}{V + \dfrac{d}{2}r} \approx \frac{dr - R_0\Delta\omega}{2V} \tag{8.60}'$$

この縦すべりで生じるタイヤの前後力によるそれぞれの車軸のトルクが，ビスカスカプリングによる粘性トルクになるから，C を粘性トルク係数として，次式を得る。

$$-R_0 K_s s_L = C\Delta\omega = R_0 K_s s_R$$

上式に式 (8.59)′ または式 (8.60)′ を代入すれば

$$R_0 K_s \frac{dr - R_0\Delta\omega}{2V} = C\Delta\omega$$

となり，$\Delta\omega$ を求めれば，次のようになる。

$$\Delta\omega = \frac{1}{1 + \dfrac{2VC}{R_0^2 K_s}} \frac{dr}{R_0} \tag{8.62}$$

したがって，車輪に働く前後力は

$$X_L = -K_s s_L = \frac{C\Delta\omega}{R_0} = \frac{1}{1 + \dfrac{R_0^2 K_s}{2VC}} \frac{K_s d}{2V} r$$

$$X_R = -K_s s_R = -\frac{C\Delta\omega}{R_0} = -\frac{1}{1 + \dfrac{R_0^2 K_s}{2VC}} \frac{K_s d}{2V} r$$

したがって，車両に働くヨーモーメントは

$$M_Z = -\frac{d}{2}X_L + \frac{d}{2}X_R = -\frac{1}{1 + \dfrac{R_0^2 K_s}{2VC}} \frac{K_s d^2}{2V} r \tag{8.61}'$$

となる。デフロックのときと同じく，ヨー角速度に比例したヨーダンピングになるが，その大きさは粘性係数 C でコントロールできる。C が 0 なら M_Z も 0 で，C が∞ のときにデフロックと同じ値になる。また，デフロックの場合と同じくその大きさはつねに V とともに減少する。

（3）ヨー角速度比例ヨーモーメントの車両運動に及ぼす影響 ─────

ヨー角速度に比例したヨーモーメントが新たに付加された車両の運動方程式は，第3章より次式のように書くことができる。

252　第8章　運動のアクティブ制御と車両の運動

$$\begin{cases} mV\dfrac{d\beta}{dt} + 2(K_f + K_r)\beta + \left\{ mV + \dfrac{2}{V}(l_f K_f - l_r K_r) \right\}r = 2K_f\dfrac{\delta}{n} \quad (8.63) \\[4mm] 2(l_f K_f - l_r K_r)\beta + I\dfrac{dr}{dt} + \left\{ \dfrac{2(l_f{}^2 K_f + l_r{}^2 K_r) + k}{V} \right\}r = 2l_f K_f\dfrac{\delta}{n} \quad (8.64) \end{cases}$$

ただし，付加されるヨーモーメントは (1)，(2) でみたように速度 V に反比例するとして

$$M_Z = -\frac{k}{V}r$$

としている。なお，k は比例定数である。

この式をラプラス変換して横すべり角の応答を求めれば

$$\frac{\beta(s)}{\delta(s)} = \frac{1}{n}\frac{\begin{vmatrix} 2K_f & mV + \dfrac{2}{V}(l_f K_f - l_r K_r) \\[3mm] 2l_f K_f & Is + \dfrac{2(l_f{}^2 K_f + l_r{}^2 K_r) + k}{V} \end{vmatrix}}{\begin{vmatrix} mVs + 2(K_f + K_r) & mV + \dfrac{2}{V}(l_f K_f - l_r K_r) \\[3mm] 2(l_f K_f - l_r K_r) & Is + \dfrac{2(l_f{}^2 K_f + l_f{}^2 K_f) + k}{V} \end{vmatrix}}$$

$$= \frac{1}{n}G_\delta^{\beta*}(0)\frac{1 + T_\beta^* s}{1 + \dfrac{2\zeta^*}{\omega_n^*}s + \dfrac{1}{\omega_n^{*2}}s^2} \qquad (8.65)$$

となり

$$\omega_n^{*2} = \frac{4l^2 K_f K_r}{mIV^2}(1 + AV^2) + \frac{2(K_f + K_r)}{mIV^2}k$$

$$= \omega_n^2 + \frac{2(K_f + K_r)}{mIV^2}k$$

$$\zeta^* = \frac{m(l_f{}^2 K_f + l_r{}^2 K_r) + I(K_f + K_r) + \dfrac{mk}{2}}{2l\sqrt{mIK_f K_r\left(1 + AV^2 + \dfrac{K_f + K_r}{2l^2 K_f K_r}k\right)}}$$

$$G_\delta^{\beta*}(0) = \frac{1 - \dfrac{ml_f}{2ll_r K_r}V^2 + \dfrac{k}{2ll_r K_r}}{1 + AV^2 + \dfrac{(K_f + K_r)}{2l^2 K_f K_r}k}\frac{l_r}{l}$$

8.6　直接ヨーモーメント制御（DYC）　　**253**

$$T_\beta{}^* = \frac{IV}{2ll_rK_r} \frac{1}{1 - \dfrac{ml_f}{2ll_rK_r}V^2 + \dfrac{k}{2ll_rK_r}}$$

となる。

　同じくヨー角速度の応答は

$$\frac{r(s)}{\delta(s)} = \frac{1}{n} \frac{\begin{vmatrix} mVs + 2(K_f+K_r) & 2K_f \\ 2(l_fK_f - l_rK_r) & 2l_fK_f \end{vmatrix}}{\begin{vmatrix} mVs + 2(K_f+K_r) & mV + \dfrac{2}{V}(l_fK_f - l_rK_r) \\ 2(l_fK_f - l_rK_r) & Is + \dfrac{2(l_f{}^2K_f + l_r{}^2K_r) + k}{V} \end{vmatrix}}$$

$$= \frac{1}{n} G_\delta{}^{r*}(0) \frac{1 + T_r s}{1 + \dfrac{2\zeta^*}{\omega_n{}^*}s + \dfrac{1}{\omega_n{}^{*2}}s^2} \tag{8.66}$$

となり

$$G_\delta{}^{r*}(0) = \frac{V}{l} \frac{1}{1 + AV^2 + \dfrac{(K_f+K_r)}{2l^2K_fK_r}k}$$

である。ただし，T_r には変化はない。

　以上のように，ヨー角速度に比例した逆向きのヨーモーメントを付加された車両の運動は，ヨー運動がおさえられるから直進性が良くなり，操舵角に対するヨー角速度ゲインが低下する。また，固有振動数そのものは大きくなる。つまり，一言でいえば車両の安定性や応答性が向上するということができる。

8.6.2　横すべり角零化DYC[4)]

　次に，車輪の前後力の左右差を制御してヨーモーメントを得，車両の運動を積極的に制御する場合を考えよう。

　8.2.1項において，後輪を前輪舵角に比例して操舵するときの比例定数を選ぶことにより，定常横すべり角を0にすることができることを示した。そこでまず，車両に前輪舵角およびヨー角速度に比例したヨーモーメントを加えたとき，どのような条件で定常横すべり角が0になるかをみてみることにする。そのヨーモーメントを

$$M_Z = k_\delta \delta_f + k_r r = \frac{k_\delta}{n}\delta + k_r r \tag{8.67}$$

として，車両のヨー運動を記述する式にこれを加えれば，そのときの車両の運動方程式は次のようになる。

$$\begin{cases} mV\dfrac{d\beta}{dt}+2(K_f+K_r)\beta+\left\{mV+\dfrac{2}{V}(l_fK_f-l_rK_r)\right\}r=2K_f\delta_f & (8.68) \\[4mm] 2(l_fK_f-l_rK_r)\beta+I\dfrac{dr}{dt}+\left[\dfrac{2(l_f{}^2K_f+l_r{}^2K_r)}{V}-k_r\right]r=(2l_fK_f+k_\delta)\delta_f & (8.69) \end{cases}$$

ここで，$d\beta/dt=dr/dt=0$ として δ_f に対する β の定常的な応答を求め，これを 0 とおけば

$$\begin{vmatrix} 2K_f & mV+\dfrac{2}{V}(l_fK_f-l_rK_r) \\[4mm] 2l_fK_f+k_\delta & \dfrac{2(l_f{}^2K_f+l_r{}^2K_r)}{V}-k_r \end{vmatrix}=0$$

となる。これを展開して

$$2K_fk_r+\left\{mV+\frac{2}{V}(l_fK_f-l_rK_r)\right\}k_\delta=\frac{4ll_rK_fK_r}{V}\left(1-\frac{ml_f}{2ll_rK_r}V^2\right) \quad(8.70)$$

となるように k_δ，k_r を選べば，定常横すべり角は 0 になる。いま

$$k_r=0$$

とすれば

$$k_\delta=\frac{4ll_rK_fK_r\left(1-\dfrac{ml_f}{2ll_rK_r}V^2\right)}{2(l_fK_f-l_rK_r)+mV^2} \quad(8.71)$$

となる。

このときのヨー角速度の応答は $k_r=0$ として，式（8.71）を式（8.69）に代入し，式（8.68）とともにラプラス変換して次のように求めることができる。

$$\frac{r(s)}{\delta(s)}=\frac{1}{n}\frac{2K_fV}{mV^2+2(l_fK_f-l_rK_r)}\frac{1+\dfrac{m(l_f{}^2K_f+l_r{}^2K_r)}{2l^2K_fK_r(1+AV^2)}s}{1+\dfrac{2\zeta}{\omega_n}s+\dfrac{1}{\omega_n{}^2}s^2} \quad(8.72)$$

これが，操舵角に比例した直接ヨーモーメントにより，定常横すべり角を 0 にする制御をほどこしたときの，車両の操舵に対するヨー角速度の応答である。

また，式（8.70）において

$$k_\delta=0$$

とすれば

8.6　直接ヨーモーメント制御（DYC）　**255**

$$k_r = \frac{2ll_rK_r}{V}\left(1 - \frac{ml_f}{2ll_rK_r}V^2\right) \tag{8.73}$$

となる。

このときの操舵に対するヨー角速度の応答は，同じようにして次のように求めることができる。

$$\frac{r(s)}{\delta(s)} = \frac{1}{n}\frac{2K_fV}{mV^2 + 2(l_fK_f - l_rK_r)}\frac{1 + \dfrac{ml_fV}{2lK_r}s}{1 + d_1s + d_2s^2} \tag{8.74}$$

ただし

$$d_1 = \frac{ml_f\{mV^2 + 2(l_fK_f - l_rK_r)\} + 2I(K_f + K_r)}{2lK_r\{mV^2 + 2(l_fK_f - l_rK_r)\}}V$$

$$d_2 = \frac{mIV^2}{2lK_r\{mV^2 + 2(l_fK_f - l_rK_r)\}}$$

である。

これは，ヨー角速度に比例したヨーモーメントを用いた DYC で，定常横すべり角を 0 とする制御をしたときの，車両の操舵に対するヨー角速度の応答である。

以上述べたように，k_δ や k_r を調整することにより，定常横すべりが 0 で式（8.72）や式（8.74）で示されるヨー角速度の応答が得られるが，これらの式から次のような注意すべき点がわかる。

まず，車両速度が小さく，$V = \sqrt{-2(l_fK_f - l_rK_r)/m}$ では，k_δ が ∞ になる。また，式（8.72）のヨー角速度ゲインの分母が 0 になり，さらに式（8.74）で示される車両応答では，その特性方程式の定数項が 0，それ以下では負になってしまう。したがって，DYC によって低速域で横すべり角を 0 にすることは現実的ではなく，この制御が現実的になるのは中高速域で，制御がないときの操舵角入力に対する横すべり角が負になる領域つまり

$$1 - \frac{ml_f}{2ll_rK_r}V^2 < 0$$

と考えられる。この領域ではじめて k_r や k_δ が負になり，操舵に対して負となる横すべり角を 0 にする現実的な DYC になる。

次に 8.3.1 項と同じようにヨーモーメント M_Z を一般に操舵角の伝達関数で与え

$$M_Z(s) = k(s)\delta_f(s) = \frac{k(s)}{n}\delta(s) \tag{8.75}$$

として，車両の運動方程式をラプラス変換した形で書けば

256　第 8 章　運動のアクティブ制御と車両の運動

$$\left\{\begin{array}{l} mVs\beta(s)+2(K_f+K_r)\beta(s)+\left\{mV+\dfrac{2}{V}(l_fK_f-l_rK_r)\right\}r(s)=2K_f\delta_f(s) \\ \\ \hspace{3cm}(8.76) \\ \\ 2(l_fK_f-l_rK_r)\beta(s)+Isr(s)+\dfrac{2(l_f^{\,2}K_f+l_r^{\,2}K_r)}{V}r(s)=\{2l_fK_f+k(s)\}\delta_f(s) \\ \\ \hspace{3cm}(8.77) \end{array}\right.$$

となる。

この式を用いて，操舵に対する横すべり角の応答を求め，それが0になるとすれば

$$\begin{vmatrix} 2K_f & mV+\dfrac{2}{V}(l_fK_f-l_rK_r) \\ \\ 2l_fK_f+k(s) & Is+\dfrac{2(l_f^{\,2}K_f+l_r^{\,2}K_r)}{V} \end{vmatrix}=0$$

となる。

この式より $k(s)$ を求めることができるから，$M_Z(s)$ は次のようになる。

$$M_Z(s)=k(s)\frac{\delta(s)}{n}=\frac{1}{n}\frac{4ll_rK_rK_f\left(1-\dfrac{ml_fV^2}{2ll_rK_r}\right)+2IK_fVs}{mV^2+2(l_fK_f-l_rK_r)}\delta(s) \quad (8.78)$$

これが操舵角入力に対して横すべり角がつねに0となるようなDYCの加えるべき操舵に対するヨーモーメントである。また，式（8.77）に式（8.78）で得られる $k(s)$ と $\beta(s)=0$ を代入すれば

$$\frac{r(s)}{\delta(s)}=\frac{1}{n}\frac{2K_fV}{mV^2+2(l_fK_f-l_rK_r)} \hspace{2cm}(8.79)$$

となる。操舵に対して比例的なヨー角速度の応答である。

いずれにしても，式（8.78）や式（8.79）も先述したのと同様に低速域では現実的ではなく，中高速域ではじめて現実的に意味のあるものになる。なお，たとえそうだとしても，いずれの場合にも操舵に対するヨー角速度のゲインはかなり小さなものになる。

8.6.3　ヨー角速度モデルフォロイングDYC[4]

前後輪に働く前後力の左右差で発生するヨーモーメントを M_Z としたときの操舵に対する車両の応答は，次の運動方程式で記述できる。

8.6　直接ヨーモーメント制御（DYC）　　**257**

$$\begin{cases} mV\dfrac{d\beta}{dt} + 2(K_f + K_r)\beta + \left\{ mV + \dfrac{2}{V}(l_f K_f - l_r K_r) \right\} r = 2K_f \dfrac{\delta}{n} & (8.80) \\[4mm] 2(l_f K_f - l_r K_r)\beta + I\dfrac{dr}{dt} + \dfrac{2(l_f^2 K_f + l_r^2 K_r)}{V} r = 2l_f K_f \dfrac{\delta}{n} + M_Z & (8.81) \end{cases}$$

上式より，操舵とヨーモーメントに対するヨー角速度の応答の伝達関数を求めれば

$$\begin{aligned} r(s) &= \frac{\dfrac{1}{n}G_\delta^r(0)(1+T_r s)\delta(s) + G_M^r(0)(1+T_m s)M_Z(s)}{1 + \dfrac{2\zeta}{\omega_n}s + \dfrac{1}{\omega_n^2}s^2} \\[3mm] &= \frac{\omega_n^2 H(s)}{s^2 + 2\zeta\omega_n s + \omega_n^2} \end{aligned} \qquad (8.82)$$

となる。ただし

$$H(s) = \frac{1}{n}G_\delta^r(0)(1+T_r s)\delta(s) + G_M^r(0)(1+T_m s)M_Z(s) \qquad (8.83)$$

$$G_M^r(0) = \frac{(K_f + K_r)V}{2l^2 K_f K_r(1 + AV^2)}$$

$$T_m = \frac{mV}{2(K_f + K_r)}$$

である。これを前提にヨー角速度モデルフォロイング DYC を考えよう。

（1）フィードフォワードヨー角速度モデルフォロイング制御 ─────

ここで，後輪操舵制御のときと同じくヨー角速度のモデル応答を

$$r_m(s) = \frac{1}{n}\frac{G_e}{1 + T_e s}\delta(s) \qquad (8.43)$$

とし，これが式（8.82）のヨー角速度に一致するとすれば，次式が成り立つ。

$$\frac{\dfrac{1}{n}G_\delta^r(0)(1+T_r s)\delta(s) + G_M^r(0)(1+T_m s)M_Z(s)}{1 + \dfrac{2\zeta}{\omega_n}s + \dfrac{1}{\omega_n^2}s^2} = \frac{1}{n}\frac{G_e}{1 + T_e s}\delta(s)$$

これより $M_Z(s)$ を求めれば

$$M_Z(s) = \frac{1}{n}\left\{ \frac{G_e\left(1 + \dfrac{2\zeta}{\omega_n}s + \dfrac{1}{\omega_n^2}s^2\right)}{G_M^r(0)(1+T_m s)(1+T_e s)} - \frac{G_\delta^r(0)(1+T_r s)}{G_M^r(0)(1+T_m s)} \right\}\delta(s) \qquad (8.84)$$

これが，フィードフォーワードヨー角速度モデルフォロイング DYC の制御則である。

(2) フィードフォワード＋ヨー角速度フィードバックモデルフォロイング制御 ————

(1) と同じように，ヨー角速度のモデル応答を

$$r_m(s) = \frac{1}{n} \frac{G_e}{1 + T_e s} \delta(s) \tag{8.43}$$

とすれば，これは次のように書くこともできる。

$$\left(s + \frac{1}{T_e}\right) r_m(s) = \frac{1}{n} \frac{G_e}{T_e} \delta(s) \tag{8.43}'$$

この r_m と，ヨーモーメント M_Z を付加した車両のヨー角速度の応答 r の誤差を

$$e(s) = \left(s + \frac{1}{T_e}\right) \{r(s) - r_m(s)\}$$

で定義する。この e がヨー角速度モデルフォロイング後輪操舵制御のときと同じく，適当な時定数 T_g の 1 次遅れ特性で 0 に収束するとすれば

$$\left(s + \frac{1}{T_g}\right) e(s) = \left(s + \frac{1}{T_g}\right)\left(s + \frac{1}{T_e}\right) \{r(s) - r_m(s)\} = 0$$

が成り立つ。

これを後輪操舵制御のときと同じように変形すれば

$$\left\{s^2 + 2\zeta\omega_n s + \omega_n{}^2 + \left(\frac{1}{T_g} + \frac{1}{T_e} - 2\zeta\omega_n\right)s + \frac{1}{T_g T_e} - \omega_n{}^2\right\} r(s)$$

$$- \left(s + \frac{1}{T_g}\right)\left(s + \frac{1}{T_e}\right) r_m(s) = 0$$

となるから，これに式 (8.82)，(8.43)′ を適用して

$$\omega_n{}^2 H(s) + (c_1 s + c_0) r(s) - \left(s + \frac{1}{T_g}\right) \frac{1}{n} \frac{G_e}{T_e} \delta(s) = 0$$

を得る。ただし，c_1, c_0 は後輪操舵制御のときとまったく同じで

$$\begin{cases} c_1 = \dfrac{1}{T_g} + \dfrac{1}{T_e} - 2\zeta\omega_n \\[2mm] c_0 = \dfrac{1}{T_g T_e} - \omega_n{}^2 \end{cases}$$

である。

この式の $H(s)$ に式 (8.83) を代入すれば

$$\frac{1}{n}G_\delta{}^r(0)\left(1+T_r s\right)\delta(s)+G_M{}^r(0)\left(1+T_m s\right)M_Z(s)$$

$$=\frac{1}{n}\frac{G_e}{\omega_n{}^2 T_e}\left(s+\frac{1}{T_g}\right)\delta(s)-\frac{1}{\omega_n{}^2}(c_1 s+c_0)r(s)$$

となる。

したがって，求める $M_Z(s)$ は

$$M_Z(s)=-\frac{1}{n}\frac{G_\delta{}^r(0)\left(1+T_r s\right)}{G_M{}^r(0)\left(1+T_m s\right)}\delta(s)+\frac{1}{n}\frac{G_e}{\omega_n{}^2 T_e T_g}\frac{\left(1+T_g s\right)}{G_M{}^r(0)\left(1+T_m s\right)}\delta(s)$$

$$-\frac{1}{\omega_n{}^2}\frac{c_0+c_1 s}{G_M{}^r(0)\left(1+T_m s\right)}r(s)$$

$$=\frac{1}{n}\left\{\frac{G_e}{\omega_n{}^2 T_e T_g G_M{}^r(0)}\frac{1+T_g s}{1+T_m s}-\frac{G_\delta{}^r(0)}{G_M{}^r(0)}\frac{1+T_r s}{1+T_m s}\right\}\delta(s)$$

$$-\frac{c_0}{\omega_n{}^2 G_M{}^r(0)}\frac{1+\dfrac{c_1}{c_0}s}{1+T_m s}r(s) \tag{8.85}$$

もし，$G_e=G_\delta{}^r(0)$ に選ぶと

$$M_Z(s)=\frac{1}{n}\frac{G_\delta{}^r(0)}{G_M{}^r(0)}\left[\frac{1}{\omega_n{}^2 T_e T_g}\frac{1+T_g s}{1+T_m s}-\frac{1+T_r s}{1+T_m s}\right]\delta(s)$$

$$-\frac{c_0}{\omega_n{}^2 G_M{}^r(0)}\frac{1+\dfrac{c_1}{c_0}s}{1+T_m s}r(s) \tag{8.86}$$

となる。以上の $M_Z(s)$ が，フィードフォワード＋ヨー角速度フィードバックモデルフォロイング DYC の制御則である。

参考文献

1) 古川：四輪操舵システムによる操安性の改善，自動車技術，Vol. 40, 1986, 3

2) 入江，芝端：後輪アクティブ操舵による操縦性安定性の向上，自動車技術，Vol. 40, 1986, 3

3) 大久保，榊原：四輪操舵車両の操舵則，神奈川工科大学工学部機械システム工学科卒業研究報告，1992. 2

4) 大久保，狩野，安部：直接ヨーモーメント制御による車両運動性能向上の基礎的研究，（社）自動車技術会秋季学術講演会前刷集 9436297, 1994

第9章

人に制御される車両の運動

9.1 はじめに

　われわれの取り扱う車両の運動とは，航空機や船舶の運動と同じように，運動体自身が運動することによって初めて生じる力以外の拘束力は受けずに，水平面内を自由に，自らの意思のもとに運動することのできる車両の運動であった。

　車両は，前輪の操舵や外力により，重心点の横方向の運動および重心点を通る鉛直軸回りの回転運動，さらにこれに伴ったローリング運動を行う。この運動を観測し，制御者は自らの意思のもとに適切な操舵を行うことによって，車両の運動が制御され目的に従った運動を行うことができる。

　前章までにおいて，われわれはすでに操舵や外乱に対する車両の運動を中心に，かなり詳しく車両自体の持つ運動力学的な性質を知ることができた。しかし，前章までの大きな前提は，車上の制御者は車両の運動を積極的に制御するような操舵はいっさいしないということであった。

　前章までに得られた結果によれば，絶対空間に固定した座標からみた操舵や外乱に対する車両の運動を示す伝達関数は，式 (3.87)′，(3.88)′，(4.11)，(4.12) のようになる。これらの式からわかるように，操舵や外乱に対する車両の横変位やヨー角の伝達関数のなかには，$1/s^2$ や $1/s$ が積の形で入っている。これは，入力に対する応答は適正な制御を加えないかぎり，その絶対値が時間とともに増大していくことを示すものである。この意味で，車両自体の絶対空間に対する運動は，本来「不安定」であるということができる。逆に，このように外から拘束されない運動の自由度を持ち，「不安定」であるがゆえに適切な操舵を加えることによって，車両は水平面内を自由に運動することができるのである。

　前章までの扱いは，このような絶対空間に対して，本来「不安定」であるという車両の特性を第一義的な問題とはしない扱いであったということができる。しかし，これでは車両の運動を論じるには一面的であることが理解できる。車両は制御者によって適切な操舵が行われることによって，初めて目的に従った意味のある運動を行うのであるから，積極的に車両の運動に応じて操舵が行われたときの車両の絶対

9.1　はじめに　**261**

空間に対する運動を知る必要がある。

9.2 人の制御動作

　航空機や船舶，そしてわれわれの対象としている車両などのように，直接人間が制御者としてその運動を制御することになる機械の場合には，人はその運動を左右する重要な役割を担うことになる。そして，このような場合の運動体の運動を問題にしようとすれば，つねに制御者としての人間をどのように規定すればよいかということが問題となる。

　このような観点から，わが国では井口を中心として機械の制御という側面での人の機能についての研究が進められ，さまざまな結果が得られている[1,2]。ところで，人のこのような機能的側面でさえも，厳密にいえば人は本来必ずしも一律，一様な扱いですべてが記述できるものではない。また，前章までに扱ってきた車両の運動は，たとえ運動を支配する第二義的な要素は省略したとしても，本質としてその原理となるニュートンの法則から純粋な理論の展開によって記述することができる。つまり，その本質を理論的な数式によって記述することが可能であるという理論的保障がある。これに対して，人の制御動作については，必ずしも理論的に数式を用いて完全に記述し尽くすことができるという保障はどこにもない。

　しかし一方，人は，機械の制御という側面に限ってよく観察してみると，ある一定の規則性を示すものである。そこで制御者としての人の機能については，この規則性に注目して模擬的に人と等価な規則性を示すモデルを考え，これによって人を代理するという考え方がとられる。これが人の制御機能を問題とする場合にとる基本的な考え方となる。

　上で述べた考え方は，制御工学で用いられるブラックボックスの考え方と同じものである。人の制御動作にこのような自動制御理論を便宜的に適用することによって人の制御機能を理解し，人の制御する機械の設計に有効に寄与しようとする研究が数多く行われてきた。その1つが，人の制御動作を線形で連続的なフィードバック制御とみなして伝達関数で記述しようとする試みであり，種々の条件に応じた人の伝達関数が提案されている。

　表9.1は，これまで提案されたおもな人の伝達関数である[2]。

　これらの伝達関数は，どれもほとんど同じ性質を有するものである。ここでは，井口[1] によって提案された代表的な人の伝達関数

表 9.1　制御動作の伝達関数の各種の形[2]

1	$K\dfrac{(1+Ts)}{s}e^{-\tau s}$	Tustin ほか
2	$K\dfrac{(T_1s+1)e^{-\tau s}}{(T_2s+1)(T_3s+1)}$	McRuer & Krendel，宮島ほか
3	$K\left(T_1s+1+\dfrac{1}{T_2s}\right)e^{-\tau s}$	Ragazzini，井口ほか
4	$K\dfrac{(A_ns^n+\cdots+A_0)}{s^l(B_ms^m+\cdots+B_0)}e^{-\tau s}$	Jackson ほか

$$H(s)=h\left(\tau_D s+1+\frac{1}{\tau_I s}\right)e^{-\tau_L s} \tag{9.1}$$

を例にとり，具体的な人の制御動作の意味を考えてみよう。

　まず，一般に人はなんらかの刺激（入力）が与えられてから，動作（出力）が表れるまでには**むだ時間**がある。これを示すのが $e^{-\tau_L s}$ であり，むだ時間を τ_L で表している。人が最も負担が少なく，簡単に行うことのできる制御動作は，入力信号の大きさに比例した出力信号を出す動作，つまり比例動作である。これを**比例定数 h** で表している。ところで，人は入力信号の変化の速さ，すなわち微分値に比例した出力信号を出すという入力の変化を予測した制御動作，つまり**微分動作**を行うことができる。この**微分時間**を τ_D で表している。また，人は中立点がずれたときに，改めて中立点を見つけるような，入力信号の積分値に比例した信号を出す積分動作も行うことができる。この動作を $1/\tau_I s$ で表現している。

　以上のような動作を組み合わせたものが，式（9.1）で示される人の伝達関数 $H(s)$ である。

　ところで，制御者としての人の特徴は，普通の機械や制御系の調節器とは違って，たとえば先に示した伝達関数の定数 h, τ_D, τ_I などを，ある可能な範囲内で適切な制御ができるように変化させることができる点にある。この性質は一般に，制御動作の適応性とよばれるものである。定数 h, τ_D, τ_I のうち，人は比例動作の定数 h は大幅に負担なく変化させることが可能であるが，ほかのものはかなりの制約がある。とくに，微分動作を強めることは人にとってかなりの負担となり，ある程度以上強い微分動作を必要としなければならないような制御対象は，人はそのままでは制御不可能ということになる。

　結局，一般に制御者が大きな負担なしに長時間制御動作を行えるのは，むだ時間を含む比例動作が基本であり，これにごく弱い微分動作あるいは積分動作を加えた

9.2　人の制御動作　　**263**

程度と考えられている[1]。

9.3 制御を受けた車両の運動

ここで述べる制御を受けた車両の運動については，近藤によって人の車両制御動作に関する基本的な考え方が提示されて以来，この考え方に基づいた藤井，井口，山川などの研究により，その基礎的なことがらが明らかにされたものである[3]~[6]。これらの研究成果を参考にしながら，人による制御を受けた車両の運動の基本的な性質をみていくことにする。

9.3.1 人の車両制御動作

これまでは，一般的に人の制御動作の基本について述べてきた。これに基づいて，われわれがいま対象としている車両の運動を人が操舵によって制御する場合の制御動作を考えてみよう。

車両の操舵による絶対空間に対する横方向の運動を伝達関数で表せば，式（3.87）または式（3.87）′のようになる。この式からも，人の制御対象となる車両は2階積分に近い性質を持つことがわかる。一般に，伝達関数が $1/s^2$ である制御対象を連続的なフィードバック制御で安定に制御するためには，比例動作のほかに微分動作も必要である。

ところで車両の場合には，制御者は絶対空間に対する横変位ばかりでなく，その車両の姿勢，つまりヨー角を検知することができる。操舵に対する車両のヨー角の応答は，式（3.88）または式（3.88）′で示されるように1階積分に近い特性を示す。したがって，横変位ばかりでなくヨー角も検知して制御を行えば，あえて微分動作をしなくても，制御者は微分動作に相当する動作を行って，比較的楽に車両を制御することができると予想される。

このような考え方に基づいて，ここでは車上の制御者は，図9.1のように車両の前方 L〔m〕を注視し，現在の車両の姿勢のまま L〔m〕進んだとした場合，つまり L/V なる時間のあとに生じるであろう車両の横変位と目標コースのずれ ε を

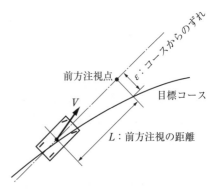

図9.1　L〔m〕先でのコースからのずれ

図 9.2 人が L [m] 前方での車両のコースからのずれを
舵角にフィードバックするときのブロック線図

検知し，フィードバック制御を行うものと考える．この考え方は，近藤によって初めて提示されたものであり[3]，最も簡単に人の制御を考慮したときの車両の運動を考える場合にとられる人の制御動作モデルとなっている．図 9.2 は，このような考え方をブロック図で示したものである．ここで，L を**前方注視の距離**，L [m] 先の点を**前方注視点**とよぶことにする．このとき，制御対象である車両は積分性が強いから人の制御動作の伝達関数のなかには積分動作はなく，若干の微分動作を含む比例動作となるであろう．

つまり，このときの人の伝達関数は

$$H(s) = h(1 + \tau_D s) e^{-\tau_L s} \tag{9.2}$$

となるものと考えられる．

9.3.2　コースに沿った車両の運動

いま，制御を受けた車両の運動をみるために，図 9.3 に示されるようなゆるやかな曲線を含み，ほぼ直線とみなせるような車両の目標コースを与える．車両は，制御者の制御を受けてこの目標コースに沿った運動を行おうとするから，コースに沿った方向を X 軸，それに直角な方向を Y 軸とすれば，車両の運動状態は図 9.3 のようになる．

ここに，y は車両の横変位，θ はヨー角，y_{OL} は前方注視点での目標コースの横変位であり，$|\theta| \ll 1$ と考えてよいから，このときの前方注視点での目標コースからのずれ ε は，次のようになる．

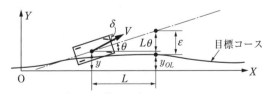

図 9.3　直線に近い目標コースが与えられたときの車両の運動

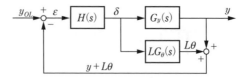

図 9.4 y_{OL} に対する y の応答のブロック線図

$$\varepsilon = y + L\theta - y_{OL} \tag{9.3}$$

また,実舵角 δ に対する車両自体の運動を δ に対する y および θ の伝達関数 $G_y(s)$, $G_\theta(s)$ で示せば,式 (3.87)′,(3.88)′ より

$$G_y(s) = \frac{y(s)}{\delta(s)} = G_\delta^{\ddot{y}}(0) \frac{1 + T_{y1}s + T_{y2}s^2}{s^2\left(1 + \dfrac{2\zeta s}{\omega_n} + \dfrac{s^2}{\omega_n^2}\right)} \tag{9.4}$$

$$G_\theta(s) = \frac{\theta(s)}{\delta(s)} = G_\delta^{r}(0) \frac{1 + T_r s}{s\left(1 + \dfrac{2\zeta s}{\omega_n} + \dfrac{s^2}{\omega_n^2}\right)} \tag{9.5}$$

となる。

以上のような目標コース y_{OL} が与えられたときの y_{OL} に対する車両の運動 y の関係をブロック図で示せば,**図 9.4** のようになる。このようにして,人による制御を受けた車両は,目標コースが変わったり,外乱により車両が目標コースからそれたりしても,図で示される系が安定であれば最終的に車両は目標コースに収束し,コースに沿った走行をすることになる。そして,このときの車両の運動は,車両自体の運動力学的特性を示す $G_y(s)$,$G_\theta(s)$ がどのような性質を持つかということと,人はどのような制御をするかを示す $H(s)$ の形や L の値に左右されることになる。

図 9.5 は,人による制御を受けた車両は,基本的にどのような運動を示すかをみるために上に述べた考え方に従い,人の伝達関数を単に $H(s) = h/(1 + \tau_L s)$ として,車両の運動を MATLAB Simulink を用いて計算した例である。この図からも,車両の運動は車両自体の運動力学的な性質と同時に,人がどのような制御を行うかによって大きく違ってくることがわかる。

これらの結果は,直進走行中の車両の重心点に,突然図示されるような一定の短い時間の横方向の力を受けたときの車両の運動をみたものであり,図 9.5(a) は人の前方注視の距離 L が変わったとき,図 9.5(b) は車両のステア特性が変わったときの車両の運動である。なお,y_{OL} はつねに 0 である。

このような計算を行えば,前方注視の距離 L が小さすぎると車両の運動は振動的

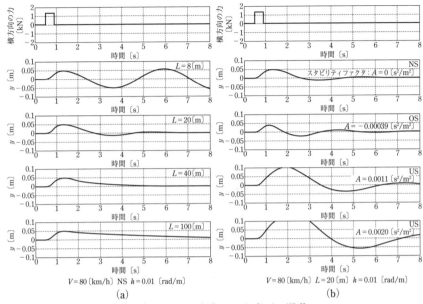

図 9.5 人に制御された車両の運動

に不安定になることがあるが，L が十分大きければ車両は安定にコースに戻ることができること，OS 特性を示す車両の運動は減衰の悪い振動を起こすが，US の場合にはよく減衰し，運動は安定になること，強い US 特性を示す車両は横変位も大きく，運動の減衰も悪くなること，前方注視の距離が過大であったり，車両が強い US 特性を示すほどコース追従性が悪くなることなどがわかる．

9.3.3 運動の安定性

ここで，9.3.1 項に述べたような人の制御を受けた車両の運動の安定性をみてみよう．

図 9.4 のブロック線図に示したような y_{OL} に対する y の伝達関数を求めれば，次のようになる．

$$\frac{y(s)}{y_{OL}(s)} = \frac{G_y(s)H(s)}{1 + H(s)[G_y(s) + LG_\theta(s)]} \tag{9.6}$$

したがって，制御を受けた車両運動の特性方程式は

$$1 + H(s)[G_y(s) + LG_\theta(s)] = 0 \tag{9.7}$$

となる．

この式 (9.7) に，式 (9.2)，(9.4)，(9.5) を代入すれば，具体的に特性方程式を求めることができる。しかし，このままでは特性方程式がかなり複雑になる。そこで，ここではまず制御を受けた車両運動の安定性に関する基本的な性質を知るために，車両の特性をごく簡素化する。いま，$K_f \approx K_r \approx K$，$l_f \approx l_r \approx l/2$ とすれば，(3.78) 式よりヨー角速度の応答は

$$\frac{r(s)}{\delta(s)} \approx \frac{V}{l} \frac{1}{1+t_r s}$$

ただし

$$t_r = \frac{m}{4K} V$$

となるから，操舵 δ に対するヨー角 θ の応答 $G_\theta(s)$ は，次式で近似できる。

$$G_\theta(s) = \frac{\theta(s)}{\delta(s)} = \frac{V}{l} \frac{1}{1+t_r s} \frac{1}{s} \tag{9.8}$$

また，横すべり運動は小さいとしてこれを無視すれば，横加速度は

$$\frac{d^2 y}{dt^2} = Vr = \frac{Vd\theta}{dt}$$

であるから，操舵 δ に対する横変位 y の応答 $G_y(s)$ は，次式で近似できる。

$$G_y(s) = \frac{y(s)}{\delta(s)} = \frac{V^2}{l} \frac{1}{1+t_r s} \frac{1}{s^2} \tag{9.9}$$

ここで，式 (9.7) に式 (9.2)，(9.8)，(9.9) を代入すれば，特性方程式は

$$s^2 + \frac{V^2}{l}\left(\frac{L}{V}s+1\right)\frac{h(1+\tau_D s)e^{-\tau_L s}}{(1+t_r s)} = 0 \tag{9.10}$$

となる。

ここで，さらに簡単のために，人は長い時間の連続的な操舵制御を行うから，微分動作は行わないとして $\tau_D = 0$ として，また τ_L は微少として

$$e^{-\tau_L s} \approx \frac{1}{1+\tau_L s}$$

とすれば，式 (9.10) は次のようになる。

$$s^2 + \frac{V^2}{l}\left(\frac{L}{V}s+1\right)\frac{h}{(1+t_r s)(1+\tau_L s)} = 0 \tag{9.11}$$

これを展開して整理すれば

$$A_4 s^4 + A_3 s^3 + A_2 s^2 + A_1 s + A_0 = 0 \tag{9.11}'$$

ここに

$$
\left.\begin{array}{l}
A_4 = \tau_L t_r \\[4pt]
A_3 = \tau_L + t_r \\[4pt]
A_2 = 1 \\[4pt]
A_1 = \dfrac{hL}{l} V \\[8pt]
A_0 = \dfrac{h}{l} V^2
\end{array}\right\} \tag{9.12}
$$

となる。

ここで，明らかに各係数 A_i $(i=0\sim4)$ はすべて正であるから，人の制御を受けた車両の運動の安定条件は

$$
\begin{vmatrix}
A_1 & A_0 & 0 \\
A_3 & A_2 & A_1 \\
0 & A_4 & A_3
\end{vmatrix}
= A_1 A_2 A_3 - A_0 A_3{}^2 - A_1{}^2 A_4 > 0 \tag{9.13}
$$

である。式 (9.13) に式 (9.12) を代入して整理すると

$$
\frac{hV}{l}\left[(\tau_L+t_r)L-(\tau_L+t_r)^2 V-\frac{hL^2 V}{l}\tau_L t_r\right] > 0 \tag{9.13}$'$
$$

となり，h，V，l が正だから，結局

$$
h < \frac{\tau_L+t_r}{\tau_L t_r}\frac{l}{LV}\left[1-\frac{V(\tau_L+t_r)}{L}\right] \tag{9.13}$''$
$$

が得られる。この式は，τ_L，t_r，l，V が与えられたときの人のパラメータ h と L の安定領域を与えることになる。

ところでいま，もし人の制御動作の遅れ τ_L もそして車両の応答遅れを示す時定数 t_r も無視できるほどに小さいとしてともに 0 とすれば，式 (9.11)$'$ で示される特性方程式は

$$
s^2+\frac{hL}{l}Vs+\frac{h}{l}V^2=0 \tag{9.11}$''$
$$

となる。この特性方程式の係数は，$h>0$，$L>0$ であればつねにすべて正であり，どのような人の制御に対しても系が不安定になることはない。つまり，人に制御された車両の運動が不安定になるのは，人の制御動作あるいは車両の応答になんらかの"遅れ"がある場合であるということができる。

たしかに，人はそのむだ時間 τ_L をまったく 0 にすることはできない。また，人は目標コースからのずれをハンドルにフィードバックするにあたり，実際は人の手から操舵系をとおして実舵角が操作される。操舵系の特性は第5章で述べたとおりで

9.3 制御を受けた車両の運動 **269**

あり，人の手と実舵角のあいだには機械的にもなんらかの"遅れ"が存在する。したがって，$\tau_L = 0$ とするのは必ずしも現実的でない。

一方，車両の応答遅れを示す t_r は $mV/(4K)$ で示されるから，m が K に比べて相対的に小さくかつ V も小さいところでは，t_r は小さく 0 とみなしてもよい。このときの式 (9.11)′ で示される特性方程式は次のようになる。

$$A_3 s^3 + A_2 s^2 + A_1 s + A_0 = 0 \tag{9.11}'''$$

$$\left.\begin{array}{l} A_3 = \tau_L \\ A_2 = 1 \\ A_1 = \dfrac{hL}{l} V \\ A_0 = \dfrac{h}{l} V^2 \end{array}\right\} \tag{9.12}'$$

これに安定条件を適用すれば

$$\begin{vmatrix} A_1 & A_0 \\ A_3 & A_2 \end{vmatrix} = A_1 A_2 - A_0 A_3 > 0$$

式 (9.12)′ を代入して

$$\frac{hV}{l}(L - V\tau_L) > 0$$

つまり，$L > V\tau_L$ で安定となる。

以上より，人の制御動作の遅れがあることが，前方注視距離 L に関し安定限界の下限が存在することの基本的な原因になるということができる。そして，それはち

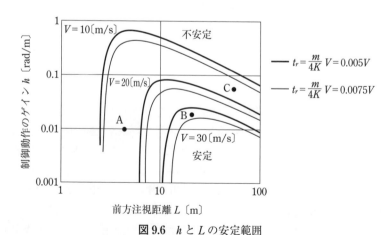

図 9.6　h と L の安定範囲

ょうど人の遅れ時間 τ_L のあいだに車両が進む距離 $V\tau_L$ に一致し，それ以上の前方注視距離をとることにより人に制御される車両の運動が安定となる。

また，さらに車両の応答遅れが無視できる場合には，ゲイン h はどのような値でも安定で，限界がない。しかし，車両の遅れ t_r も無視できないときの安定条件は先の式 (9.13)″ となり，h-L 平面内にある安定領域が存在することになる。τ_L, t_r, l を与え，各走行速度 V に対してこの安定領域がどのようになるかを，式 (9.13)″ を用いてみたものが図 9.6 である。この図からもわかるように，車両の応答の遅れが無視できない場合にはじめて，人の操舵ゲイン h に安定のための上限が現れ，それは速度 V が大きくなると急激に小さくなるということができる。

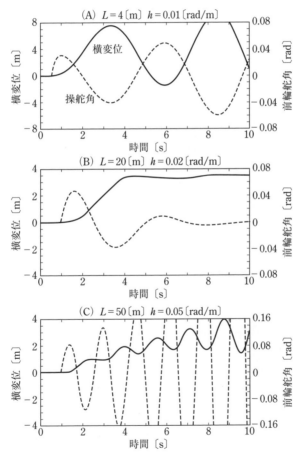

図 9.7　人の制御を受けた簡易車両の応答

また，図 9.6 に示される h-L 平面内の点 A，B，C に対応する h と L の値に対して，式 (9.6)，(9.8)，(9.9) を用い人の伝達関数を

$$H(s) \approx \frac{h}{1 + \tau_L s} \tag{9.2}'$$

として，速度 $V = 20$ 〔m/s〕のときの横変位ステップ入力 $y_0 = 3.5$〔m〕に対する y と δ の応答を具体的に求めたものが図 9.7 である。人に制御される自動車の運動の不安定域である A 点や C 点では，運動が振動的に発散することがわかる。

例題 9.1　車両の実舵角に対する運動を式 (9.8)，(9.9) で与え，人の微分動作が人の制御を受けた車両の運動をより安定なものにすることを示せ。

解　式 (9.10) において $e^{-\tau_L s} \approx 1/(1 + \tau_L s)$ とすれば，人の制御を受けた車両運動の特性方程式は次のようになる。

$$s^2 + \frac{V^2}{l}\left(\frac{L}{V}s + 1\right)\frac{h(1 + \tau_D s)}{(1 + t_r s)(1 + \tau_L s)} = 0$$

ここで，人の微分動作の微分時間 τ_D が人の遅れ時間 τ_L と同等程度とすれば，この特性方程式は

$$s^2 + \frac{V^2}{l}\left(\frac{L}{V}s + 1\right)\frac{h}{1 + t_r s} = 0$$

となる。これを展開して

$$t_r s^3 + s^2 + \frac{hLV}{l}s + \frac{hV^2}{l} = 0$$

したがって，安定な条件は

$$\frac{hV}{l}(L - Vt_r) > 0$$

つまり，前方注視距離 L に下限があり，それは

$$L > Vt_r$$

となり，$\tau_D = 0$ のときに式 (9.13)″ で示されるような h の上限は消える。

以上より，人の微分動作がその遅れ時間程度であれば安定限界が広がり，車両の応答遅れ時間のあいだに車両が進む距離以上の前方注視距離さえあれば，どのようなゲイン h でも車両運動は安定となるということができる。

これまではとくに，人の制御を受けた車両の運動が安定であるためには，比例定数 h と前方注視の距離 L をどのような範囲にとるべきかをみてきた。しかし，これだけでは運動が安定か不安定かの判別はできるが，一般に運動がどの程度の安定性を示すかをみることはできない。

　山川は，人の伝達関数を $H(s) = h(1+\tau_D s)e^{-\tau_L s}$ とし，式 (9.4)，(9.5) に相当する式を用いて，人の制御を受けた車両の運動の特性根を求め，一般的に運動の安定性を検討した[4),5)]。その結果の一例を図 9.8，9.9 に示す。図 9.8 は，人のむだ時間 τ_L と比例定数 h を変えたときの根軌跡である。この結果からも，むだ時間 τ_L が存在することが車両の運動を不安定にする基本的な原因となり，比例定数 h が過度に大きくなると運動が不安定になることがわかる。図 9.9 は，車両の SM と人の比例定数 h を変えたときの根軌跡である。これによると，車両のステア特性が US で，SM が大きいほど車両運動の安定性は高いことがわかる。

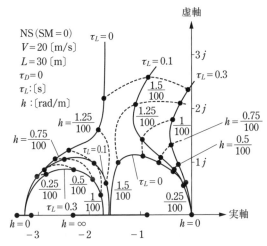

図 9.8　むだ時間 τ_L を変えたときの根軌跡[4)]

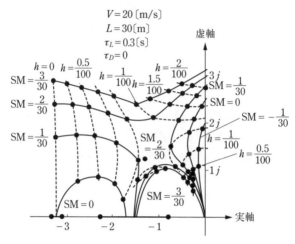

図 9.9 スタティックマージン SM を変えたときの根軌跡[5]

9.4 車両特性への人の適応

　これまでは，車両の運動力学的性質と人の制御動作の特性を，それぞれ独立に定められるものとして考えを進めてきた。しかし，9.2 節でも述べたように，機械と異なる制御器としての人の特徴は，制御対象の特性に従って適切な制御ができるように，自らの制御動作を変化させることができるところにある。

　井口は，式 (9.8)，(9.9) の t_r を 0 とみなしたときに対応する人の制御を受けた車両の運動に関する，次のような特性方程式

$$s^2 + \frac{V^2}{l}\left(\frac{L}{V}s+1\right)h(\tau_D s+1)e^{-\tau_L s} = 0 \tag{9.10}'$$

を導き，車両の走行速度 V の変化に従い，人がその比例定数 h を $1/V^2$ に比例し，前方注視の距離 L を V に比例して変えれば，この特性方程式の形が変わらないから，V が変わっても車両の運動が大きく変わることはないことを示した[6]。そして，車両の走行速度の変化に対して，人は上述したように適応をしていることを模擬装置を用いて実験的に確認している[7]。このように，人は車両の運動力学的な性質に無関係ではなく，その性質に適応して制御動作の特性を巧みに変え，その車両を適切に制御することに努めるものである。

　McRuer は，9.2 節で述べたように一般的な人による機械の制御動作を連続的な線形フィードバック動作と仮定し，人が機械の特性にうまく適応し制御動作を変え

るという点をモデル化した[8]。これは図9.10のように制御対象の周波数伝達関数を $G(j\omega)$ とし、人の伝達関数を $H(j\omega)$ としたとき、人は $G(j\omega)$ の変化に応じ一巡周波数伝達関数 $H(j\omega)G(j\omega)$ が、そのゲイン $|H(j\omega)G(j\omega)|$ が1となる周波数 ω_c（クロスオーバ周波数）付近で

$$H(j\omega)G(j\omega) \approx \frac{\omega_c e^{-j\omega\tau}}{j\omega}$$

(9.14)

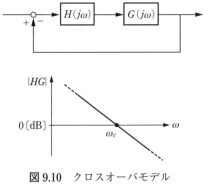

図9.10　クロスオーバモデル

となるように $H(j\omega)$ を調整するというものである。ただし、τ は人の筋肉系を考慮したむだ時間である。この考え方を適用すれば、人の車両特性の変化に対する適応を考慮することができる。

ところで、図9.11は9.3.2項での計算と同じようにして、車線変更をしたときの車両重心点の横変位の時刻歴を計算した結果である。それぞれの車速について、人の動作モデルのパラメータ h と L を変えて、そのようすがどのように変わるかをみている。これによれば、人は車両の走行速度の増大による運動特性の変化に応じて h を小さく、さらに L を大きくして適応することにより、速度が変わってもほぼ同じような車両運動を保つことができるということが具体的にわかる。

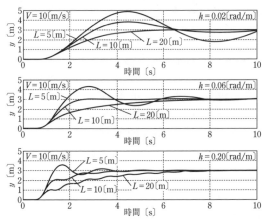

図9.11（1）　人の制御パラメータが車両運動に及ぼす影響

9.4　車両特性への人の適応

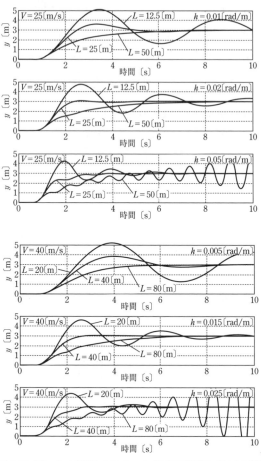

図 9.11 (2) 人の制御パラメータが車両運動に及ぼす影響

例題 9.2 MATLAB Simulink を用いて図 9.11 と同じような車線変更時の車両の運動のシミュレーションを異なる車両のステア特性について行い，通常の US 特性の車両に対し，強い US 特性の車両や OS 特性の車両の応答がどのように変化するかを観察せよ．また，さらに車両のステア特性の変化に対し，人がどのように適応することによって車両運動を一定に保つことができるかを調べよ．

解 直線路を走行中の車両の車線変更をシミュレートするには，式 (3.21)，(3.22) を用いるのが便利である．また，車両の目標コースからの横方向偏

差は式 (9.3) で定義できる．さらに，人の伝達関数として式 (9.2)′ を用いる．

これらの式は，次のように書き替えることができる．

$$\frac{dv}{dt} = -\frac{2(K_f+K_r)}{mV}v - \frac{2(l_fK_f-l_rK_r)}{mV}r + \frac{2(K_f+K_r)}{m}\theta + \frac{2K_f}{m}\delta$$

$$\frac{dr}{dt} = -\frac{2(l_fK_f-l_rK_r)}{IV}v - \frac{2(l_f^2K_f+l_r^2K_r)}{IV}r + \frac{2(l_fK_f-l_rK_r)}{I}\theta + \frac{2l_fK_f}{I}\delta$$

$$\frac{dy}{dt} = v$$

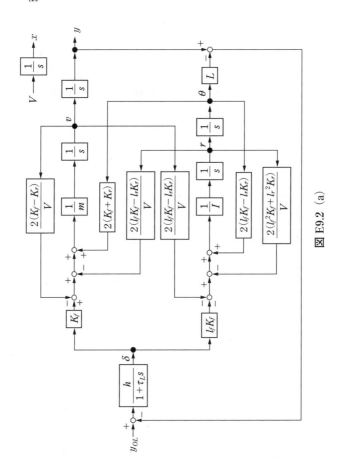

図 E9.2 (a)

9.4 車両特性への人の適応

$$\frac{d\theta}{dt} = r$$

$$\frac{d\delta}{dt} = -\frac{1}{\tau_L}\delta - \frac{h}{\tau_L}(y + L\theta - y_{OL})$$

この式から，図 E9.2(a) に示すような，車両運動についての積分型のブロック線図が得られる．

シミュレーションに用いた車両と人のパラメータは，図 E9.2(b) に示したとおりであり，図 E9.2(c) はシミュレーションのプログラムである．また，図 E9.2(d) はシミュレーション結果の1例であり，これらの結果をまとめてみたものが図 E9.2(e) である．

もし，車両が強い US 特性を示す場合には，人はそのゲイン h を大きく，前方注意視の距離 L を小さく，車両が OS 特性を示すときには h を小さく，L を大きくして車両特性に適応すべきであることがわかる．

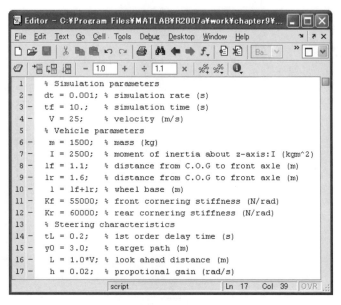

図 E9.2 (b)

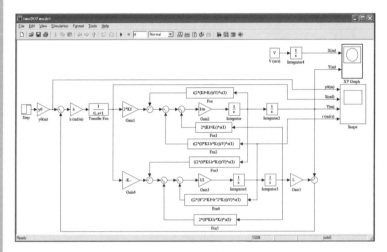

図 E9.2 (c)

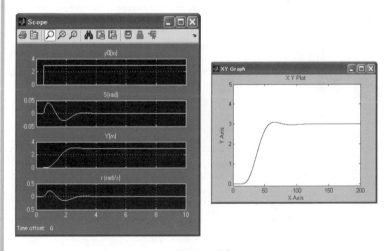

図 E9.2 (d)

9.4 車両特性への人の適応

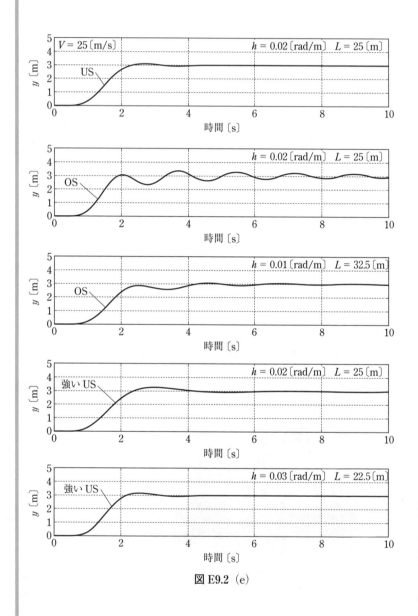

図 E9.2 (e)

9.5 人のパラメータの同定[9),10)]

　ここで，これまでに述べてきた人の操舵制御動作のパラメータが具体的にどのような値になり，また，たとえば走行速度に応じた車両特性の変化に適応して実際どのように変化しているとみることができるかを，実測のデータに基づいて考えてみることにする。つまり，人のパラメータを実験的に同定してみようということである。

　人の操舵動作の伝達関数は式 (9.2) で表され，人が検知するコースからのずれは式 (9.3) で記述できるから，人の操舵操作量は次のように書くことができる。

$$\delta(s) = -h(1+\tau_D s)e^{-\tau_L s}\{y(s)+L\theta(s)-y_{OL}(s)\} \quad (9.15)$$

ここで，人のモデルを簡単化し，モデル中のパラメータの数を減らすために 9.3.3 項と同じように $dy/dt \approx V\theta$ とし，さらに人は等価的な微分動作を前方を注視した予測動作で行うとして，τ_D そのものはほとんど0とみなせば，式 (9.15) は次のように書き替えることができる。

$$\delta(s) = -he^{-\tau_L s}\left\{\left(1+\frac{L}{V}s\right)y(s)-y_{OL}(s)\right\}$$

さらに，τ_L が小さいとして $e^{-\tau_L s} \approx 1/(1+\tau_L s)$ とみなし，人が前方を注視して行う動作を予見時間 $\tau_h = L/V$ で表せば，人の操舵操作量は次のようになる。

$$\delta(s) = -\frac{h}{1+\tau_L s}\{(1+\tau_h s)y(s)-y_{OL}(s)\} \quad (9.16)$$

なお，このときの制御系のブロック図は図 9.12 のようになる。

　以上のようにして，直線路を一定速度で走行中に前方の障害物などを避けるために，一定幅の車線変更（シングルレーンチェンジ）を行うようなときの人の操舵制御動作の特性を，h, τ_L, τ_h の3つのパラメータで表現する。そして，これらを実験的に同定する。

　まず，式 (9.16) を変形して次式を得る。

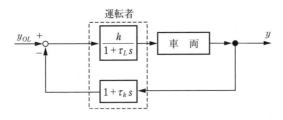

図 9.12　車線変更時の簡単化した人と車両のブロック線図

$$(1+\tau_L s)\delta(s) = -h\{(1+\tau_h s)y(s) - y_{OL}(s)\} \qquad (9.17)$$

そこで，いま δ^* を直線路上での車線変更実験で計測された人の操舵操作の時刻歴，y^* をそのときの車両の横変位の時刻歴とすれば，この δ^* と y^* は必ずしも式 (9.17) を満たすものでははい。しかし，人の操舵操作モデルが現実の人の操作に近ければ近いほど，δ^* と y^* を式 (9.17) の $\delta(s)$ と $y(s)$ に代入したときの右辺と左辺の差は，小さくなるはずである。

そこで，この差をモデルと実際の人の動作の誤差として，次式を定義する。

$$e(s) = (1+\tau_L s)\delta^*(s) + h\{(1+\tau_h s)y^*(s) - y_{OL}(s)\} \qquad (9.18)$$

そして，この誤差が車線変更開始から終了までを通してできるかぎり小さくなるような $h,\ \tau_L,\ \tau_h$ を求めるために，次のような評価関数を定義する。

$$J = \int_0^T e^2 dt = \int_0^T \left[\delta^* + \tau_L \frac{d\delta^*}{dt} + h\left\{y^* + \tau_h \frac{dy^*}{dt} - y_{OL}\right\}\right]^2 dt \qquad (9.19)$$

ここで，T は車線変更開始から終了するまでの十分に長い時間である。

この J を最小にするような $h,\ \tau_L,\ \tau_h$ が，人の操舵操作を式 (9.16) で近似したときの，車線変更を行う人のモデルのパラメータ値であると考える。

いまここで，新たに $h\tau_h$ を λ とおけば，式 (9.19) は

$$J = \int_\delta^T \left[\delta^* + \tau_L \frac{d\delta^*}{dt} + h(y^* - y_{OL}) + \lambda \frac{dy^*}{dt}\right]^2 dt$$

となるから，J を最小にする $h,\ \tau_L,\ \lambda$，つまり $h,\ \tau_L,\ \tau_h$ は，次式を満足しなければならない。

$$\frac{\partial J}{\partial h} = 0 \quad , \quad \frac{\partial J}{\partial \tau_L} = 0 \quad , \quad \frac{\partial J}{\partial \lambda} = 0$$

したがって，この式を解くことにより $h,\ \tau_L,\ \lambda$，つまり $h,\ \tau_L,\ \tau_h$ が定められる。なお，上式は $h,\ \tau_L,\ \lambda$ についての連立 1 次方程式になることは容易に理解できる。

次に，上に述べた手法を用いて，具体的にこれらのパラメータを同定した例を示す。図 9.13 はこのときの車線変更試験コースであり，車線変更幅 d_C は 3.0 m，車線変更区間長 L_C は車速が 40，60，80 km/h のときにそれぞれ 15，22.5，30 m に設定してある。

図 9.14 は，同定したパラメータを式 (9.16) に適用して計算した車線変更中の操舵角と，実験で計測した人の操舵角を比較したものである。車速が 40 km/h のときは，これらのあいだに多少の誤差がみられるが，60 km/h 以上になると両者はよく一致する。これにより，ここで設定したような車線変更時の人の操舵操作は，式 (9.16) でモデル化してよいことがわかる。

282　第 9 章　人に制御される車両の運動

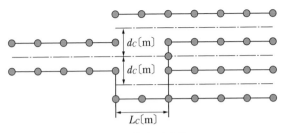

図 9.13 車線変更試験コース

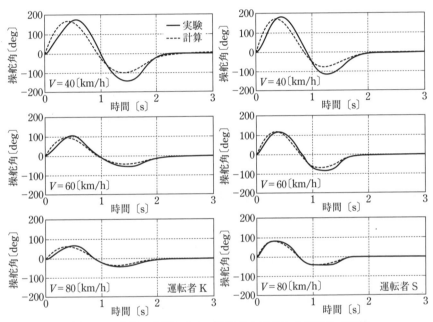

図 9.14 実験で計測した人の操舵角と計算した操舵角の比較

　図 9.15 は，同定した人のパラメータと車速の関係をみたものである。先にみたように，人のゲイン h は車速とともに小さくなり，車速とともに緊張した動作が強いられるために τ_L は小さくなる。また，車速に比例して車線変更区間長を大きくしたことにもよると思われるが，τ_h はほとんど車速によらず一定で，約 1.0 秒前後になっている。ただし，パラメータ同定時に用いた δ^* はハンドル角だから，算出された同図の h はハンドル角のゲインである。

9.5 人のパラメータの同定　**283**

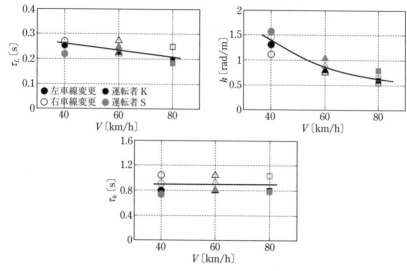

図 9.15 人のパラメータと車速の関係

――――――――― 第 9 章の問題 ―――――――――

1) たとえ過渡的な特性を無視したとしても，直進に近い車両の横変位は操舵角の 2 階積分になり，$y/\delta(s) = (V^2/l)(1/s^2)$ で表すことができる．したがって，人が車両の横方向の運動を安定化させるためには比例動作のみでは不十分で，微分動作が必須であることを示せ．

2) ヨー角速度の応答は式 (9.8) で近似できる．この 1 次遅れ応答の時定数を，通常の乗用車について，速度 10～100 km/h のあいだで計算してみよ．また，人の応答の時定数に比べ，この値が有意になる速度域を調べよ．

3) 式 (9.17) を用い，h, τ_L, t_r, l, V などを適当に与えて，人の制御を受けた車両の運動が安定であるための L の範囲を計算せよ．

4) 人の制御を受ける車両が，例題 4.3 と同じような横方向の突風を受けたときの挙動を，MATLAB Simulink によりシュミレーションせよ．人のパラメータは例題 9.2 を参照せよ．

5) 連続で線形な PD 制御以外に，人の操舵操作のモデルとしてどのようなものが可能かを考えてみよ．

参考文献

1) 井口：手動制御系の研究，東京大学大学院博士論文，1962
2) 井口：人間-機械系―人による機械の制御―，情報科学講座，B. 9. 2，共立出版，1970
3) 近藤：自動車の操舵と運動間に存在する基礎的関係について，自動車技術会論文集，No. 5，1958
4) 山川：ある操舵を加えた自動車のアンダステア，オーバステア特性に関する一考察，自動車技術，Vol. 18，No. 11，1964
5) 山川：人間-自動車系の力学，自動車の安定性・操縦性に関する講習会教材，(社) 自動車技術会，1966，6
6) 井口：運転者の運動特性からみた自動車の走行安定性，日本機械学会誌，Vol. 62，No. 491，1959
7) 井口，藤井，久田：模擬自動車による運転者の制御動作の基礎的研究，自動車技術会論文集，No. 7，1960
8) D. T. McRuer : A Review of Quasi-Linear Pilot Models, IEEE Trans. on Human Factors in Electronics, Vol. HFE-8, No. 3, 1967
9) J. ISHIO et al. : Vehicle Handling Quality Evaluation through Model Based Driver Steering Behavior, Proceedings of 20th IAVSD Symposium, VSD Journal, Vol. 46 supplement, 2008, pp. 549-560
10) M. Abe et al. : Investigation of Steering Torque Effects on Handling Quality Evaluation Based on Steering Angle Control Driver Model, Proceedings of 21 st IAVSD Symposium, August 2009, in CD

第10章
制御しやすい車両

10.1 はじめに

　これまでは，車両自体がどのような運動力学的性質を持ち，どのような運動を示すかや，それに人による制御が加えられたときの運動はどのようになるか，ということを考えてきた。このように，理論的に推定したり客観的に観測することのできる運動が，どのような性質を有するかということと同時に，人による制御を受ける車両の場合には，どのような運動力学的性質を有する車両の運動が制御しやすいかということが重要になる。

　通常の機械は，第三者としての人が客観的にその機械の性能や機能を観測したり，理論的に推定したりして評価することができる。しかし，航空機やわれわれが対象としている車両などのように，人が直接その運動を制御することによって本来の機能が発揮されるような場合には，第三者によるその機械自体の性能や機能に対する客観的な評価だけでなく，その機械の**制御しやすさ**に対する制御者自身の**主観的評価**（subjective rating）が重要である。

　そこで本章では，これまでに得られた基礎的な車両の運動力学的性質と，制御者の主観的な制御しやすさの関係を調べることにする。なお，現在までのところ一般に，車両の制御しやすさを解析的に導く理論的手法が確立されているわけではない。そのため，本章の扱いはこれまでのように数式を用いた理論的手法に従うのではなく，主として車両の運動力学的性質が変わったときに，制御者は制御しやすさについてどのような評価を下したかという具体的な事実や，経験に基づいた記述的な手法に従わざるをえない。

10.2 車両の制御しやすさ

　先にも述べたように，車両の制御しやすさを解析的に導く理論的な手法が確立されていないばかりでなく，現在までのところ車両の制御しやすさに対する制御者の主観的評価を定量的に扱ったり，車両の運動力学的性質と制御しやすさの評価の関

係を定量的に結びつける一般的手法はなく，さまざまな手法や考え方がとられ，それぞれの場合に応じてそれらが適用されている。

これに対して，航空機の分野では早くから操縦者の主観的な操縦性・安定性の評価を定量的に表現する手段として**パイロットレイティング**（pilot rating，以下 PRと書く）が提案され，幾多の改良がなされて航空機の操縦性・安定性の評価の一般的な手法として，操縦しやすい航空機の設計に寄与してきた。この PR の例を**表10.1** に示す[1]。

この PR をひな型として，車両の主観的な制御のしやすさを制御者の評点によって測ることがいくつか試みられている。車両の運動力学的特性を変え，その車両を実際に運転したときに，それに対して制御者がどのような制御しやすさの評点を与えるかを系統的に調べておけば，車両の力学的性質と制御しやすさの関係をある程度明らかにすることができる。車両の制御しやすさとは，最終的には制御者の主観的評価にかかわるものであるから，このような手法が最も直接的で実際的であるということができる。しかし一方，このような方法は評価を下す人間の個人差や評価の時間的な変化の影響を受けやすく，得られた結果の客観性，一般性が薄められるきらいがある。また，このような方法にとどまるかぎり，車両の運動力学的性質と制御しやすさの関係の理論的背景を導き出すのは困難で，新たな車両の特性の変化に対する制御しやすさの変化を事前に推定するのがむずかしい。

車両の制御しやすさを評価する他の手法として，**タスクパフォーマンス**による方法がある。これは，車両の目標コースをあらかじめ設定し，実際にそのコース内を車両がどのくらいの速度あるいは時間で誤りなく通過できるかを試験して，制御しやすさを評価する方法である。この方法は，結果が客観的にでる利点はあるが，目標コースをどう定めその結果をどう評価するか，制御者の主観的な制御しやすさと明確な 1 対 1 の対応がつけられるかなどに問題が残り，車両の運動力学的性質と車両の制御しやすさの関係を事前に推定するための理論的裏づけを得ることもむずかしい。

車両を運転している制御者の心身反応，たとえば心拍数やエネルギ代謝，発汗量（皮膚電流）などを計測し，制御者の負担による心身の反応によってその車両の制御しやすさをみる方法もある。車両の運動力学的性質を系統的に変え，そのときの制御者の心身反応がどう変わるかを調べれば，どのような性質を有する車両が制御しやすいかはある程度推定がつく。しかし，この方法も計測値は客観的な量として得られるが，その計測値，つまり心身反応自体がさまざまの要因によって左右されやすいものであること，心身反応と制御しやすさとの関係が必ずしも明確でないこと

10.2　車両の制御しやすさ　　**287**

表 10.1 パイロットによる飛行機の特性評価法 (Cooper)[1]

adjective rating （言葉による表現）		numerical rating（評点）	primary mission accomplished （主要な役割り を果たせるか）	can be landed （着陸で きるか）
normal operation （正常のオペレ ーション）	satisfactory （満足できる）	1. excellent, includes optimum （優秀，最高を含む）	yes	yes
		2. good, pleasant to fly （優良，快適な飛行）	yes	yes
		3. satisfactry, but with some mildly unpleasant char- acteristics （満足，しかし，幾分不快 な性質がある）	yes	yes
emergency operation （緊急オペレー ション）	unsatisfactory （不満足）	4. acceptable, but with un- pleasant characteristics （許容できる。しかし，不 快な性質を持つ）	yes	yes
		5. unacceptable for normal operation （正常のオペレーションと しては許容できない）	doubtful	yes
		6. acceptable for emergen- cy condition only （緊急事態の場合のみ許容 できる）	doubtful	yes
no operation （オペレーショ ン不能）	unacceptable （許容できない）	7. unacceptable even for emergency （緊急事態でさえも許容で きない）	no	doubtful
		8. unacceptable-dangerous （許容できない-危険であ る）	no	no
		9. unacceptable-uncontrolla- ble （許容できない-制御不能 である）	no	no
	catastrophic （破滅）	10. motions possibly violent enough to prevent pilot escape （パイロットの脱出を妨げ るほど激しい動きをする）	no	no

などに難がある。

　以上は，もっぱら実験を通じて車両の運動力学的性質を変え，そのときの制御者の制御しやすさをみようとするものである。もちろん，車両の運動力学的性質を系統的に変え，それに対応した制御しやすさを系統的に調べあげれば，ある程度経験則として，車両の運動力学的性質と制御しやすさの関係を一般的な形で見いだすことは可能であろうが，本質的に新たな車両の力学的性質に対する車両の制御しやすさを推定しうる手法を提供するものではない。

　いずれにしても，以上述べたようにまだ車両の制御しやすさを一般的に論じる手法が確立されているわけではないが，上で述べたようなさまざまの方法を通じて，車両の基本的な運動力学的性質と車両の制御しやすさの関係が明らかになってきている。以下ではそれらの結果を紹介していくことにする。

10.3 車両の運動力学的性質と制御しやすさ

10.3.1 ステア特性と制御しやすさ

　第3章，第4章において，われわれは車両のステア特性が，車両の運動力学的性質を左右する重要な特性のひとつであることを知った。そこでまず，車両のステア特性と車両の制御しやすさの関係を考えてみよう。

　図10.1は，中塚が空力中心と重心点が一致するような通常の乗用自動車が，ランダムな横風力を受けながら高速で直進走行をしているときの制御者が行うハンドル角の修正量を実測し，これを基にしてUS特性を示す車両とOS特性を示す車両のそれぞれについて，制御者が行ったハンドル角の修正頻度分布をみたものである[2]。これによると，US特性を示す車両を運転しているときにはハンドルの切り角は大きいが修正の頻度は少なく，OS特性を示す車両を運転しているときには切り角は小さいが，修正の頻度が多くなっている。これは，車両のUS特性が強いほど舵角に対する車両運動のゲインが小さくなることと，第4章，とくに4.2.3項で述べた外力による車両の運動のステア特性による差から容易に理解できる。ま

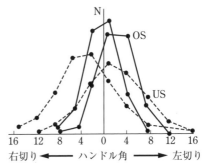

図10.1 ランダムな横風を受けながら直線走行する車両のハンドル角の修正頻度分布[2]

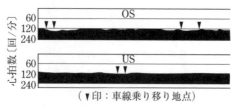

図 10.2　横風のなかを高速走行（$V=140$〔km/h〕）したときの心拍数[2]

た，図 10.2 はこのときの運転者の心拍数を記録したものである．US 特性を示す車両を運転しているときの心拍数は 120 ぐらいなのに対し，OS 特性のときのそれは 130〜140 ぐらいに上がっている．これから，US 特性より OS 特性を示す車両のほうが，運転者にとって制御のための負担が大きくなることが推定される．

以上より，OS 特性を示す車両より US 特性を示す車両のほうが，運転者にとって制御しやすいであろうと考えられる．

車両の US，OS 特性の強さを示す指数に，スタビリティファクタ A がある．

$$A = -\frac{m}{2l^2}\frac{l_f K_f - l_r K_r}{K_f K_r} = \frac{m}{2l}\frac{K_f + K_r}{K_f K_r}\mathrm{SM} \tag{3.43}$$

斎藤らは，ある定められたコースを与え，このコースに沿って車両が走行するときの運転者のハンドル角を記録し，この制御動作のなかに含まれていると考えられる等価的な微分動作を算出し，等価的な微分動作と A の関係をみた[3]．この結果を図 10.3 に示す．第 9 章でみたように，縦軸の微分動作は制御者にとって負担が大であるから，これが小さい動作で制御できる車両のほうが制御しやすいと考えられる．また，横軸のスタビリティファクタ A は 0 より大であり，US 特性の強さを示すものであるから，図 10.3 は車両の US 特性の強さと，車両の制御しやすさの関係を示唆しているのではないかと考えられる．

この図だけから判断すれば，US 特性が強い車両ほど制御しやすいようにみえる．しかし，制御者は必ずしも制御動作中の必要な微分動作の

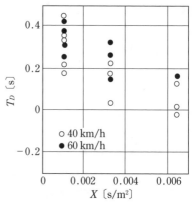

この図で X がスタビリティファクタ A に相当し，T_D が人の微分動作の強さを示す微分時間 τ_D に相当する

図 10.3　車両のステア特性と微分動作[3]

みに注目して，制御している車両の制御しやすさを判断しているという保障はどこにもない。また，車両のステア特性を示すスタビリティファクタ A や SM は，直接的に車両の定常状態の特性を左右するものである。もちろん，車両のステア特性が変われば車両自体の動的性質も変わるが，ステア特性のほかにも車両の動的特性を顕著に示す指数がある。以上のようなことから，US 特性が強い車両ほど制御しやすいと結論してしまうのは危険であり，車両のステア特性のみで車両の制御しやすさを判断することはできない。

10.3.2 動的特性と制御しやすさ

直進走行している車両のハンドルに急激にある一定のハンドル角を与えた後ハンドルから手を離すと（free control），安定な車両は振動的なヨーイング運動をしながら定常状態に落ち着く。このときの車両運動の性質を示す指数のひとつにヨーダンピングがある。このヨーダンピングは，車両のステア特性や操舵系の特性，車体のロールによる影響などによって変わってくるものであるが，W. Bergman は実際の車両のヨーダンピングを測定し，その車両の制御者による主観的な制御しやすさに関する 10 点法による評点（rating）との関係を調べた[4]。これを**図 10.4** に示す。この図から，上記のようなヨーダンピングの大きい車両ほど制御しやすいものと考えられる。

図 10.5 は，同じ車両のステア特性をアンダステア率 U_R でみて，横軸に U_R をとって車両の制御しやすさの評点を整理したものである。この図から，車両は必ずし

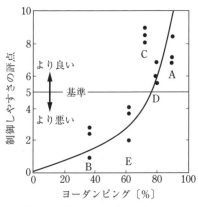

図 10.4 車両のヨーダンピングと制御しやすさ[4]

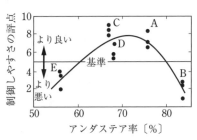

図 10.5 車両のアンダステア率と制御しやすさ[4]

も US 特性を示し，それが強いほど制御しやすいとはいえないことが理解できる。

車両運動の動的な特性をみる一般的手法のひとつに，3.4.3 項で述べた周期的操舵に対する車両の応答をみる方法がある。とくに，制御者は操舵に対するヨー角速度の変化に敏感である。これに注目して，周期的操舵に対するヨー角速度のゲインの形と車両の制御しやすさの関係を調べた例がある。

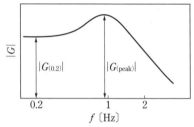

図 10.6 $|G_{(peak)}|/|G_{(0.2)}|$ の定義

車両の運動力学的性質を支配するパラメータが変わると，このゲインの形は，たとえば 3.4.3 項の図 3.29 に示されるように変化する。杉本らは，こうしたゲイン曲線の変化を図 10.6 に示すようなゲインのピーク値と，低周波領域（$f=0.2$〔Hz〕）でのゲインの比 $|G_{(peak)}|/|G_{(0.2)}|$ で代表させ，種々の車両（通常の乗用車）についてこの値を測定し，これらの車両の一般走行における制御しやすさの評価と $|G_{(peak)}|/|G_{(0.2)}|$ の関係を調べている[5]。

その結果を図 10.7 に示す。これをみると，ほぼ $|G_{(peak)}|/|G_{(0.2)}|$ の値が 1.2 前後のところが最も制御しやすく，この値から大きくはずれるとかなり制御しにくい車両になることがうかがわれる。このことは，$|G_{(peak)}|/|G_{(0.2)}|$ が 1 よりかなり大きければ系のダンピングの不足を示し，逆に 1 よりかなり小さければ遅れの大きい速応性の悪い系であるという，ヨー角速度の周波数応答に関する一般的知識からもある程度推定できるものである。このようなことから，$|G_{(peak)}|/|G_{(0.2)}|$ の値は，車両の制御しやすさに関連する力学的性質を示す重要な量であることは確かなようである。

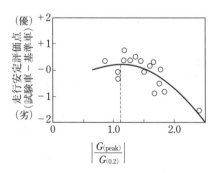

図 10.7 $|G_{(peak)}|/|G_{(0.2)}|$ と制御しやすさの関係[5]

しかし，車両の場合には力学的パラメータを変えれば $|G_{(peak)}|/|G_{(0.2)}|$ の値はほとんど変わらなくても，たとえばゲインのピークを与える周波数やピーク以上の高周波数域でのゲイン低下の割合，あるいはゲインのみでなく位相遅れなどが変わることがありうる。そして，これらは車両の制御しやすさには無関係という理論的保障はない。したがって，車両の制御しやすさは，たとえ与える mission（走行の仕方など）を限定したとしても $|G_{(peak)}|/|G_{(0.2)}|$ のみに依存すると考え，この力学的性質のみで車両の制御しやすさを判断することはできない。

W. Lincke らが得た結果は，これを示す1つの良い例である[6]。図 10.8 は，4つの力学的性質の異なる車両の周期的操舵に対するヨー角速度のゲインである。W. Lincke らは，図 10.9 に示すようなコースを約 60 mph で走行するときの，この4つの車両の制御しやすさを制御者の4点法による評点で評価した。その結果が図 10.10 である。この図からわかるように，このときの車両の制御しやすさはヨー角速度のゲインのピークを与える周波数，つまり車両運動の固有振動数と最もよく呼応している。車両 Q と車両 W を比較すると W のほうがずっと $|G_{(peak)}|$ が小さく，ヨーダンピングが強いが固有振動数が一致しており，ほぼ同じ程度の制御しやすさの評価となっている。また，車両 T と車両 W を比較すると，両者のヨーダンピングはほとんど同じであるが，車両 T のほうが固有振動数が小さく制御しやすさの評

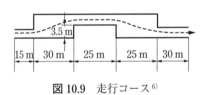

図 10.9　走行コース[6]

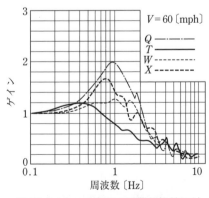

図 10.8　4つの車両の周期的操舵に対するヨー角速度のゲイン[6]

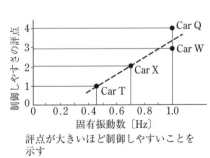

評点が大きいほど制御しやすいことを示す

図 10.10　車両運動の固有振動数と制御しやすさ[6]

価が悪いことがわかる．したがって，この場合は車両のダンピングよりはその固有振動数のほうが，制御しやすさにより強い相関のある車両の運動力学的な性質を示す量であるということができる．

第3章で述べたように，車両の横方向の運動を，重心点の横すべり β とヨーイング r の二自由度で記述したときの理論的な系の固有振動数 ω_n とダンピングを示す減衰比 ζ は，近似的に次式で表すことができる．

$$\omega_n = \frac{2(K_f + K_r)}{mV}\sqrt{\frac{l_f l_r}{k^2}}\sqrt{1 + AV^2} \tag{3.67}'$$

$$\zeta = \frac{1 + \dfrac{k^2}{l_f l_r}}{2\sqrt{\dfrac{k^2}{l_f l_r}}}\frac{1}{\sqrt{1 + AV^2}} \tag{3.68}'$$

とくに，この ω_n が，車両の制御しやすさに関係した重要な力学的性質を示す量であるということになる．

しかし，図 10.4 や図 10.7 の例からもダンピングは車両の制御しやすさに無関係とはいえず，また先に述べた理由と同じ理由で，車両の制御しやすさは固有振動数のみに依存すると考え，単にこの値が大きい車両ほど制御しやすいと結論することはできない．

ところで，車両の操舵に対する運動の時間的な遅れ，つまり速応性を応答時間で示して車両の動的特性をみることができる．一般の手動制御系の研究からも，遅れの大きな制御対象は制御しにくいことがわかっている．操舵に対する車両のヨー角速度の応答は，一般に式 (3.78)′ で与えられるが，もし $l_f \approx l_r$，$K_f \approx K_r$ であれば，式 (3.78) よりこれは次式で近似できる．

$$\frac{r(s)}{\delta(s)} = \frac{G_\delta^r(0)}{1 + t_r s} \tag{3.78}''$$

ただし

$$t_r = \frac{mV}{2(K_f + K_r)}\left(\frac{k^2}{l_f l_r}\right) \tag{10.1}$$

である．

E. R. Hoffmann らは，いくつかの車両についてこの**ヨー角速度の応答時間** t_r に相当する量を測定し，これらの車両を用いてコーンによって定められたコースを誤りなく（コーンに触れずに）走行することを要求されたときに，実際に冒した誤り（コーンに触れて倒すこと）率と応答時間の関係を調べた[7]．この結果を**図 10.11** に

示す．この図から，応答時間が 0.2 sec 程度のときが最も誤り率が少なく，この値より応答時間が大きくなると誤り率が急激に大きくなることがわかる．これは，すなわち応答時間 t_r が大きくなるとともに，車両が制御しにくくなることを具体的に示すものと考えられる．

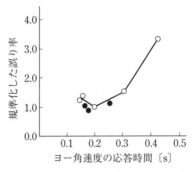

図 10.11 ヨー角速度の応答時間と誤り率[7]

次に，**横すべり応答時間**（side-slip response time）は，ヨー角速度に対する横すべり角の遅れで定義される．もし $l_f K_f \approx l_r K_r$ であれば，実舵角 δ を 0 に固定したときのヨー角速度 r に対する横すべり角 β の応答は，式（3.12）より

$$mV\frac{d\beta}{dt} + 2(K_f + K_r)\beta = -mVr \tag{3.12}'$$

で記述できる．したがって，横すべり応答時間 t_β は

$$t_\beta = \frac{mV}{2(K_f + K_r)} \tag{10.2}$$

となる．

W. Bergman は，この横すべり応答時間 t_β に相当する量をいくつかの車両について実測し，10 点法による車両の制御しやすさに関する制御者の評点と，横すべり応答時間の関係を調べている[8]．その結果を**図 10.12** に示す．この結果も横すべり応答時間が大きくなるほど，急激に車両は制御しにくくなることを示している．

なお，式（10.1），（10.2）および式（3.73），（3.74）より，$k^2 \approx l_f l_r$ であれば t_r と t_β はほぼ等しく，3.4.1 項（3）で述べた応答時間 t_R に一致し

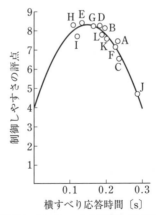

図は車両 A，B，C，…L の制御しやすさの評価が示されており，評点の大きいものほど制御しやすい

図 10.12 車両の横すべり応答時間と制御しやすさ[8]

10.3 車両の運動力学的性質と制御しやすさ **295**

$$t_r \approx t_\beta \approx t_R \approx \frac{mV}{2(K_f+K_r)} \tag{10.3}$$

となる。

このように，車両の運動の応答時間は，車両の制御しやすさを支配する重要な運動力学的性質を示す指数となることがわかる。そして，これは主として車両の前後輪のコーナリングパワーの和および車両の質量と走行速度に依存して決まるものであることがわかる。

ところで，ヨー角速度の応答性は 3.4.2 項で述べた

$$t_p = \frac{1}{\omega_n\sqrt{1-\zeta^2}}\left\{\pi - \tan^{-1}\left(\frac{\sqrt{1-\zeta^2}\,\omega_n T_r}{1-\zeta\omega_n T_r}\right)\right\} \tag{3.86}$$

によってみることもできる。先の W. Lincke ら[6]の t_p に相当する量と，式 (3.79) と (3.89) の比として得られる一定の舵角に対する単位横加速度あたりの横すべり角の定常値を示す

$$\frac{G_\delta^\beta(0)}{G_\delta^{\ddot{y}}(0)} = \frac{l_r}{V^2}\left(1 - \frac{ml_f}{2ll_rK_r}V^2\right)$$

に相当する量との積，つまり

$$\mathrm{TB} = \frac{t_p \cdot G_\delta^\beta(0)}{G_\delta^{\ddot{y}}(0)} \tag{10.4}$$

を TB ファクタとよび，この値と車両の制御しやすさの評価の相関がきわめて強いことを示した。この結果を図 10.13 に示す。

t_p が小さく，なおかつ $G_\delta^\beta(0)$ の値が小さい，つまりヨー角速度の応答性がよく，

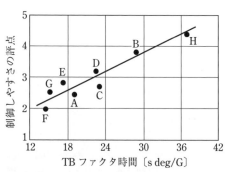

評点が小さいほど制御しやすいことを示す

図 10.13 TB ファクタと制御しやすさ[6]

かつそのときの横すべりが小さい車両ほど制御しやすいということを示している。

10.3.3 応答時間およびゲイン定数と制御しやすさ

これまでみてきたように，車両の代表的な運動力学的性質を示す指数をただひとつ取り出して，それによって車両の制御しやすさを説明するのはむずかしく，また制御者は，それらのうちのひとつのみに依存して車両の制御しやすさをみているという理論的保障もない。したがって，唯一の力学的性質から車両の制御しやすさを判断するのは必ずしも妥当でない。

ところで，式 (3.78)″ より操舵に対する車両のヨー角速度の応答は，応答時間 t_r のほかにゲイン定数 $G_\delta^r(0)$ によって変わる。そこで，D. H. Weir らは，実際の車両の t_r と $G_\delta^r(0)$ に相当する量を測定し，この2つの量と車両の制御しやすさの関係を調べた[9]。この結果を図 10.14 に示す。これをみると，制御しやすい車両の t_r と $G_\delta^r(0)$ は，$t_r - G_\delta^r(0)$ 平面内のある限られた領域を占めることがわかる。実線で囲まれた領域は，熟練した運転者が制御しやすいとした領域であり，点線で囲まれた領域は，普通の運転者が制御しやすいとした領域を示している。普通の運転者と熟練した運転者を比較すると，後者のほうが多少 t_r が大きくても $G_\delta^r(0)$ がある程度大きいほうが良いとしており，前者はこれに対して $G_\delta^r(0)$ が多少小さくても t_r が小さいほうが良いとしている。また，$G_\delta^r(0)$ の上限はほぼ両者一致しており，それはちょうど車両が NS 特性を示す付近である。

以上は車両の操舵に対するヨー角速度の応答に注目したときの例であるが，W. Bergman は車両の横方向の運動に注目し，操舵に対する車両の横加速度のゲイン定

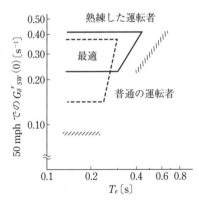

図 10.14 ヨー角速度のゲイン，応答時間と車両の制御しやすさ[9]

ここに $G_{\delta SW}^r(0)$ はハンドル角を入力したときのヨー角速度の応答の定常値で，本文の $G_\delta^r(0)$ に対応し，T_e は t_r に対応するものである。また，この例における車両の制御しやすさは，PR に準じた次のような基準に従って制御者が下した評点によって評価される。

1〜3.5 ：optimum to satisfactory
3.5〜6.5 ：satisfactory performance but unacceptable attentional demands and workload
6.5〜10 ：unsatisfactory performance and unacceptable workload

実線や点線で囲まれた領域は <3.5 であり，斜線で示された $G_{\delta SW}^r(0)$，T_e の下限，上限 ＝ 6.5 である。

数 $G_\delta^{\ddot{y}}(0)$ と横すべり応答時間 t_β によって車両の制御しやすさをみようとした[8]。

式 (10.3) より, t_β と t_r はほぼ同じ性質を示す量であることがわかる。また, $G_\delta^r(0)$ は

$$G_\delta^r(0) = \frac{1}{1+AV^2} \frac{V}{l} \tag{3.81}$$

であり, $G_\delta^{\ddot{y}}(0)$ は

$$G_\delta^{\ddot{y}}(0) = \frac{1}{1+AV^2} \frac{V^2}{l} \tag{3.89}$$

である。ゆえに, $G_\delta^r(0)$ と $G_\delta^{\ddot{y}}(0)$ も同じ性質を示す量であるとみなすことができる。したがって, t_β と $G_\delta^{\ddot{y}}(0)$ の組合せは, t_r と $G_\delta^r(0)$ の組合わせとほとんど同じものを表現しているとみることができる。

W. Bergrnan は, この t_β と $G_\delta^{\ddot{y}}(0)$ に相当する量をいくつかの車両について実測する一方, その車両の制御しやすさを制御者の 10 点法による評点で評価した。そして, この 2 つの量と車両の制御しやすさの関係を調べている。その結果を示したものが図 10.15 である。これをみると, 図 10.14 に示した例と同じように, 制御しやすい車両の t_β と $G_\delta^{\ddot{y}}(0)$ は, $t_\beta - G_\delta^{\ddot{y}}(0)$ 平面内にある限られた領域を占めることになることがわかる。また同図より, $G_\delta^{\ddot{y}}(0)$ の変化よりは t_β の変化のほうが, 車両の制御しやすさに対して, より大きな影響を与えることがわかる。つまり, 横すべり応答時間のほうが, 横加速度のゲイン定数よりも制御しやすさに対する感度が高い車両の運動力学的性質を示す量であるということができる。

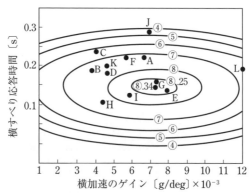

この図の車両 A, B, C, …L の制御しやすさの評点は, 図 10.12 の評点と同じである。また, 実線によって示されている等評点曲線は, 実験結果の回帰分析によって求められたものである。

図 10.15 横加速度のゲイン, 横すべり応答時間と車両の制御しやすさ[8]

以上のように，車両の運動力学的性質を示す2つの量と車両の制御しやすさをみると，かなりよく車両の制御しやすさと運動力学的な性質の関係が理解できる。しかし，ここで示した例においては応答時間とゲイン定数をその2つに選んでいるが，どのような量を選ぶにしろ適当な2つの運動力学的性質を示す指数で十分車両の制御しやすさを示すことができるという理論的保障があるわけではない。したがって，新たに車両の力学的特性を支配するパラメータが変わったり，新たな車両の力学的仕様が与えられたときに，その車両の $t_r - G_\delta^r(0)$，あるいは $t_\beta - G_\delta^{\ddot{y}}(0)$ がこの例で示された領域にあるからといって，その車両が制御しやすいと断定することはできない。

　もちろん，運動の制御しやすさのみならず車両はそのほかの多くの機能を満足すべきであり，さまざまな配慮が必要である。それが，運動の制御しやすさより優先したり，運動の制御しやすさについては，ある程度までのあいまいさが残ることは許されることもあろう。しかしいま，問題を運動の制御しやすさに理論的に限定すれば，たとえわれわれが本書で対象としている運動の自由度内での車両運動の制御しやすさに限ったとしても，ここで示した例は，必ずしも制御しやすさを理論的に推定する手法を一般的に提供するものであるということはできない。

　しかし一方，現在までのところ，制御者が実際に行う車両の制御しやすさの評価を定量的に計る方法には，航空機における PR ほど精度が良く厳密に定められた一般的方法がなく，現実に得られる制御しやすさの評価自体精度が乏しく，厳密さに欠ける。このため，理論的に厳密に車両の運動力学的性質と車両の制御しやすさの関係を考えるだけでは十分ではない。一方で，実際の制御しやすさを図る手法を確立しながら，理論的な展開を進める必要がある。

$\underline{10.4}$　人の操舵制御モデルに基づいた制御しやすさの評価

$\mathit{10.4.1}$　一元化した物理量による車両の制御しやすさの評価と MBD[10]

　たとえば，車両が横すべり運動をすると，3.3.2項（3）で述べたように，横すべり角を小さくする方向に横すべり角に比例したヨーモーメントが働く。しかし，横すべり角が大きくなると，タイヤ横力の対横すべり角飽和特性のために必ずしも横すべり角に比例せず，ヨーモーメントはそれより小さくなり，車両が OS 特性を有する状態の場合には，逆に横すべり角を大きくするヨーモーメントにもなりうる。これが車両運動の安定性低下をもたらす。

　そこで，これを補うヨーモーメントをタイヤの前後力を用いて発生させ，車両運

動の安定化制御を行うことで，より安定で制御しやすい車両を実現することができる。これは 8.6 節で述べた DYC の一種である。

この安定化制御を行った車両とその制御がない車両を用いて，車速 80 km/h で 9.5 節で述べたものと同じ車線変更実験を行った。図 10.16 はこのときの人と車両の挙動を計測した時刻歴である。この車線変更を行ったすべての**ドライバー**は，「安定化制御を行った車両のほうが運動が安定で制御しやすい」という感覚による主観的な評価を行っている。

したがって，この計測されたドライバーの操作量としての操舵角，制御量である車線変更時の横変位，あるいはそれに直接影響する横加速度やヨー角速度などの時刻歴上に，「制御を行った車両のほうが制御しやすい」とドライバーが感じるであろう明らかな特徴がみられるのではないかと思われる。それにもかかわらず，簡単にそれを認めることがほとんどできない。このことが 10.2 節でも触れたように，従来の車両運動の制御しやすさの最終的な評価が，それぞれのドライバーの主観的評価に依存してしまい，客観的な物理量による評価がむずかしい理由のひとつであった。

しかしながら，ドライバーは直接的には，車線変更時における制御量である横変位と操作量である操舵角あるいはその間の時々刻々の関係から「制御しやすさ」を感じたのは事実なわけであるから，そのなかに「制御しやすさ」に関連するなにかが存在しているはずである。そしてその関係とは 9.5 節でモデル化されたドライバーの伝達関数のパラメータ h, τ_L, τ_h によって示されるものであり，具体的には 9.5 節で述べた手法で操作量 δ^* と制御量 y^* を用いて同定された値である。

図 10.17 が図 10.16 に得られた車線変更の時刻歴を用いて同定されたドライバーパラメータの例であり，安定化制御を行った場合の τ_L のほうが明らかに制御なしのときのそれに比べて大きくなっている。車両の応答性が良く安定性が高ければ，その車両の制御にはより大きい遅れ τ_L が許容されるであろう。τ_L が大きいほど制御は楽で，小さくなるほど人は緊張した操舵操作が強いられる。つまり，τ_L が大きいということは，人がその車両を制御しやすいということに対応し，τ_L の大小が人の車両の制御しやすさを主観的，感覚的な評価に代わって客観的，合理的に示すことのできる物理量になりうるということである。

以上は，いわば「ドライバーが直接主観的に車線変更時の制御しやすさを言葉や点数によって語るのを聴く」のではなく，「モデル化されたドライバー（デジタルツインドライバー）に，車線変更中にどのような操舵制御を行ったのかを通して，制御しやすさの評価を語らせる」という手法であるということができる。

図 10.18 は，制御しやすさに影響を及ぼすどのような車両特性が，モデル化され

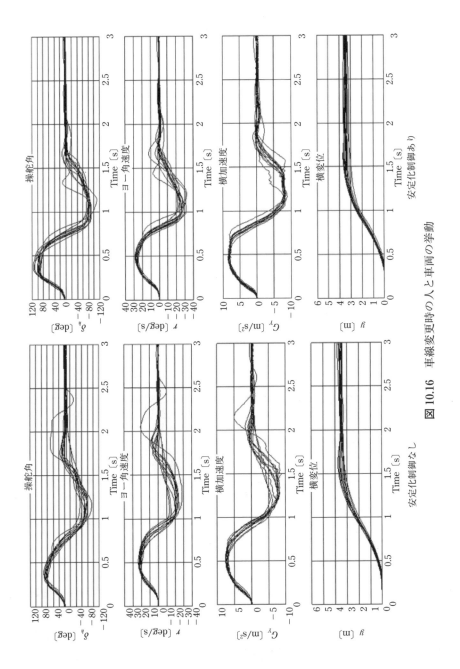

図 10.16 車線変更時の人と車両の挙動

10.4 人の操舵制御モデルに基づいた制御しやすさの評価

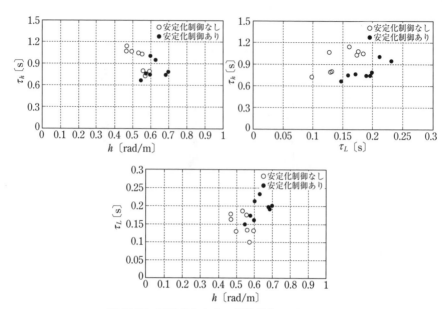

図 10.17 同定された人の操舵動作のパラメータ

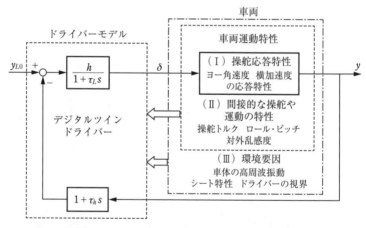

図 10.18 制御しやすさの評価に及ぼす車両特性

たドライバーのパラメータに反映してその影響を語ることになるかを考え，識別してみたものである．

ドライバーは操舵に応じて生じるヨー運動や横運動が積分された横変位を制御量としてフィードバックし，それに基づいて操舵操作を行う．つまり，人と車両の閉

ループ系を構成し，車両の操舵応答特性に応じてドライバーは自らの特性を適応して，その閉ループ系が好ましい状態を保持しようとするはずである。したがって，当然ながら車両の直接的な操舵応答特性が，モデル化されたドライバーが語る制御しやすさ τ_L に直接影響する。つまり，τ_L には車両の操舵応答特性の影響が直接現れると考えられる。それが図 10.18 に示す（I）である。

しかし，直接的な操舵応答特性だけではない。たとえば，操舵反力そのものは，車両運動に直接影響するものではないけれども，ドライバーの制御しやすさの評価に大きな影響を与えていることは周知のとおりである。また，ドライバーが直接制御しているわけではないが，車線変更中の車体のロールや微妙なピッチ運動，外乱に対する車両運動の感度などが，操舵反力と同じように制御しやすさの評価に影響を与えている可能性がある。それを示したのが図 10.18 の（II）である。

そしてさらに，車両の運動特性ではなく，車線変更をしている車両とドライバーの環境的要因，たとえば，車体の高周波振動特性，シートの特性，ドライバーの視界などがドライバーの制御動作に影響して τ_L が変化し，そして結果として車両運動制御のしやすさの評価に影響を及ぼすと考えられる。それが図 10.18 の（III）である。

車両の運動性能設計を車両の MBD（Model Based Design）の一環として導入しようとする場合には，車両運動の制御しやすさをドライバーの主観的な評価によるのではなく，本節で述べるような一元化された客観的な物理量によって評価し，車両の諸特性や設計諸元との定量的関連を見いだしそれを比較することができる手法が必須になる。

電気自動車はパワープラントのレイアウトが従来の車両と大きく違ってくるため，その運動性能設計を基本的なところからやり直す必要があるといわれている。この端緒となると思われる服部らによる最近の研究がある[11),12)]。電気自動車を含め，今後の車両運動性能設計の MBD 化を目指す読者の方々にとって一読に値するものと思う。

10.4.2 直接的な車両の操舵応答特性と制御しやすさ[13)]

第 3 章において述べたように，操舵に対する車両の基本的な応答特性はヨー角速度と横加速度の操舵に対する伝達関数で与えられ，n をステアリングギヤレシオとして次のようになる。

$$\frac{r(s)}{\delta_h(s)} = \frac{1}{n} G_\delta^r(0) \frac{1 + T_r s}{1 + \dfrac{2\zeta s}{\omega_n} + \dfrac{s^2}{\omega_n^2}}$$

$$\frac{\ddot{y}(s)}{\delta_h(s)} = \frac{1}{n} V G_\delta^r(0) \frac{1 + T_{y1}s + T_{y2}s^2}{1 + \dfrac{2\zeta s}{\omega_n} + \dfrac{s^2}{\omega_n^2}}$$

この伝達関数の分母にあるパラメータ ω_n と ζ は応答を支配する重要なパラメータで，車両の制御しやすさの観点から最適な ω_n と ζ が存在するといわれている。

しかしながら，これらについては少なくとも公表された資料やデータは必ずしもあるとはいえない。実際の自動車の場合，ω_n と ζ をタイヤやその他を変えて簡単に独立に変化させることができないからというのがその理由と考えられる。しかし，最近の運動のアクティブ制御，とりわけ前輪アクティブステアを用いれば，近似的に ω_n と ζ を独立に変化させたときの車両応答を得ることができる。

操舵角に対する前輪アクティブステアを適用したときのヨー角速度の応答は

$$\frac{r(s)}{\delta_h(s)} = G_\delta^r(0) \frac{1 + T_r s}{1 + \dfrac{2\zeta s}{\omega_n} + \dfrac{s^2}{\omega_n^2}} \frac{\delta(s)}{\delta_h(s)}$$

となるから，操舵角 δ_h に対する前輪アクティブステア制御側を

$$\frac{\delta(s)}{\delta_h(s)} = \frac{1}{n} \frac{1 + \dfrac{2\zeta s}{\omega_n} + \dfrac{s^2}{\omega_n^2}}{1 + \dfrac{2\alpha_D \zeta s}{\alpha_N \omega_n} + \dfrac{s^2}{\alpha_N^2 \omega_n^2}}$$

とすれば，操舵角に対するヨー角速度伝達関数の分母の係数が近似的に $\alpha_N \omega_n$ と $\alpha_D \zeta$ の応答になる。つまり，

$$\frac{r(s)}{\delta_h(s)} = \frac{1}{n} G_\delta^r(0) \frac{1 + T_r s}{1 + \dfrac{2\zeta s}{\omega_n} + \dfrac{s^2}{\omega_n^2}} \frac{1 + \dfrac{2\zeta s}{\omega_n} + \dfrac{s^2}{\omega_n^2}}{1 + \dfrac{2\alpha_D \zeta s}{\alpha_N \omega_n} + \dfrac{s^2}{\alpha_N^2 \omega_n^2}}$$

$$= \frac{1}{n} G_\delta^r(0) \frac{1 + T_r s}{1 + \dfrac{2\alpha_D \zeta s}{\alpha_N \omega_n} + \dfrac{s^2}{\alpha_N^2 \omega_n^2}}$$

操舵角に対する横加速度の応答も同様である。なお，α_N と α_D は ω_n と ζ の基準値からの変化を％で表したものである。

このことを利用し，**ドライビングシミュレータ**を用いて車両の応答特性を変化させ，その変化に対してドライバーのパラメータ τ_L がどのように変わるかを調べた例がある[13),14)]。

304　第10章　制御しやすい車両

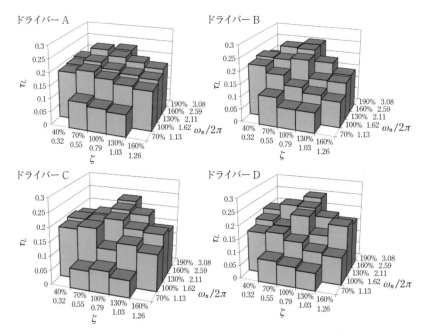

図10.19 4名のドライバーの τ_L に及ぼす ω_n-ζ の影響
($V=80$ [km/h], $L_C=45$ [m])

図10.19 が α_N と α_D つまり ω_n と ζ を変えたときの結果で，4名のドライバーについて $V=80$ [km/h] で 45 m の区間において 3m 幅の車線変更実験を行った場合に計測した δ^* と y^* を用いて，同定した τ_L がどのような値になったかを ω_n-ζ 平面上に示したものである．これらの結果をみると，ω_n が小さいところではその増加に対する τ_L の増加の感度がきわめて高く，大きな ω_n でその増大が飽和的になること，ζ が 0.8～1.0 のところに τ_L のピークが存在し，それよりも ζ が大きくても，小さくても τ_L はわずかに減少することなどがみてとれる．そしてこの傾向は，4名のドライバーの結果に共通してみられる．

これはちょうど ω_n-ζ には最適値があること，ω_n は大きいほど制御しやすいが限度があること，ζ にも制御しやすさの点から適値があるということなど，ω_n-ζ と車両運動の制御しやすさのあいだの関係について，ドライバーの主観的評価としていわれていることがらによく呼応したものである．つまり，ω_n と ζ などにより決まる車両の操舵応答特性に応じたドライバーにとっての制御しやすさの評価は，そのときの τ_L の大小によって一元的に定量，判断することができるということである．

10.4.3 間接的な操舵応答特性と制御しやすさ[13)]

操舵角に対する操舵反力特性は操舵に対する横加速度やヨー角速度の応答のような直接的な車両の運動特性ではなく，いわば間接的な車両の操舵特性とよんでもよいものである。それにもかかわらず，そのときの特性が変わるとドライバーは「あたかもタイヤやサスペンションの特性が変わって，車両の直接的な操舵応答特性が変わったかのように感じて，車両の制御しやすさの評価を下すようだ」といわれている。

そこで，ドライビングシミュレータを用いて，操舵角に対する操舵反力特性を図10.20 に示す6種類に設定し，2.5 m 幅の車線変更時にさまざまの車速とレーンチェンジ区間長（L_c）において 10 名のデジタルツインドライバーのパラメータ τ_L が，設定された操舵反力に応じてどのようになるかをみた。また同時に，6種類の操舵反力の車両に対するドライバーによる制御しやすさの主観的評価を6段階の順位づけ（6 が最も良く，1 が最も悪い）によって採取した。

図 10.21 はこれらの結果を 10 名のドライバーの平均値で示したものである。τ_L は，操舵反力がない場合の値を基準としたとき，それぞれの操舵反力に応じた値が相対的にどのようになったかを示している。どのような場合にも τ_L の傾向とドライバーの主観的評価の傾向がきわめて良い相関を示している。また，とくに操舵反力特性がばね＋ダンピング＋摩擦やばね＋ダンピングのときが τ_L と主観的評価が高くなっていることも，これまでによくいわれていることに一致している。

本項の冒頭にも述べたように，操舵反力は操舵角に対する車両運動の応答そのものに直接関与する物理量ではない。それにもかかわらず，それが車線変更時における操舵制御の背後にある操舵反力による「心地良さ」や「安心感」を通して，制御しやすさにつながる τ_L に反映してくると考えることができる。このような操舵反力が車両運動の制御しやすさに及ぼす影響を，たとえば 10.4.2 項の ω_n や ζ のような直接的な操舵応答特性が制御しやすさに及ぼす影響を定量化することのできる τ_L という同じ物理量によって，一元的に評価し比較することができるということである。

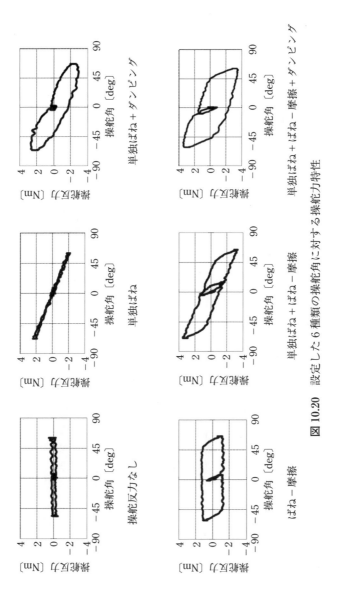

図 10.20 設定した6種類の操舵角に対する操舵力特性

10.4 人の操舵制御モデルに基づいた制御しやすさの評価

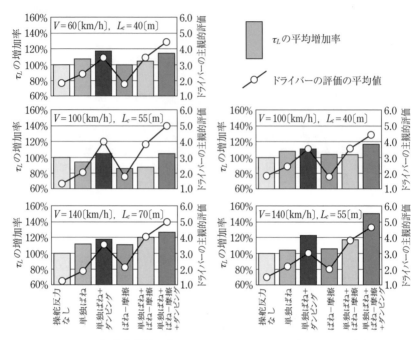

図 10.21 操舵力特性に応じた τ_L とドライバーの主観的評価の変化(いずれも 10 名のドライバーの平均値)

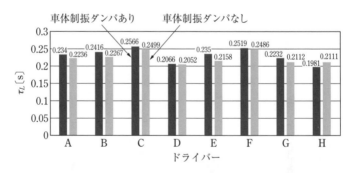

図 10.22 車線変更コースと 8 名のドライバーの τ_L に及ぼす車体制振ダンパの影響

10.4.4 操舵制御時の環境的要因の影響[15)]

車体の剛性を上げ，その高周波振動を低減するために，車体の適当な個所に車体制振ダンパを装着することがある．その結果，走行中の車体の約 10Hz 以上の高周波域の微少な振動は低減するが，周波数 10Hz 以下の操舵角入力に対する車両の運動特性はほとんど変わらない．それにもかかわらず，多くのドライバーは車体制振ダンパを装着した車両は車両運動性能が向上し，制御しやすくなると評価する傾向がみられる．

そこで実際に制振ダンパを装着した車両とそれを取り外した車両について，8 名のドライバーによる $V=70$〔km/h〕，3 m 幅，30 m 区間長の車線変更実験を行った．その結果を用いて各ドライバーの τ_L を求めた結果が**図 10.22** である．8 名中 7 名のドライバーの τ_L は制振ダンパを装着した車両のときのほうが，それがない車両のときに比べ大きくなり，この結果は 7 名すべてのドライバーが行った主観的評価の「制振ダンパを装着したときのほうが制御しやすい」という結果に呼応している．

一方，このとき同時に計測した一定の操舵角入力に対する車両運動そのものを比較してみても，10 Hz 以下の車両運動領域において制振ダンパの影響として特筆すべき点を見いだすことはできなかった．

小野は，このような車体補強の結果として生じる，車体フロアの横方向振動やシートの横方向振動の低減によるドライバーの車両運動認識能力の向上により，車両運動が制御しやすく感じるという可能性を立証している[16)]．

以上のように，車体の高周波振動という，いわば，ドライバーによる車両運動制御中における環境的要因がドライバーの運動制御動作に影響し τ_L の変化として制御しやすさに現れると考えられる．したがって，ω_n やζ のような直接的な操舵応答特性や，操舵反力特性のような間接的な操舵応答特性が制御しやすさの評価に及ぼす影響を定量することのできる同じ τ_L によって，上記のような環境的要因の影響も一元的に定量，評価しそれを比較することができるということになる．

参考文献
---

1) 井口：人間-機械系 —人による機械の制御 —，情報科学講座，B・9・2 共立出版，1970

2) 中塚：自動車の高速安全性と人間の特性，人間工学，Vol. 14，No. 4，1968

3) 斎藤，森，松下：US, OS 特性の運転に及ぼす影響，日本自動車研究所研究速報，

No. 4, 1971

4) W. Bergman "Bergman Gives New Meaning to Understeer and Oversteer, SAE Journal, Vol. 73, No. 12, 1965

5) 杉本, 林, 森, 関沢, 沢：高速道路における人間-自動車系の横風. 走行安定性の解析, 自動車技術会学術講演会前刷集, No. 761, 1976

6) W. Lincke, B. Richter & R. Schmidt : Simulation and Measurement of Driver Vehicle Handling Performance, SAE Paper 730489

7) E. R. Hoffmann, P. N. Joubert : The Effect of Changes in Some Vehicle Handling Variables on Driver Steering Performance, Human Factors, June, 1966

8) W. Bergman : Relationships of Certain Vehicle Handling Parameters to Subjective Ratings of Ease of Vehicle Control, Proceedings of 16th FISITA Congress, Tokyo, May 1976

9) D. H. Weir, R. J. DiMarco : Correlation and Evaluation of Driver/Vehicle Directional Handling Data, SAE Paper 780010

10) J. ISHIO et al. : Vehicle Handling Quality Evaluation through Model Based Driver Steering Behavior, Proceedings of 20th IAVSD Symposium, VSD Journal, Vol. 46 supplement, 2008, pp. 549-560

11) 服部, 安部, 狩野, 山本, 山門：車両の電動化に伴う諸元変化が操舵特性評価に及ぼす影響, 自動車技術会論文集, Vol.55, No.6, November 2024, pp.1196-1201

12) 服部, 安部, 狩野, 山本, 山門：ドライバ着座位置が操舵特性評価に及ぼす影響, 自動車技術会春季学術講演会, 2025 年 5 月, 発表予定

13) 安部：ドライバの車両運動性能評価の新たな視点, 自動車技術, Vol. 69, No. 7, 2015

14) 青木, 鈴木, 狩野, 安部：ドライビングシミュレータを用いた基礎的車両応答パラメータと操舵特性評価に関する研究, 自動車技術会春季学術講演会講演予稿集, No. 20125196

15) 内田, 山之内, 安部, 狩野, 山本, 山門, 矢部, 平野：車体制振ダンパーがドライバの操舵特性に及ぼす影響, 自動車技術会春季学術講演会講演予稿集, No. 20235159

16) 小野, 村岸, 山田, 許斐, 山本：高周波ボデー振動が自動車の操縦感覚に及ぼす影響解析, 日本機械学会論文集, No. 18-00041, 29 May, 2018

各章末の問題の略解

―――――――――― 第 2 章 ――――――――――

1) 式 (2.24) より

$$K = \frac{3\mu W}{\tan\beta} = \frac{3\times 1.0\times 4.0}{\tan\left(\dfrac{10.0}{57.3}\right)} \fallingdotseq 68.06 \,[\mathrm{kN/rad}]$$

2) 式 (2.24) を用いて

$$\frac{3\mu W}{K} = \tan\beta = \tan\left(\frac{10.0}{57.3}\right) \fallingdotseq 0.1763$$

この値を式 (2.26) に代入して

$$\tan\beta = \frac{3\mu W}{4K} = \frac{0.1763}{4} \fallingdotseq 0.0441$$

以上より,セルフアライニングトルクが最大になるタイヤの横すべり角は,次のようになる。

$$\beta = \tan^{-1}(0.0441) \fallingdotseq 2.524 \,[\mathrm{deg}]$$

3) タイヤ接地面の横方向の変形は**解図1**のようになる。ここでは,その変形の分布が,直角三角形で近似できると仮定している。この変形を生じた力の合力の着力点はこの三角形の重心点に一致し,この点は図に示すとおり底辺から1/3のところにある。したがって,この合力と接地面中心間の距離は次のようになる。

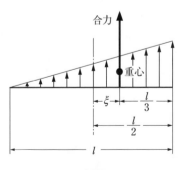

解図 1

$$\xi = \frac{l}{2} - \frac{l}{3} = \frac{l}{6}$$

これは，ニューマティックトレールが，接地面長さの 1/6 であることを示している。

4) 求心力は次のように計算できる。

$$F = m\frac{V^2}{\rho} = 1500.0 \times \frac{\left(\frac{60.0}{3.6}\right)^2}{140.0} \fallingdotseq 2.976 \text{(kN)}$$

この力が，タイヤに働く横力の合力とつりあうから，横すべり角を β とすれば

$$4K\beta = 4 \times 1.0 \times \beta = F = 2.976$$

これより

$$\beta = 0.744 \text{(deg)}$$

5) 式 (2.40) より，横力の最大値は

$$F_{\max} = \sqrt{\mu^2 W^2 - T^2} = \sqrt{(1.0 \times 5.0)^2 - 3.0^2} = 4.0 \text{(kN)}$$

6) 式 (2.41) を用いれば

$$\frac{F}{F_0} = \frac{\sqrt{\mu^2 W^2 - T^2}}{\mu W} = \frac{\sqrt{W^2 - (0.5W)^2}}{W} \fallingdotseq 0.866$$

となる。つまり，駆動力により横力は約 87 % に減少する。

7) 図 E2.2 からも明らかなように，直線と放物線で囲まれる面積の増加，つまりタイヤに働く横力の増加は，直線の傾きが小さい場合は傾きの増加に比例的だが，傾きが大きくなると増加が鈍る。そしてもし，直線の傾きが放物線の原点における接線の傾きを超えると，その放物線と直線の囲む面積はもはや増加しない。このことは，横すべり角が小さいときには横力はそれに比例的だが，それが大きくなると横すべりに対して横力が飽和してくることに対応している。

8) 図 E2.2 をみると，荷重が比較的大きく，発生している横力が粘着域でタイヤの直線的な横変形に依存しているところでは，鉛直荷重の増加が必ずしも大きな横力の増加をもたらすとはかぎらない。これに対して，比較的荷重が小さいところでは，タイヤの横力は鉛直荷重の変化に敏感である。これが，タイヤ横力の対荷重依存の非線形性の理由である。

9) 時定数は次のようになる

$$T_1 = \frac{K}{k_y V} = \frac{1.0 \times 57.3}{200 \times 10} \fallingdotseq 0.0287 \text{(s)}$$

―――――― 第3章 ――――――

1) 車両の速度は，$V = 40/3.6 = 11.1 \,[\mathrm{m/s}]$ である．一方，車両のヨー運動によって生じる車輪位置での前後方向の速度は，$\pm r \cdot d/2 = \pm 0.1 \times 1.4/2.0 = \pm 0.07 \,[\mathrm{m/s}]$ となり，これは車両速度 V に比べてごく小さい．図3.4(b) を参照すれば，このことは，車両の平面運動を，車輪のトレッドを無視して2輪モデルで記述することの妥当性を示すと考えてよい．

2) 省略

3) 解図2の三角形 PRO_s に注目すると，次の関係式が得られる．

$$\angle \mathrm{PO}_s\mathrm{R} + \frac{\pi}{2} = \angle \mathrm{FPO}_s = \beta_s + \frac{\pi}{2}$$

これより，もし ρ_s が l_r に比べて十分大きいとすれば

$$\beta_s = \angle \mathrm{PO}_s\mathrm{R} = \frac{l_r}{\rho_s}$$

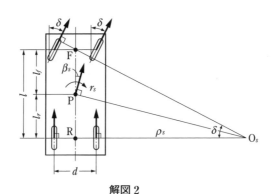

解図2

4) 解図3を参照すれば

$$\angle \mathrm{OFO}_s\mathrm{R} = \beta_f$$

かつ

$$\angle \mathrm{F'FO}_s = \delta$$

である．したがって

$$\angle \mathrm{FOO'} = \angle \mathrm{F'FO} = \delta - \beta_f$$

一方

$$\angle \mathrm{O'OR} = \mathrm{ORO}_s = \beta_r$$

であるから

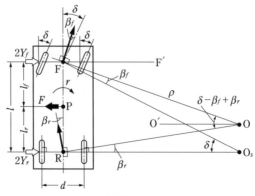

解図 3

$$\angle\text{FOR} = \angle\text{FOO}' + \angle\text{O'OR} = \delta - \beta_f + \beta_r$$

したがって，もし ρ が l に比べて十分大きければ，次式が成り立つ．

$$\rho = \frac{l}{\delta - \beta_f + \beta_r}$$

5) 式 (3.39) は次のように書くことができる．

$$r = \frac{V}{1+AV^2}\frac{\delta_0}{l}$$

これを V で微分して 0 とおくと

$$\frac{dr}{dV} = \frac{(1+AV^2) - V\cdot 2AV}{(1+AV^2)^2}\frac{\delta_0}{l} = \frac{1-AV^2}{(1+AV^2)^2}\frac{\delta_0}{l} = 0$$

つまりキャラクタリスティックスピード V_c は

$$1 - AV_c^2 = 0 \quad \therefore \quad V_c = \sqrt{1/A}$$

このときの r の値は $V_c\delta_0/(2l)$ である．この速度のときの NS 車両のヨー角速度は $V_c\delta_0/l$ であるから，US 車両のそれは NS 車両の 2 分の 1 である．

6) 式 (3.40) の分子を 0 と置けば，次式を得る．

$$1 - \frac{m}{2l}\frac{l_f}{l_r K_r}V^2 = 0$$

この式より次の値が得られる．

$$V = \sqrt{\frac{2ll_r K_r}{m l_f}} = \sqrt{\frac{2\times 2.7\times 1.6\times 60\,000}{1500\times 1.1}} \fallingdotseq 17.7\,[\text{m/s}] \fallingdotseq 63.7\,[\text{km/h}]$$

7) 式 (3.43) より次が得られる．

$$A = -\frac{m}{2l^2}\frac{l_f K_f - l_r K_r}{K_f K_r} = -\frac{1500}{2\times 2.7^2}\frac{1.1\times 55\,000 - 1.6\times 60\,000}{55\,000\times 60\,000}$$
$$\doteqdot 0.00111$$

8) 式 (3.45) より次が得られる。

$$SM = \frac{l_N}{l} = -\frac{l_f K_f - l_r K_r}{l(K_f + K_r)} = -\frac{1.1\times 55\,000 - 1.6\times 60\,000}{2.7\times(55\,000 + 60\,000)} \doteqdot 0.114$$

9) 式 (3.42) より次が得られる。

$$V_c = \sqrt{\frac{2K_f K_r}{m(l_f K_f - l_r K_r)}}\, l = \sqrt{\frac{2\times 72\,500\times 42\,500}{1\,500\times(1.1\times 72\,500 - 1.6\times 42\,500)}}\times 2.7$$
$$\doteqdot 50.5\,[\mathrm{m/s}]\doteqdot 182\,[\mathrm{km/h}]$$

10) 固有振動数は式 (3.67)′ で近似することができ，もし SM≈0 であれば

$$\omega_n \approx \frac{2(K_f + K_r)}{mV}\sqrt{\frac{l_f l_r}{k^2}}$$

したがって

$$\frac{1}{\omega_n} \approx \frac{mV}{2(K_f + K_r)}\sqrt{\frac{k^2}{l_f l_r}}$$

一方

$$t_R = \frac{mV}{K_f + K_r}\frac{1}{1+\dfrac{l_f l_r}{k^2}}$$

普通の乗用車では $k^2/l_f l_r = 1$ であるから

$$\frac{1}{\omega_n} \approx t_R \approx \frac{mV}{2(K_f + K_r)}$$

11) 式 (3.110) から次式が得られる。

$$\frac{\omega_n^*}{\omega_n} = 1 - \left(1 + \frac{1}{1+AV^2}\right)\frac{\ddot{y}}{4\mu}$$

問題 7) と同じ車両諸元を用いてれば，スタビリティファクタ A は 0.00111 である。また，横加速度は $\ddot{y}=2.0/9.8=0.204$ である。たとえば，$V=100\,[\mathrm{km/h}]=27.8\,[\mathrm{m/s}]$ とすれば，次のようになる。

$$\frac{\omega_n^*}{\omega_n} = 1 - \left(1 + \frac{1}{1+0.00111\times 27.8^2}\right)\times\frac{0.204}{4\times 1.0} \doteqdot 0.922$$

つまり，固有振動数が 92.2 ％ に減少したことになる。

12) 省略

各章末の問題の略解　　**315**

13) $\delta = 0$ と $r = \Delta r_C$ を式 (3.24) に代入して

$$\beta = -\frac{mV + \dfrac{2}{V}(l_f K_f - l_r K_r)}{2(K_f + K_r)}\Delta r_C$$

14) $\delta = 0$ を式 (3.25) に代入して

$$\Delta r_R = -\frac{(l_f K_f - l_r K_r)V}{(l_f^2 K_f + l_r^2 K_r)}\beta$$

問題 13) で求めた β を上式に代入して

$$\Delta r_R = \frac{m(l_f K_f - l_r K_r)V^2 + 2(l_f K_f - l_r K_r)^2}{2(K_f + K_r)(l_f^2 K_f + l_f^2 K_r)}\Delta r_C$$

15) 問題 14) の結果から $\Delta r_R / \Delta r_C$, を求め，これを 1.0 と置いて

$$\frac{m(l_f K_f - l_r K_r)V^2 + 2(l_f K_f - l_r K_r)^2}{2(K_f + K_r)(l_f^2 K_f + l_r^2 K_r)} = 1$$

この式を V について解けば

$$V = \sqrt{\frac{2K_f K_r}{m(l_f K_f - l_r K_r)}}\, l$$

これが安定限界速度であり，式 (3.42) と同じ形になっている。

第 4 章
---

1) 式 (4.5) と (4.6) を用いて次式を得る

$$\beta = \frac{l_f^2 K_f + l_r^2 K_r}{2l^2 K_f K_r\left[1 - \dfrac{m(l_f K_f - l_r K_r)}{2l^2 K_f K_r}V^2\right]}Y_0 = \frac{0.527}{1 + 0.00111V^2}\,(\mathrm{deg})$$

$$r = \frac{-(l_f K_f - l_r K_r)V}{2l^2 K_f K_r\left[1 - \dfrac{m(l_f K_f - l_r K_r)}{2l^2 K_f K_r}V^2\right]}Y_0 = \frac{0.0846V}{1 + 0.00111V^2}\,(\mathrm{deg/s})$$

図示は省略。

2) 式 (4.6) を用いて

$$\frac{dr}{dV} = \frac{-(l_f K_f - l_r K_r)\left[1 + \dfrac{m(l_f K_f - l_r K_r)}{2l^2 K_f K_r}V^2\right]}{2l^2 K_f K_r\left[1 - \dfrac{m(l_f K_f - l_r K_r)}{2l^2 K_f K_r}V^2\right]^2}Y_0 = 0$$

316 各章末の問題の略解

この式より V を求めれば

$$V = \sqrt{\frac{2K_f K_r}{m(l_r K_r - l_f K_f)}}\, l \doteq 30.1\,(\mathrm{m/s})$$

3) 式（4.6）は重心点に働く横力に対するヨー角速度の応答の定常値，式（3.39）は操舵入力に対する応答の定常値を示す。したがって，重心点に一定の横力を受け続けたとき，次式を満足する舵角を保持すれば，車両は直進を続けることができる

$$\frac{-(l_f K_f - l_r K_r)V}{2l^2 K_f K_r \left[1 - \dfrac{m(l_f K_f - l_r K_r)}{2l^2 K_f K_r}V^2\right]}Y_0 + \frac{1}{1 - \dfrac{m(l_f K_f - l_r K_r)}{2l^2 K_f K_r}V^2}\frac{V}{l}\delta_0 = 0$$

上式より

$$\delta_0 = \frac{(l_f K_f - l_r K_r)}{2l K_f K_r}Y_0$$

4) 車両が直線運動を保つから，その直線に対する車両の姿勢角は横すべり角に一致する。重心点に働く横力に対する横すべり角の定常値は式（4.5）であり，式（3.40）は操舵入力に対する横すべり角を与える。この 2 つの横すべり角の和が求める姿勢角である

$$\theta = \frac{l_f{}^2 K_f + l_r{}^2 K_r}{2l^2 K_f K_r \left[1 - \dfrac{m(l_f K_f - l_r K_r)}{2l^2 K_f K_r}V^2\right]}Y_0 + \left(\frac{1 - \dfrac{m}{2l}\dfrac{l_f}{l_r K_r}V^2}{1 - \dfrac{m(l_f K_f - l_r K_r)}{2l^2 K_f K_r}V^2}\right)\frac{l_r}{l}\delta_0$$

問題 3) で求めた δ_0 をこれに代入すれば

$$\theta = \frac{l_f}{2l K_r}Y_0$$

なお，例題 4.2 と同じ方法でも姿勢角を求めることができることに注意せよ。

5) 省略

6) 対気横すべり角 β_W は

$$\beta_W = \,=\tan^{-1}\frac{w}{V} = \tan^{-1}\frac{10}{\left(\dfrac{100}{3.6}\right)} = \tan^{-1}(0.36) \doteq 20\,(\mathrm{deg})$$

図 4.16 を用いて，車両④の横力とヨーモーメント係数は，それぞれ $C_y = 0.68$，$C_n = 0.13$ のように求められる。式（4.19）と（4.20）を用いて

$$Y_w = C_y \frac{\rho}{2} S(V^2 + w^2) = 0.68 \times \frac{1.25}{2} \times 1.5 \times \left\{ \left(\frac{100}{3.6} \right)^2 + 10^2 \right\} \doteqdot 556 \,(\text{N})$$

$$N_w = C_n \frac{\rho}{2} lS(V^2 + w^2) = 0.13 \times \frac{1.25}{2} \times 2.7 \times 1.5 \times \left\{ \left(\frac{100}{3.6} \right)^2 + 10^2 \right\}$$

$$\doteqdot 287 \,(\text{Nm})$$

7) 式 (4.26) または (4.33) より, もし l_N が l_w よりも大きければ車両が風上に向かうことはない。したがって, $l_N - l_w$ をつねに正に保つために l_w の大きな車両ほど l_N を大きな値にしなければならない。つまり, US 特性の強い車両である必要がある。

─────── 第 5 章 ───────

1) 省略

2) 式 (5.18) より

$$\omega_S = \sqrt{\frac{2\xi K}{I_h}} = \sqrt{\frac{2 \times 0.04 \times 60\,000}{20.0}} \doteqdot 15.5 \,(\text{rad/s})$$

3) 式 (5.18) を式 (5.24) に代入すれば

$$\frac{2\xi K}{I_h} - \frac{16K}{ml} = \frac{2 \times 0.04 \times 60\,000}{I_h} - \frac{16 \times 60\,000}{1500 \times 2.7} > 0$$

上式より, ハンドルの慣性モーメントの上限は

$$I_h = \frac{2 \times 0.04 \times 1500 \times 2.7}{16} \doteqdot 20.25 \,(\text{kgm}^2)$$

4) 安定条件は式 (5.26) で表される。

$$\omega_S{}^2 - \omega_y{}^2 > 0$$

式 (5.25) より

$$\omega_y{}^2 = \frac{16K}{ml} = \frac{4lK}{m\left(\frac{l}{2} \right)^2} \approx \frac{4lK}{I}$$

また, $\omega_S{}^2$ は式 (5.18) で与えられる。したがって, 安定条件は

$$\frac{2\xi K}{I_h} - \frac{4lK}{I} > 0$$

これは, 次のようにも書くことができる。

318　各章末の問題の略解

$$\frac{I_h}{I} \leqq \frac{\xi}{2l}$$

─────────────── 第6章 ───────────────

1) 式 (6.2) より

$$\phi = \frac{\ddot{y} W_P h_P}{K_{\phi f} + K_{\phi r} - W_P h_P} = \frac{0.5 \times 1400 \times 9.8 \times 0.52}{(65.0 + 35.0) \times 10^3 - 1400 \times 9.8 \times 0.52}$$

$$\doteqdot 0.0384 \text{[rad]} \doteqdot 2.20 \text{[deg]}$$

2) 式 (6.5) より

$$\Delta W_f = \frac{\ddot{y} W_P}{d_f} \left[\frac{K_{\phi f} h_P}{K_{\phi f} + K_{\phi r} - W_P h_P} + \frac{l_r}{l} h_f \right]$$

$$= \frac{0.5 \times 1400 \times 9.8}{1.5} \left[\frac{65.0 \times 10^3 \times 0.52}{(65.0 + 35.0) \times 10^3 - 1400 \times 9.8 \times 0.52} + \frac{1.5}{2.6} \right.$$

$$\left. \times 0.05 \right] \doteqdot 1.80 \text{[kN]}$$

また，式 (6.6) を用いて同じように

$$\Delta W_r = \frac{0.5 \times 1400 \times 9.8}{1.5} \left[\frac{35.0 \times 10^3 \times 0.52}{(65.0 + 35.0) \times 10^3 - 1400 \times 9.8 \times 0.52} + \frac{1.1}{2.6} \right.$$

$$\left. \times 0.2 \right] \doteqdot 1.28 \text{[kN]}$$

3) 6.3.4 項を参照して

$$e = \frac{1}{1 + cK} = \frac{1}{1 + 0.00185 \times 60} \doteqdot 0.90$$

90 ％に減少する。

4) 2.3.4 項より，キャンバスラスト係数とコーナリングパワーの比は，約 1：10 である。一方，式 (6.32) ～ (6.34) よりたとえば $\partial \alpha_f / \partial \phi$ と $K_{cf} / K_f \partial \phi_f / \partial \phi$ が同程度の大きさのとき，両者の影響は同程度になる。したがって，K_{cf} / K_f が 1/10 ならばキャンバ変化がロールステアの 10 倍程度で，その効果は同じになる。

5) リアのロールステアのみを考慮したときのスタビリティファクタは，式 (6.43) より

$$A^* = -\frac{m}{2l^2} \frac{l_f K_f - l_r K_r}{K_f K_r} + \frac{m h_P}{l (K_\phi - m g h_P)} \frac{\partial \alpha_r}{\partial \phi}$$

各章末の問題の略解　**319**

これを 0, つまり NS にする $\partial\alpha_r/\partial\phi$ を求めれば

$$-\frac{1400(1.5\times55-1.1\times62)\times10^3}{2\times2.6^2\times55\times62\times10^3}+\frac{1400\times0.52\partial\alpha_r/\partial\phi}{2.6(100\times10^3-1400\times9.8\times0.52)}=0$$

これより

$$\frac{\partial\alpha_r}{\partial\phi}\fallingdotseq0.075\ \text{〔deg/deg〕}$$

─────────────── 第9章 ───────────────

1) 人の伝達関数を式 (9.2) で表し, 簡単のため $\tau_L=0$ とすれば, 人の制御を受けた車両運動の特性方程式は

$$s^2+\frac{hV^2}{l}\tau_D s+\frac{hV^2}{l}=0$$

となる。したがって, $\tau_D>0$ でなければ運動は安定化しない。

2) 車両質量 m を 1 500 kg, タイヤの平均的なコーナリングパワー K を 90 kN/rad とすれば, $V=10\sim100$ 〔km/h〕$\fallingdotseq2.78\sim27.8$ 〔m/s〕における t_r の値は

$$t_r=\frac{mV}{4K}=\frac{1\,500V}{4\times90\times10^3}\fallingdotseq0.0116\sim0.116\ \text{〔s〕}$$

人の応答の時定数が小さくても $0.1\sim0.2$ s とみれば, 速度が約 50 km/h 程度以上の中高速では, t_r が無視できない値になる。

3) 安定条件は式 (9.13)′ より

$$(\tau_L+t_r)L-(\tau_L+t_r)^2V-\frac{hL^2V}{l}\tau_L t_r>0$$

たとえば, $h=0.02$ 〔rad/m〕, $\tau_L=0.2$ 〔s〕, $t_r=0.1$ 〔s〕, $l=2.7$ 〔m〕, $V=20$ 〔m/s〕とすれば

$$0.0044L^2-0.3L+1.8<0$$

したがって

$$10.8\text{〔m〕}<L<95.6\text{〔m〕}$$

4) 省略

5) 省略

索 引

〔英字〕

AC（空力中心） …………………… 143
DYC（直接ヨーモーメント制御） …… 233
Fiala の理論 ………………………… 9
NS（ニュートラルステア） ………… 70
NSP（ニュートラル
ステアポイント） ………………… 77
OS（オーバステア） ………………… 70
PR（パイロットレイティング） …… 287
SM（スタティックマージン） ……… 77
US（アンダステア） ………………… 70
US/OS gradient …………………… 82

〔あ 行〕

アクスルステア …………………… 182
アッカーマンアングル ……………… 67
アッカーマンステアリング
ジオメトリ ……………………… 67
アライメント変化 ………………… 180
アンダステア ……………………… 70
アンダステア率 …………………… 141

ウィッシュボーン型 ……………… 173
運動の自由度 ……………………… 2

遠心力 ……………………………… 66

応答時間 …………………………… 97
応答パラメータ …………………… 108
オーバステア ……………………… 70

〔か 行〕

外乱 ………………………………… 124
荷重移動 …………………………… 178
慣性質量 …………………………… 54

キャスタトレール ………………… 158
ギヤボックス ……………………… 156
キャラクタリスティックスピード … 122
キャンバ角 ………………………… 9
キャンバスラスト ………………… 9
キャンバスラスト係数 ……………… 18
キャンバ変化 ……………………… 179
キングピン ………………………… 156

空力中心 …………………………… 143
駆動力 ……………………………… 6

懸架系 ……………………………… 172
懸架装置 …………………………… 172
懸架装置の横剛性 ………………… 189
減衰比 ……………………………… 94
建設用車両 ………………………… 2

後輪操舵 …………………………… 233
コーナリング動特性 ……………… 44
コーナリング特性 ………………… 9
コーナリングパワー ……………… 14
コーナリングパワー係数 ………… 22
コーナリングフォース …………… 6
固有振動数 ………………………… 94
ころがり抵抗力 …………………… 6
コンプライアンスステア
（懸架装置の横力による） ……… 189
コンプライアンスステア
（操舵系の） ……………………… 161

〔さ 行〕

サイドウォール …………………… 9
サスペンション …………………… 172
差動歯車機構 ……………………… 249
産業用車両 ………………………… 2

索 引　*321*

実舵角 54
車体 2
車体の剛性 189
車両 1
車輪 2
周期的な操舵 108
主観的評価 286
準定常円旋回 220
乗用自動車 2
自立した運動 1

スイングアクスル型 174
スタティックマージン 77
スタビリティファクタ 75
ステア特性 71
スピン 87

制御しやすさ 286
制動力 6
セルフアライニングトルク 8
旋回角速度 65
旋回半径 65
前方注視点 265
前方注視の距離 265

操舵系 156
操舵系の固有振動数 166

〔た 行〕

タイヤ 7
タイロッド 156
タスクパフォーマンス 287

チューブ 9
直接ヨーモーメント制御 233

定常円旋回 64
デフロック 250

動的特性 64

トーアウト 183
トーイン 183
トー角変化 183
特性方程式 58
トラック 2
ドライバー 300
ドライビングシミュレータ 304
ドリフト 87
トレッド 56
トレッドベース 10
トレッドラバー 10

〔な 行〕

ナックルアーム 156

ニュートラルステア 70
ニュートラルステアポイント 77
ニューマチックトレール 16

〔は 行〕

パイロットレイティング 287
バス 2
ばね上 172
ばね下 172
ハンドル 156
ハンドルシャフト 156

ビスカスカプリング 251
微分時間 263
微分動作 263
比例定数 263

フィクストコントロール 159
復元モーメント係数 158
ブラッシュモデル 32
フリーコントロール 165
プロー 87

ホイールベース 59

〔ま 行〕

摩擦円 ……………………………… 26

むだ時間 ……………………………… 263

モデル応答 ……………………………… 243
モデルフォロイング DYC ……………… 259
モデルフォロイング
　　後輪操舵制御 ……………………… 243

〔や 行〕

ヨーイング運動 ……………………… 3
ヨーイング慣性モーメント …………… 54
ヨーイングモーメント係数 …………… 143
ヨー角 ……………………………… 60
ヨー角速度 …………………………… 52
ヨー角速度ゲイン定数 ……………… 99
ヨー角速度の応答時間 ……………… 294
ヨー慣性半径 ………………………… 89

横加速度ゲイン定数 ……………… 108
横すべり ……………………………… 6
横すべり応答時間 ……………… 295
横すべり角 ……………………………… 6
横すべり角（車両重心点の）………… 53
横すべり角ゲイン定数 ……………… 99
横方向の運動 ………………………… 3
横力 ……………………………… 6
横力係数 ……………………………… 143

〔ら 行〕

リバースステア ……………………… 87
リム ……………………………… 9

ローリング運動 ……………………… 3
ロール ……………………………… 172
ロール剛性 ……………………… 178
ロールステア ……………………… 180
ロールセンタ ……………………… 172
ロール率 ……………………… 202

索　引　**323**

【著者紹介】

安部正人（あべ・まさと）

1971 年東京大学大学院工学系研究科博士課程修了．工学博士．
車両の運動，人間‐機械系，交通システムなどの研究に従事．
1987-2014 年神奈川工科大学教授，1995-1996 年英国リーズ大学客員教授，2001-2006 年 Co-editor of Vehicle System Dynamics J.，2005-2011年 Vice-president of International Association of Vehicle System Dynamics（IAVSD）affiliated to IUTAM.
2014 年(社)自動車技術会学術貢献賞受賞，2018 年 The W. F. Milliken Invited Lecture Award ASME VDC 受賞
現在 神奈川工科大学名誉教授，(社)自動車技術会名誉会員

自動車の運動と制御 第 3 版　車両運動力学の理論形成と応用

2008 年 3 月 20 日　　第 1 版 1 刷発行	ISBN 978-4-501-42080-2 C3053
2009 年 9 月 20 日　　第 1 版 2 刷発行	
2012 年 1 月 20 日　　第 2 版 1 刷発行	
2022 年 10 月 20 日　　第 2 版 6 刷発行	
2025 年 2 月 28 日　　第 3 版 1 刷発行	

著　者　安部正人
　　　　© Abe Masato 2008, 2012, 2025

発行所　学校法人 東京電機大学　〒120-8551　東京都足立区千住旭町 5 番
　　　　東京電機大学出版局　　Tel. 03-5284-5386(営業) 03-5284-5385(編集)
　　　　　　　　　　　　　　　Fax. 03-5284-5387 振替口座 00160-5-71715
　　　　　　　　　　　　　　　https://www.tdupress.jp/

JCOPY ＜(一社)出版者著作権管理機構　委託出版物＞
本書の全部または一部を無断で複写複製（コピーおよび電子化を含む）することは，著作権法上での例外を除いて禁じられています．本書からの複製を希望される場合は，そのつど事前に（一社)出版者著作権管理機構の許諾を得てください．また，本書を代行業者等の第三者に依頼してスキャンやデジタル化をすることはたとえ個人や家庭内での利用であっても，いっさい認められておりません．
［連絡先］Tel. 03-5244-5088, Fax. 03-5244-5089, E-mail: info@jcopy.or.jp

---

印刷・製本：新日本印刷(株)　　装丁：鎌田正志
落丁・乱丁本はお取り替えいたします．　　　　　　　Printed in Japan